머리말

우리는 공학의 도움 없이 삶을 영위하기 어려운 시대에 살고 있다. 실제 우리 일상생활의 대부분은 공학의 산물로 채워져 있는데, 우리가 거주하는 집과 가정에서 사용하고 있는 가전제품을 비롯한 모든 도구, 우리의 의식주는 모두 공학의 산물이라고 할 정도로 공학은 우리의 생활 전체를 지배하고 있으며 앞으로도 더욱 그러할 것이다.

이처럼 공학이 우리에게 미치는 영향은 상상할 수 없을 정도로 그 범위가 광범위하기 때문에 공학의 산물을 일차적으로 생산해 내는 공학인의 윤리성 함양 요구가 더욱 강조되고 있다. 그것은 앞서 언급한 바와 같이 우리 일상생활의 모든 부분들이 공학인의 활동으로 이루어지기 때문이다.

다시 말해서 공학인의 의사결정에 따른 영향력은 우리가 생각하는 것보다 크기 때문에 이들의 윤리성 함양은 필수적인 의무이며 당연히 그러해야만 한다. 이를 강조하기 위해 미국은 1996년부터 국가인증시험에 공학윤리를 5% 반영하는 등의 조치를 취하였고, 우리나라도 IT를 비롯한 여타 산업이 눈부시게 발전하면서 공학인의 윤리성 함양 필요성을 절실히 인지하고 1999년 한국공학교육인증원(ABEEK)을 설립, 공학교육의 하나로 공학인에게 공학윤리 교육을 강화하고 있다.

이에 따라 그동안 공학윤리의 중요성을 언급하고 이의 필요성을 제기한 교재들이 출간되어 공학인의 윤리함양에 많은 도움을 주어 왔으나 공학인, 특히 공과대학 학생들의 눈높이에서 바라보는 공학윤리보다는 전문가(철학자 혹은 윤리학자)의 눈높이에 맞춰져 있었기 때문에 교재의 내용이 너무 어려워 공학윤리의 실수요자인 공과대학 학생들이 공학윤리과목의 수강을 꺼리거나 공학윤리를 재미없는 학문으로 간주하고 대충 학점만 획득하려는 경향이 나타나고 있다. 이에 가능하면 공과대학생들이 쉽고 현실적이며 재미있게 공학윤리를 접할 필요성이 있다고 판단하여 이 교재를 집필하게 되었다.

사실 윤리는 공기·밥·물·대중문화 등과 함께 우리 몸에 체화되어 있는 요소임에도 불구하고 그 일상성 때문에 윤리의 중요성을 간과하고 있으며, 그동안의 윤리교육이 우리의 일상생활과는 동떨어진 이상적인 윤리상만 제시하였기 때문에 오히려 윤리를 고리타분한 학문으로 여기게 되었는지도 모른다.

이에 저자들은 공과대학에서 공학과목을 강의하면서 가졌던 공학윤리에 대한 생각과 그동안 윤리학(및 공학윤리) 분야의 선배 제위께서 이룩해 놓은 공학윤리를 참조하여 공과대학생들이 쉽게 체득할 수 있고, 향후 공학의 현장에서도 사용할 수 있는 공학윤리 교재의 집필 필요성을 절실히 인지하게 되었다. 이교재가 공과대학생들의 공학교육인증을 위한 초석뿐만 아니라 공학윤리의 중요성 인지와 공학인으로서의 자부심을 거양하는 데 조금이나마 보탬이 되기를 희망한다.

이 교재는 공과대학생들이 윤리에 쉽고 재미있게 적응할 수 있도록 꾸며져 있지만 그 판단은 어디까지나 공학인 독자의 몫이다. 또한 이 교재는 집필진이 공과대학에서 강의하면서 느낀 생각들을 기술하였기 때문에 전문가의 견해와는 차이가 있을 수 있음을 미리 말해둔다.

하나님께서 주신 지혜가 없었다면 이 교재는 빛을 보지 못했을 것이다. 먼저 지혜를 주시고 교재의 집필을 허락하신 하나님께 감사의 말씀을 드린다. 또 이 교재는 윤리학 및 공학윤리를 먼저 연구하신 선배 제위 분들의 결실이 없었다면 나오지 못했을 것이다. 여기에 나오는 내용들은 전적으로 집필진의 견해도 있지만 윤리가 사회적으로 인정되고 용인된 규범이어야 하므로 대부분 선배 제위 분들의 이론을 사용하였으며 그 출처를 밝히었다. 마지막으로 이 교재의 출판을 허락한 비즈프레스의 추일재 사장님께 깊은 감사를 드린다.

공학윤리는 시대의 변화에 따라 변화할 수도 있기 때문에 미처 사용하지 못한 이론이나 실무적인 경험 등은 계속 수정·보완할 예정이므로 선배 제위, 실무현장, 공학인 여러분들의 애정 어린 의견제시 등을 기다린다.

2015년 3월
저 자

차 례

| part 1 |

하이테크 시대의 공학윤리

1 윤리와 사상

PREVIEW

과학자의 윤리적 책임[아인쉬타인]

표면적으로 과학적인 모습을 띤 연장이나 방법을 이용하는 것을 배운 사람이라고 해서 모두 과학자는 아닐 것이다. 내가 말하는 과학자란 과학적인 지성이 살아있는 사람들이다. 그렇다면 오늘날 과학자의 위치는 어떠한가? 과학자들은 자기가 이룩한 업적이 인간의 경제생활을 근본적으로 변화시키는 데 공헌해 왔다는 사실을 오히려 자랑으로 여기는 편이다. 한편, 그는 자신의 과학적 업적이 정치권력을 쥔 도덕적으로 눈이 먼 사람들의 손아귀에 들어가고 나서부터 인류에 대한 하나의 위협이 되고 말았다는 사실에 고민하고 있다.

과학자들은 또한 자신의 노력으로 이루어진 공업 기술적인 여러 방법으로 말미암아 경제력과 정치권력이 소수 사람들에 집중되었으며, 이들이 대중의 생활을 지배하게 됨으로써 대중들은 더욱더 특징 없는 존재로 나타나게 되었다는 사실을 알고 있다. 더욱 우려할 일은 그러한 집중의 결과 과학자가 경제에 종속되어 과학자의 내부로부터 독립이 위협받게 되었다는 점이다. 과학자는 지적·심리적으로 독자적인 개성을 개발하기 어렵게 된 것이다.

이처럼 과학자는 정말 비극적인 운명을 경험하고 있다. 뚜렷한 사상과 내적인 독립을 위해 성실하게 싸우면서 과학자는 여러 가지 연장을 만드는 데 진력했지만 이것들은 오히려 과학자를 노예화하고 그의 내부를 파괴하는 데 쓰이고 있다. 그는 정치권력을 잡은 사람들이 물린 재갈을 뿌리칠 수 없다. 한 명의 병사처럼 그는 자신의 생명을 희생하고 남의 생명도 파괴하도록 강요받고 있다.

그런 희생의 어리석음을 깨닫고 있다 해도 마찬가지이다. 각 민족국가들의 손아귀에 모든 경제력·정치권력·군사력이 집중되는 방향으로 역사가 발전해 온 이상 전 세계의 파괴가 피할 수 없게 되었음을 알고 있다. 비록 과학자는 폭력적인 방법을 영원히 제거해야만 인류가 구제받을 수 있음을 깨닫고 있지만 각 민족국가가 그에게 뒤집어씌운 노예 신세를 피할 수 없는 운명으로 받아들이고 만다. 더욱이 그는 인류 전체의 파괴수단을 완성시키는 일에 고분고분 협력할 정도로 스스로의 품위를 떨어뜨리기도 한다.

정말로 과학자가 빠져나갈 길은 없는가? 과연 그는 이 모든 모욕을 눈감고 감수해야만 할까? 과학자가 자신의 내적 자유와 독자적인 사고방식 그리고 연구업적으로 인류의 삶을 윤택하게 할 기회가 있었던 시대는 영 가버리고 말았는가? 자신의 연구활동을 너무 지식에만 치중하느라 책임과 품위를 잃은 것은 아닐까? 이 모든 의문에 대해 나는 선천적으로 자유롭고 양심적인 한 인간을 파괴시킬 수는 있지만 이러한 개인은 결코 노예가 될 수도, 무모한 도구로서 사용할 수도 없다고 확신한다.

만일 과학자가 오늘날 자기 앞에 놓인 상황과 임무를 성실하고 비판적인 눈으로 생각할 시간과 용기를 가질 수 있다면 그리고 거기에 알맞게 행동할 수 있다면 현재의 위험한 국제 정세를 만족스럽게 해결할 서광이 비칠 것이다.

[출처 : http://myhome.naver.com/scienleader/ss/ss4.html]

Summary

인간은 모든 분야에 잠재 가능성을 가지고 있는 존재이며 도구적·유희적·문화적·사회적·정신적 존재이기 때문에 자기 제어를 통해 사람다운 사람, 즉 윤리적 존재로서 존재할 수 있다. 인간에게 자기 제어를 통한 윤리적인 삶을 살 수 있는 권한이 주어졌음에도 불구하고 많은 사람들의 비윤리적인 행동으로 인해 사람과 사람 간의 관계가 황폐해지는 것을 막기 위해 사람다운 삶을 위한 윤리가 등장하게 되었다.

윤리란 사람과 사람 사이의 관계, 즉 인간관계의 도리를 의미한다. 윤리가 우리 삶에 필요한 이유는 사람과의 관계에서 자신의 의지대로 말을 하고 행동할 수 있는 자유의지가 있는데 바로 이 자유의지가 다른 사람이나 사회집단에게 의식적으로 고통을 가하거나 피해를 줄 수 있기 때문이다. 또한 인간은 이중성을 가진 존재인데, 인간은 전적으로 선하지도 않고 악하지도 않기 때문에 윤리가 필요한 것이며, 또한 인간이 윤리를 필요로 하는 것은 사회성을 가지고 있기 때문이다.

자기 자신의 행동을 자율적으로 규제할 수 있는 윤리적인 사람이 많을수록 사회는 더욱 질서가 확립되고 인간미 넘치며 개인의 자유도 확장될 수 있을 것이다. 이러한 윤리규범은 많은 사람들이 윤리규범을 공유하면 할수록 사회에 대한 소속감을 가지게 되며 사회 전체의 유대를 강화하는 기능을 가지기 때문이다.

그러나 아무리 좋은 의미의 윤리적인 가치관이 사회 저변에 확대되어 있다 하더라도 근본적으로 자신의 삶의 의미와 자아실현을 위한 인격의 완성 없이는 공허한 메아리일 뿐이다. 도대체 삶이란 무엇인가? 인생이란 무엇인가? 우리는 왜 살아가야 하는가? 산다는 것은 무슨 의미가 있는가? 등에 대해 깊이 고민해야 하며 이를 통해 삶의 의미와 목적을 올바르게 형성해야 하는데, 자신의 의지에 따른 선택이 삶의 방향과 의미를 결정하게 되기 때문이다.

이와 같은 삶의 의미와 목적은 가치 있는 삶의 전제조건이 될 수 있는데, 보편적으로 가치 있는 삶은 다른 사람들이나 사회 전체에 부당한 손해를 끼치지 않고 자신이 보람 있고 의미가 있다고 생각하는 것을 선택하는 것일 것이다. 즉, 내가 하는 모든 것들이 다른 사람들에게 선한 영향력을 끼칠 수 있다면 그것만큼 가치 있는 삶은 없을 것이다.

인간은 사회적 동물이다. 사회란 상호작용하는 개인들의 집합체로서 지역공동체·문화공동체·정신적 공동체 등의 특성을 가지고 있으며 이들 관계를 맺어주는 것이 바로 윤리이므로 우리가 윤리적으로 산다는 것은 사회적 동물로서의 역할을 통해 인간적인 삶을 살기 위한 바람직한 욕망에서 비롯된다는 것을 인지하여야 할 것이다.

윤리적 존재, 윤리적 가치관, 자아실현 *Key Words*

인간의 삶과 윤리 1

1) 인간의 특성

인간은 다양한 특성을 가진 존재이다.

첫째, 인간은 열려 있는 존재인데 모든 분야에 잠재 가능성을 가지고 있는 존재이며 행동과 삶의 방식을 스스로 결정하고 자연 환경의 지배로부터 벗어나려는 의지를 가지고 주체적이고 창조적으로 자신의 삶을 개척하여 미완성된 상태로 태어나 스스로를 완성시키려고 노력하는 존재이다.

둘째, 인간은 도구적이며 유희적인 존재이다. 도구적 존재는 칼·배·자동차·텔레비전·컴퓨터 등의 유형의 도구나 기계를 만들어 사용하거나 무형의 도구인 법·제도·관습 등을 사용하는 존재를 일컬으며, 유희적 존재는 생활상의 이해관계를 떠나서 인간으로서의 삶의 재미를 추구하고자 하는 의지적인 활동을 하는 존재로서, 예를 들어 삶의 기쁨을 표현하는 계기와 생활상의 열등감(스트레스, 피로, 자신감 결여 등)을 극복하는 기회를 제공함으로써 보다 성숙한 삶을 위한 준비를 할 수 있는 존재를 의미한다.

셋째, 인간은 문화적 존재라고 일컫는데, 문화란 언어·지식·사상·기술·예술 등 인간 생활양식의 총체를 의미한다. 인간은 이러한 문화를 언어·문자와 같은 상징체계※로 문화를 계승하고 창조하는 문화적 존재이

※ 상징체계란 인간이 특정의 구체적 의미나 내용을 부여한 기호나 신호를 말한다. 상징행위는 다른 동물과 비교되는 인간의 특성이다.

며 문화는 시간과 장소에 따라 개성과 다양성이 나타나기 때문에 자기가 사는 방식이나 낯익은 것이 다른 사람의 생활방식이나 낯선 방식보다 더 우수하고 가치 있다고 생각하게 되는데 이것은 문화를 이해하는 데 올바른 태도가 아니다. 왜냐하면 문화는 한 국가의 사회성과 역사성을 가진 것으로서 사회의 계약과 전통의 영향을 받으면서 오랜 기간에 걸쳐서 만들어진 것이기 때문이다.

넷째, 인간은 사회적 존재이다. 따라서 인간(人間)은 사람들 사이에서만 인간이다. 인간이 짐승과 다른 점은 짐승도 사회성과 감정이 있으나 비교적 본능에 따라 행동하지만 인간은 사회 속에서 성장해야만 완전한 인간으로 성장할 수 있다는 데 차이가 있다. 인간이 사회화되기 위해서는 한 사회의 언어 · 지식 · 기술 · 예술 등을 반드시 배워야만 하는데 인간은 교육을 통하지 않고서는 인간이 될 수 없는 존재이기 때문이다.

다섯째, 인간은 정신적 · 윤리적 존재이다. 그러므로 인간은 정신적 활동과 주어진 자유의지를 통해 자기를 제어함으로써 사람다운 사람, 즉 윤리적 존재로 살아가야 할 필요성이 있는 것이다.

그림 1.1 인간의 특성

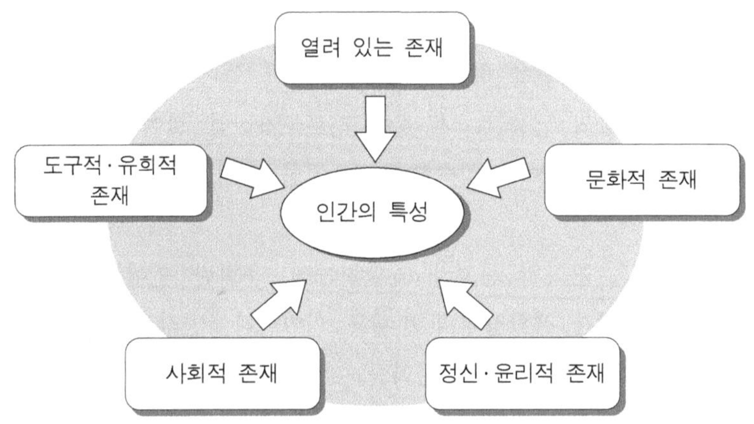

2) 다양한 인간관

(1) 인성론(인간의 본성)

인성론은 인간의 본성에 관한 이론으로서 성선설, 성악설, 성무선악설이 대표적이다. 성선설은 사람이 태어날 때부터 선(善)한 성품을 가지고 태어나지만 육체를 지닌 존재이기에 정욕이나 환경에 의하여 비윤리적인 행동을 할 수 있다는 것이다(맹자, 루소). 이에 반해 성악설은 인간은 그 본성이나 감성적 욕구가 악할 수 있기 때문에 악한 충동이나 공격성을 지니게 된다는 이론이다(순자, 홉스). 성무선악설은 선악이 인간의 고유한 속성이 아니라 인간 자신의 선택과 판단이나 환경에 달려 있다는 자유의지를 내세우고 있다(고자, 로크).

(2) 동양의 인간관

① 유교

유교에서의 인간관은 만물의 영장으로서 하늘의 기품과 땅의 형상을 가장 완벽하게 부여받은 중간적 존재이며 우주 만물의 이치가 선천적으로 구비되어 있어 본성이 선한 것으로 보고 있다. 그러나 사욕(私慾) 또는 육욕(肉慾)이 본성을 가려서 유혹에 넘어가는 수도 있기 때문에 항상 자신을 억제하고 사람의 도리를 다해야 한다고 하였으며, 수기(修己)와 수양(修養)이 반드시 필요하다고 보고 있다. 유교에서의 이상적인 인간상은 성인이나 군자를 들고 있으며 유교의 특징은 윤리적인 인간관이 대표적이다.

② 불교

불교에서는 인간의 심성은 본래 맑고 깨끗하지만 무지와 탐욕에 의해서 인생의 모습이 고통으로 나타나므로 고통의 원인을 깨닫고 탐욕을 버리면 비로소 행복을 누리며 올바른 삶을 영위할 수 있다고 한다. 이상적인 인간상은 보살(위로는 깨달음을 구하고 아래로는 중생을 가르쳐 자비를 구현하는 사람)이며 불교는 "현실적인 고뇌를 어떻게 극복하느냐" 하는 인생론적 입장을 특징으로 하고 있다.

③ 도교

도교는 인간과 자연을 구분하지 않으며 '무위(無爲)'의 자연스러움 속에서 인간 본연의 모습을 찾기 위해 세속적인 생활을 초월하고 대자연과 하나가 되어 자연의 흐름에 내맡기고 살아가는 것을 그 특징으로 한다. 이상적인 인간상은 지인(至人)·신인(神人)·천인(天人)이며 자연적인 인간관을 특징으로 한다.

(3) 서양의 인간관

서양의 인간관은 이성(理性) 중심적인데 후에 합리주의적인 인간관으로 발전하였다. 인간은 일종의 동물이면서도 한편으로는 동물과 근본적으로 다른 존재로 여겨졌다. 이는 주변 환경이나 자기 자신에 대해서 알며 생각하는 힘, 즉 이성을 가지고 있기 때문이다. 이러한 이성은 직접적이고 일차적인 감각이나 감정의 차원에서 벗어나게 해주며 이성이 외부의 자극에 대하여 창조적으로 반응할 수 있게 해주었기 때문에 학문과 제도·기술 등이 발전된 것으로 보고 있다. 그리고 합리주의적※ 인간관이란 사람은 이성에 따라 생각하고 행동할 때에 가장 사람다운 사람이 되며, 이성은 인간이 자연을 이용하는 도구가 되기도 하는데 인간이 자연을 정복할 권리를 가진 것처럼 잘못 생각하는 원인을 제공하기도 하였다.

※ 합리주의란 비합리적·우연적인 것을 배척하고 이성적·논리적·필연적인 것을 중시하는 태도로서 합리론·이성론·이성주의라고도 한다. 실천의 기준으로서 이성적인 원리만을 구하는 생활태도를 가리키는 경우도 있다. 형이상학적으로는 이성이나 논리가 세계를 지배하고 있어 이 세상에 존재이유를 가지고 있지 않은 것은 하나도 없다고 주장한다. 또한 이러한 합리주의는 인간은 태어나면서부터 인식할 수 있는 이성을 지니고 있으며, 이성은 분명하게 증명될 수 있다고 주장한다. 그 대표적인 주창자로서는 데카르트, 스피노자, 라이프니츠 등을 들 수 있다. 일반적으로 합리주의는 이른바 대륙의 합리론에서 전형적인 모습을 찾아볼 수 있으며, 감각적 경험을 소홀히 하는 대신 논리적 지식을 중시한다.

서양의 인간관에서 큰 비중을 차지하고 있는 것은 기독교적※ 인간관이다. 이는 인간은 신(神)의 모사(模寫)이며 자유의지와 창조능력을 가지며 문화를 창조하고 도덕적 책임이 있는 존재로서, 인간은 자연보다 존엄하며 자연을 정복하고 이용할 권리가 있는 것으로 간주하고 있다.

(4) 우리나라의 인간관

우리나라는 홍익인간(弘益人間)의 인간관이 대표적이며 전통적인 윤리사상의 원류로 일컬어지고 있다. 이는 풍요로운 삶과 선량한 인심, 화평한 사회를 추구하는 인도주의적인 이념으로서 인간존중·이타주의 · 평등사상을 담고 있으며 천지조화라는 묘합(妙合)의 원리를 토대로 하고 있다.

우리나라의 인간관을 대표하는 또 다른 것으로는 불교적 인간관인데, 인간은 내적으로 불성을 지니고 있으므로 모두 존귀하고 평등한 존재이며 서로 다른 의견이 있더라도 화(和)를 통해서 조정할 수 있다고 한다. 끊임없는 수행을 통해 자기 자신의 참모습을 깨닫고 그 희열을 유지할 수 있다고 보고 있다.

조선시대의 대표적인 인간관은 성리학적 인간관이다. 이는 인간의 본성은 착하지만 육체적 욕망 때문에 선악의 기로에 서게 되고 악의 유혹에 빠지는 등 인간의 본성도 욕심으로 더럽혀지므로 부단히 공부하고 수양을 게을리 하지 말아야 한다고 강조하고 있다.

조선 후기에는 실학적 인간관이 대세였는데, 인간을 자연 앞에서 독존하는 자율적 인격의 주체로 파악하고 누구나 평등하게 자신의 욕구를 발현하여 충족시켜 나가는 존재로 보는 발전된 인간관을 가지고 있다. 실학적 인간관은 우주의 기와 인간의 혈기를 구분하여 인간을 혈기적(血氣的)이고 현실적인 존재(인간은 생명 있는 욕구체, 생리적인 욕구체임을 의미)

※ "하나님이 자기 형상, 곧 하나님의 형상대로 사람을 창조하시되 남자와 여자를 창조하시고 하나님이 그들에게 복을 주시며 그들에게 이르시되 생육하고 번성하며 땅에 충만하라. 땅을 정복하라. 바다의 고기와 공중의 새와 땅에 움직이는 모든 생물을 다스리라 하시니라"(창세기 1장 27절~28절).

로 봄으로써 위민민본(爲民民本)의 개혁사상을 주장하기도 하였다.

조선 말기에는 동학(東學)의 인간관이 부상하였는데 "천주를 모시라(侍天主)"는 교시를 강조하면서 모두가 하느님(기독교에서의 하나님과는 다른 존재)을 믿고 하느님과 한 몸이 되어 하느님의 뜻을 잊지 말라는 것이며 사람은 누구나 하느님과 하나가 될 수 있고 무궁한 존재가 될 수 있다고 하였다. 후에 인내천(人乃天) 사상으로 발전하였다.

3) 인간의 삶과 윤리의 필요성

(1) 윤리적 행동의 의의

윤리란 사람과 사람 사이의 관계, 즉 인간관계의 도리를 의미한다. 이를 연구하는 윤리학은 올바른 도리를 다루는 도덕에 대해서 묻고 탐구하는 학문 분야를 말한다. 우리가 윤리를 배우는 이유는 크게 세 가지이다.

첫째, 도덕관념의 성숙으로 이중기준을 탈피하기 위해서이다. 예를 들어, 선거 입후보자가 경쟁자를 죽이는 행위에는 분개하지만 정치가가 교묘한 방법으로 경쟁자의 인격과 명예를 손상시키거나 유권자에게 금품을 제공하는 행위는 크게 잘못된 것으로 생각하지 않는 것을 말한다. 흔히들 동일한 불륜이라도 "내가 하면 로맨스, 다른 사람이 하면 불륜"이라는 의미와 같다.

둘째, 올바른 가치판단 능력을 기르기 위해서이다.

셋째, 무엇이 정당화될 수 있는 행위인가를 알기위해서이다.

(2) 윤리적 삶의 필요성

윤리가 우리 삶에 왜 필요하며 그 성립의 근거는 무엇인지 알아보도록 하자. 우리는 사람과의 관계에서 자신의 의지대로 말을 하고 행동할 수 있는 자유의지가 있는데, 바로 이 자유의지가 다른 사람이나 사회집단에게 의식적으로 고통을 가하거나 피해를 줄 수 있기 때문에 인간에게 윤리가 필요하게 된 것이다. 그러나 짐승들은 본능에 따라 기계적 혹은 조건반사적으로 움직이기 때문에 윤리가 성립되지 않는다. 또한 인간은 이중성을 가진 존재인데 구체적인 인간은 전적으로 선하지도 않고 악하지도 않기 때문에 윤리가 필요하다는 것이다. 만일 인간이 항상 선하다면 윤리가 필요하지 않으며, 항상 악하다면 윤리는 불가능할 것이다.

그리고 인간이 윤리를 필요로 하는 것은 사회성을 가지고 있기 때문이다. 자기 자신의 행동을 자율적으로 규제할 수 있는 윤리적인 사람이 많을수록 사회는 더욱 질서가 확립되고, 인간미 넘치며, 개인의 자유도 확장될 수 있을 것이다. 이러한 윤리규범은 많은 사람들이 공유하면 할수록 사회에 대한 소속감을 가지게 되며 사회 전체의 유대를 강화하는 기능을 가지게 될 것이다.

자아실현과 인격완성 2

1) 삶의 의미와 다양성

(1) 삶의 의미와 선택

도대체 삶이란 무엇인가? 인생이란 무엇인가? 우리는 왜 살아가야 하는가? 산다는 것은 무슨 의미가 있는가? 등 우리는 인생을 살면서 삶의 의미를 생각하며 살아가고 있고 이러한 고민을 통해 삶의 의미와 목적을 갖게 되는데 자신의 의지에 따른 선택이 삶의 방향과 의미를 결정하게 된다. 따라서 어떠한 삶의 가치관을 갖느냐에 따라 삶의 방향과 의미는 매우 달라진다.

이와 같은 삶의 방향이나 의미 혹은 가치관이 서로 다르기 때문에 삶은 다양성을 가지게 마련인데 삶의 방향이나 의미는 가치관의 차이, 자신이 처한 개인적·사회적 상황, 능력이나 교육 등에 따라 다양하게 전개되며 이러한 삶의 다양성은 개인이나 사회 전체의 발전을 위해서 필요한 가치를 가지고 있다. 그러나 모든 사람의 삶이 똑같이 가치 있고 삶의 목적이 모두 정당하다고 할 수 없다. 그 중에는 범죄자도 있을 수 있고 사회에 독버섯 같은 존재도 있을 수 있기 때문이다.

(2) 가치 있는 삶의 조건

우리는 흔히 삶을 가치 있게 살아야 한다고 말한다. 도대체 가치 있는 삶은 무엇인가? 어떻게 살아야 가치 있는 삶인가? 많은 사람들이 자신의 주관적인 견해를 통해 사물을 보고 평가하고 태도를 결정하기 때문에 동일한 사안이라 할지라도 결과는 크게 달라질 수 있다. 그러나 보편적으로 가치 있는 삶은 다른 사람들이나 사회 전체에 부당한 손해를 끼치지 않고 자신이 보람 있고 의미가 있다고 생각하는 것을 선택하는 것이 삶의 목적이 될 수 있을 것이다. 즉, 내가 하는 모든 것들이 다른 사람들에게 선한 영향력을 끼칠 수 있다면 그것만큼 가치 있는 삶은 없을 것이다.

보다 이상적인 삶은 다른 사람을 위하여 자신이 희생하고 고통을 당하더라도 스스로 이를 보람 있는 삶이라고 생각하는 것이라고 할 수 있다. 여러분이 학교에서 혹은 직장에서 남들이 하지 않는 조그만 일이라도 최선을 다해서 실행하는 것과 휴지 한 장 줍는 것, 공공기물 아껴 쓰는 것, 금연장소에서의 비흡연 등은 내가 이 세상에서 가치 있는 삶을 사는데 조금이나마 도움을 줌으로써 밝은 사회를 유지하는 원동력이라고 할 수 있을 것이다.

인간의 가장 위대한 임무는 어떻게 인간이 만물 중에서 그가 차지하고 있는 지위를 합당하게 실현할 것이며, 또한 그가 인간답게 존재하기 위해서 어떻게 되어야 할 것인가를 올바로 이해하는 것이다. 즉, 인간에게서 가장 중요한 것은 인생의 의미를 올바로 아는 일인 것이다. 가치 있는 삶과 관련하여 도산 안창호 선생께서는 "개인이 제 민족을 위해 일함으로써 인류와 하늘에 대한 의무를 다한다."고 이야기하였다.

2) 자아발견과 자아실현

(1) 자아발견의 중요성

자아를 발견한다는 것은 자기 자신이 어떤 조건에 처해 있고 어떤 가능성과 이상을 가지고 있으며 다른 사람들과는 어떤 관계를 맺고 있는가에 대하여 올바로 아는 것을 말한다. 이를 통해 자신의 삶을 의미 있고 보람 있다고 생각하며 살아가는 것이므로 자아를 발견한다는 것은 인생을 살아가는 목적을 정하는 데 매우 중요한 역할을 하게 된다. 또한 자아를 발견한다는 것은 조용한 혁명과도 같다. 물질적 풍요와 생활의 안정을 1차적 관심사로 여기던 종래의 생활방식에서 벗어나 삶의 질 문제로 관심이 옮겨가며, 지적 · 심미적 만족이나 사랑과 존경에의 욕구를 실현함으로써 삶의 질을 높이기 위해 노력하게 된다.

그러나 자아를 발견한다는 것은 상당히 어려운데 우리의 관심이 주로 자신의 외부에 있는 것에만 기울어져 있기 때문이다. 많은 사람들이 사람을 평가하는 잣대가 객관적 지표(주택 · 이웃 · 건강 · 경제 · 형편 · 결혼 · 자녀 양육 · 집안일 · 친구 · 여가 · 교육 · 정부 · 직업 등)에 치우쳐 있기 때문에, 그 사람이 가진 주관적 지표(자신이 얼마나 높은 수준의 삶을 누리고 그 속에서 보람을 찾느냐는)를 보지 못하기 때문이다.

(2) 자아실현의 의미와 조건

전통적 의미에서의 자아실현은 운명론적으로 제한된 의미, 즉 인간의 본성이나 개인의 일생이 선천적으로 결정되어 있다고 생각하여 자아실현에는 한계가 있다고 보았다. 그러나 성리학에서는 자아실현이란 인간에게 본래 주어진 인간성을 회복하는 것이라고 하여 한 단계 성숙된 모습을 보이고 있다. 이와 관련하여 그리스시대의 철학자들은 “씨가 자라서 꽃을 피우고 열매를 맺는 것은 이미 씨눈 속에 그러한 가능성이 들어 있기 때문”이라고 하였다. 현대적 의미에서의 자아실현은 인간은 완성된 존재가 아니라 자아를 형성해 가는 존재인데, 이는 자유로운 결단에 의해서 이룩되며 주어진 조건이나 제약에 수동적으로 얽매이지 않고 자유와 창의성을 발휘하는 것으로 보았다.

그렇다면 자아실현을 위해서는 어떠한 마음가짐이 필요할까?

첫째, 몸과 마음이 건강해야 한다. 둘째, 충동과 욕망을 좀 더 큰 목적을 위해서 합리적으로 적절하게 조정하는 절제력이 있어야 한다. 옛 선현들은 절제력에 대해 "사람이 아니면 참지 않고, 참지 않으면 사람이 아니다(非人不忍 不忍非人)"라고 하였다. 셋째, 창의적 사고가 필요하다. 새로운 정보를 얻거나 활용하는 방법을 익히고 새로운 정보를 만들어 내는 일에 많은 관심을 기울여야 한다. 넷째, 조화로운 인간관계 유지, 질서 있고 평화로운 사회를 위한 사회정의감이 있어야 한다. 다섯째, 지구촌 공동체의식을 바탕으로 한 인류애가 필요하다.

그림 1.2 자아실현을 위한 마음가짐

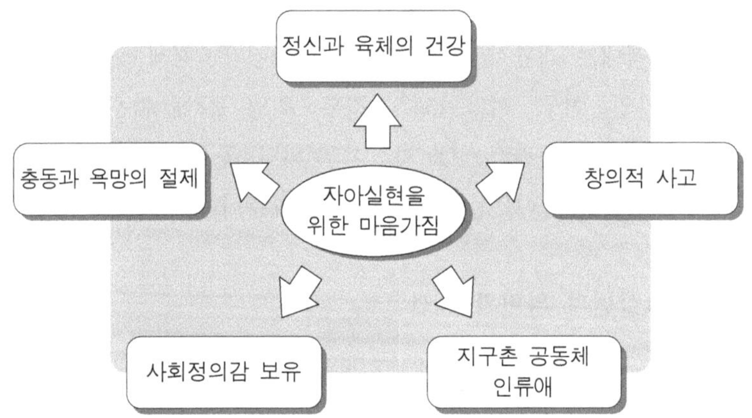

(3) 자아실현과 인격완성

인격은 학습능력이나 재주와 같은 능력이 아니며 물건 혹은 측정 가능한 것이 아니다. 정신활동은 인격에서 나오지만(모든 정신활동 속에 인격이 들어 있지만) 정신활동을 합계한 것이 인격은 아니다.

인격에 대해서도 동양과 서양은 차이점을 보이고 있으며, 또한 전통적 의미와 현대적 의미에서의 인격도 차이를 보이고 있다. 동양에서의 인격의 전통적 의미는 인간으로서의 '표준'과 '자격'(지적 · 정서적 · 의지적 · 신체적 특징 등을 포괄)이라고 보고 있다. 그에 비해 서양에서의 인격은 이성적 본성(자아의식과 자기 행위에 대한 지배력을 가지고 법적 책임을 질 수 있는 존재)을 가지고 있는 개별적인 실체(자유 · 자립성 · 완전성 · 불양도성)로 보고 있다.

현대에 와서 인격은 세계 안에서, 즉 현상적인 면에서 인격을 고찰하였는데, 활동적인 주체성으로서 도덕적 책임을 가지고 있는 존재로 파악하고 있다. 즉, 자립적·독립적인 정신적 존재 · 공동체에 책임을 지는 존재이며 다른 모든 것과 구별되는 유일 최적인 존재, 어떤 사람을 사랑하지 않고는 그 사람의 인격을 이해할 수 없는 존재로 보고 있다.

일반적으로 인격이 완성된다는 것은 있을 수 없지만 그렇게 되어가는 과정자체가 인격을 완성해 가는 중요한 동기가 될 수 있다. 사실 인격완성이란 자기반성과 훈련을 통하여 도덕적으로 여러 사람들의 존경을 받을 수 있는 품성을 갖추게 된 상태를 말하는데, 우리는 인격을 완성하기 위해 구체적인 덕을 실현하고자 노력하고 있다. 인격과 관련하여 왕수인(王守仁)※은 "사람은 반드시 자기 자신을 아끼는 마음이 있어야만 비로소 자기를 이겨 낼 수 있고, 자기 자신을 이겨 낼 수 있어야만 비로소 자신을 완성할 수 있다."고 하였다.

※ 중국 명(明)나라 사상가. 자는 백안(伯安), 호는 양명(陽明). 저장성(浙江省(절강성)) 위야오(餘姚(여요)) 출생. 양명학(陽明學)의 시조이다. 그는 37세에 <심즉리(心卽理)>라는 근본입장을 확립하고 외물(外物)에서 이(理)를 구하는 주자학적 격물론(格物論)에서 탈피하여 마음속의 부정(不正)을 없애고 양심을 발휘한다고 하는 새로운 격물치지(格物致知)의 해석을 제시하였다. 49세 때는 치양지설(致良知說)을 제창하여 주자학을 완전히 벗어나 새로운 학설을 전개하였다. 50세 이후 《발본색원론(拔本塞源論)》, 《존경각기(尊經閣記)》 등을 저술하여 만년의 원숙한 경지를 보여주었다. 57세 때 도찰원좌도어사(都察院左都御史)로서 광시(廣西(광서))의 사은(思恩) · 전주(田州)의 난을 평정하고 돌아오던 중 죽었다. 저작은 《왕문성공전서(王文成公全書, 38권, 1572)》로 정리, 간행되었다. 시호는 문성(文成)이다.

[출처 : 야후 백과사전]

3) 인격완성을 위한 노력

(1) 전통사회의 덕목

옛 선현들은 인격의 완성을 위해 많은 노력을 기울여 왔다. 특히, 덕의 실현을 중시했는데 유가에서는 인·의·예·지·신(仁·義·禮·智·信)의 오상(五常)을 몸에 익히게 되면 인격을 완성할 수 있다고 보았고, 불가에서는 팔정도(八正道),※ 즉 고통의 원인을 알고 욕심을 줄이며 중도(中道)를 깨닫는 것이 곧 인격완성이라고 하였다. 도가에서는 덕은 의식적으로 익히는 것이 아니라 만물에 이미 갖추어져 있는 절대 불변의 진리에 순응하는 데에서 이루어지므로 무위(無爲)와 무욕(無慾)으로 인격을 완성할 필요성이 있다고 하였다.

또한 인격을 완성시키기 위해서는 일상적인 행동거지를 중시했으며,※※

※ 불교에서 실천 수행의 중요한 종목을 8가지로 나눈 것이다. 사성제(四聖諦) 가운데의 하나인 도제(道諦)의 구체적인 내용으로 설명된다. 원시불교의 경전인 아함경(阿含經)의 법으로 석가모니의 근본교설에 해당하는 중요한 교리로 욕락(欲樂)과 고행 등의 극단을 떠난 중도(中道)이며 옳은 깨우침으로 인도하기 위한 합리적이고 올바른 방법으로 되어 있다. 8가지는 별개가 아니며 유기적으로 결합되어 있다.
① 정견(正見): 바른 견해로, 사성제와 십이인연(十二因緣)을 바르게 이해하여 불교의 바른 세계관·인생관 정립
② 정사유(正思惟): 행동을 하기 전에 올바른 생각을 갖는 것
③ 정어(正語): 망어(妄語)·악구(惡口)·양설(兩說)·기어(綺語)를 하지 않고 남에게 유익한 바른 말을 하는 것으로, 이것은 정사유 후에 생기는 바른 언어적 행위
④ 정업(正業): 살생·투도(偸盜)·사음(邪淫) 등의 부정한 행위를 하지 않고 올바른 행위를 하는 것으로, 정사유 후에 생기는 바른 신체적 행위
⑤ 정명(正命): 바른 직업과 규칙적인 생활에 의한 바른 생활
⑥ 정정진(正精進): 용기를 가지고 바르게 노력하는 것으로, 이런 노력은 선을 증대시키고 악을 제거
⑦ 정념(正念): 언제나 바른 의식을 가지고 이상과 목적을 잊지 않는 일
⑧ 정정(正定): 명경지수(明鏡止水)와 같은 마음과 무념무상의 마음상태를 갖는 것으로 선정(禪定)에 의한 정신통일

※※ 계몽(啓蒙) 편에서는 군자가 몸가짐을 단정히 함에 있어 취해야 할 9가지 자세(九容)에 대해 언급되어 있다.
① 족용중(足容重): 걸을 때에는 가볍게 행동하지 않는다.

미래 사회에서 계승·발전시켜야 할 전통적인 덕목으로 경천애인(敬天愛人, 하늘에 대한 숭배와 사람에 대한 사랑), 홍익인간(弘益人間, 인간 세상을 밝은 빛으로 교화하고 다스려 널리 이롭게 한다는 정신 : 인본주의), 오상(五常, 인의예지신), 무위(無爲, 인위적인 것을 버리고 자연의 순리에 따르는 것), 순천절물(順天節物, 자연에 따르고 절도에 맞게 행동하는 것, 즉 욕망을 줄이고 소박하게 살아가는 것) 등을 제시하였다.

(2) 민주사회의 덕목

민주적으로 산다는 것은 방종을 의미하는 것이 아니라 자신의 올바른 가치관을 확립하고 한 사회 내의 규범을 준수하면서 인격적으로 살아가는 것을 말한다. 따라서 적어도 다음과 같은 민주사회의 덕목을 지킴으로써 보다 더 풍요로운 민주사회를 기약할 수 있을 것이다.

첫째, 다른 사람의 인권을 존중해 주어야 한다. 이 덕목은 평등과 정의의 원칙을 내면화한 덕목으로서 다른 사람의 권리와 이익을 자기 자신의 것 못지않게 존중해야 한다는 것을 의미한다. 즉, "내가 대접을 받고자 하는 대로 남에게 대접하라."는 역지사지(易地思之)의 원칙을 염두에 두어야 한다.

둘째, 공정성이 있어야 한다. 공정성은 사회정의의 기초이며 사회질서를 유지하기 위한 필수 덕목으로서 옳고 그른 것, 좋고 나쁜 것, 중요하고 중요하지 않는 것 등을 분별하고 그 정도를 평가할 때 가능한 한 객관적이고 중립적인 입장에서 정확하게 판단하는 것을 말한다.

---

② 수용공(手容恭) : 손을 공손하게 모으고 쓸데없이 움직이지 않는다.
③ 목용단(目容端) : 시선을 바르게 하고 흘겨보거나 훔쳐보지 않는다.
④ 구용지(口容止) : 말을 하거나 음식을 먹을 때가 아니면 입을 움직이지 않는다.
⑤ 성용정(聲容靜) : 목소리는 조용하고 침착하게 하며, 트림 따위의 잡소리를 내지 않는다.
⑥ 두용직(頭容直) : 머리를 바르게 하고 돌리거나 한쪽으로 치우치지 않는다.
⑦ 기용숙(氣容肅) : 호흡을 고르게 하고 소리 내지 않는다.
⑧ 입용덕(立容德) : 바르게 서서 엄연히 덕 있는 기상이 있어야 한다.
⑨ 색용장(色容莊) : 얼굴빛을 단정히 하여 태만함이 없어야 한다.

[출처 : 야후 백과사전]

셋째, 준법정신이 있어야 한다. 준법정신은 법을 잘 지키고 따르는 것을 의미하지만 민주사회를 유지하는 바탕이 되는 것임을 명심해야 한다.

넷째, 책임감이 있어야 한다. 책임감은 사회의 기능을 원활하게 하는 데 필수적인 요소로서 자기에게 부여된 임무를 성실히 수행해 내는 마음을 의미한다. 마지막으로 사실을 있는 그대로 정확하게 전달할 수 있는 정직성이 있어야 한다.

그림 1.3 민주사회의 덕목

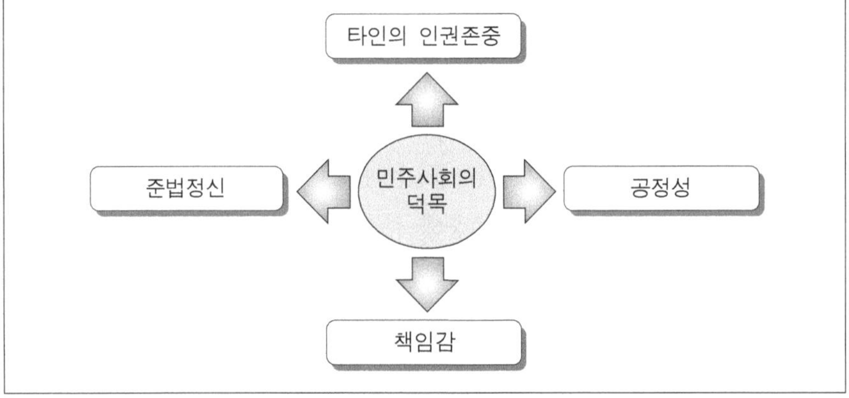

3 사회적 삶과 사회사상의 중요성

1) 사회적 삶의 특성

(1) 사회의 본질과 특징

사회란 상호작용하는 개인들의 집합체로서 지역공동체·문화공동체·정신적 공동체 등의 특성을 가지고 있다.

지역공동체란 일정한 지역을 단위로 하는 자급자족의 공간에서 출발하여 교통 및 통신기술의 발전과 생산력의 증대, 국제적인 분업의 발달 등으로 생활권이 확대되고 있으며, 문화공동체는 공통되는 행동양식 내지 생활양식으로서의 문화를 공유함으로써 사회 성원들을 하나의 통일체로 응집시키는 계기를 가져오는 역할을 한다. 정신적 공동체는 공동체의식을 통해 사회를 지지하고 발전시키려는 집단적 의지를 갖게 해 주는 원동력이 되고 있다.

이와 같은 사회는 사회제도와 조직을 통해 질서가 유지된다. 사회제도는 가족·교육·종교·경제·정치 제도 등을 통해 사회가 유지·발전되고 있다.

(2) 인간의 사회성

인간이 사회적인 존재라는 증거는 인간은 정서생활을 하기 때문인 것으로 알려져 있다. 어린이가 부드러운 접촉과 친절한 대화, 사랑의 표정과 따뜻한 손길을 그리워하는 것, 인간이 홀로 있을 때 고독을 느끼는 것 등은 인간이 혼자 살 수 없다는 것을 의미한다. 따라서 개인과 사회는 나눌 수 없는 불가분의 관계이며 개인은 사회의 일원으로서만 존재할 수 있다. 다시 말해서 사회를 떠난 인간은 순수한 가상에 지나지 않는 것이다. 하이데거(Heidegger, M.)※는 "홀로 있음(독존)은 다만 함께 있음(공존)의

※ 독일철학자. 수공업자 집안에서 태어나 가톨릭신앙에 의거한 가르침을 받고 자랐다. 1909년 프라이부르크대학에 들어가 신학을 공부하다가 철학으로 전환, 수학·자연과학·역사 등의 강의를 통해 상대성이론에 정통하게 되었다. 그의 사상형성에 처음부터 영향을 끼쳤던 것은 중세 아리스토텔레스 해석과 관련된 가톨릭의 신스콜라철학과 바덴의 신칸트주의였다. 이어 E. 후설의 《논리학연구》를 읽고 결정적으로 계발되었으며, 1915년 프라이부르크대학 강사로 임명됨과 동시에 후설의 조교가 되어 아리스토텔레스의 현상학적 해석에 몰두하였다. 이 철학사를 깊이 연구해가는 동안 후설의 초월적 관념론과 결별하고 아리스토텔레스의 형이상학 속에 있는 초기 그리스사상의 존재경험의 경향을 심화시켰으며 이로써 R. 데카르트에서 비롯된 근대적 사유의 한계를 돌파하는 데 힘썼다. 1923년 마르부르크대학에 초빙되었으며 1929년 프라이부르크로 돌아와 후설의 후계자로서 정교수가 되었다. 1927년 《존재와 시간》을 발표하면서 그의 고유한 철학적 입장을 표명하였는데 이것은 K. 야스퍼스의 실존철학과 밀접한 관련을 맺고 동시에 후설의 현상학과 F.E.D. 슐라이어마허와 W. 딜타이의 해석학을 기초로 삼고 있었다. 이 밖에도 F.W. 니체·S.A. 키에르케고르·F.W. 셸링·G.W.

변형적 형태에 불과하다. 독존의 가능성은 공존의 근거이다."라고 하여 인간은 홀로 있다 하여도 동일한 장소와 시간에서만 혼자일 뿐이지, 근본적으로 사회 내에서 다른 사람과 함께 있는 것이라고 하였다.

(3) 사회적 삶에서의 윤리와 사상

초기 원시사회에서도 가족 혹은 부족의 질서유지를 위한 최소한의 윤리는 존재하였다. 예를 들어, 아버지는 사냥과 가족의 생계를 책임졌고 어머니는 아이들과 가사 일을 돌보는 등의 역할들을 통해서 작은 규모의 사회가 유지되었다. 이와 같이 인간의 생활에 있어서 윤리가 필요하게 된 것은 근본적으로 인간은 집단생활을 하기 때문에 사회의 질서를 유지하기 위해서는 적어도 규범 같은 그 무엇이 필요했던 것이다.

다시 말해서 인간의 욕망은 다양하고 무한하지만 이를 충족시킬 수

F. 헤겔 · F. 횔덜린 · R.M. 릴케 · F.M. 도스토예프스키 · G. 트라클과 고대 · 중세 철학사의 영향을 받았다. 그 뒤 나치스당원이 되었고 1933년 모교 총장에 취임하였으나 곧 사임하였다. 제2차 세계대전 후 강단에서 추방되어 슈바르츠발트의 산장에서 은퇴생활을 하면서 《존재와 시간》의 문제를 재고하는 데 몰두하였으며, 특히 횔덜린의 시와 니체의 형이상학과 비판적 체득이라는 작업 속에서 전향을 준비하였다. 1950년 프라이부르크대학에 복귀, 후기사상으로 평가될 만한 논구(論究)의 출판이 이루어졌다. 1935년 무렵부터 뚜렷한 형태를 취하기 시작한 그의 사상적 전향은《존재와 시간》의 단계에서 다루어진 기초존재론의 주관적 관념론적인 관점에서 객관적 관념론적인 존재철학, 즉 신비적인 존재철학의 모습을 띠게 되었다. 그는 1950~1960년대에 이러한 후기철학적 입장을 더욱 발전시켰으며 유럽사와 세계사를 관념적 · 정신사적으로 고찰, 1953~1969년에 걸친 방대한 양의 해석과 논술을 통해 더욱 확장시켰다.

그는 존재를 존재자(存在者)의 존재, 즉 현존재(現存在)로 규정하고 존재를 이해하는 통로를 자각적 존재인 자신에게서 찾았다. 인간은 현존재요, 현존재는 <세계내존재(世界內存在)>이므로 세계와의 관련성과 시간성에서 인간존재를 분석하고 인간존재의 근본적 구조가 관심이요 불안이며, 인간은 죽음에의 존재, 즉 무(無)에의 존재임을 밝혔다. 특히, 언어는 인간의 현존재를 대표하며, 존재이해의 원천이 된다고 하였다. 말년에는 시(詩)연구에 관심을 기울였으며 그의 사상은 O. 베커, T. 발라우프, W. 슐츠 등의 철학자와, 특히 새로운 수정주의에 커다란 영향을 끼쳤다. 또한 1970년대 중반 이후 일본 · 미국 · 라틴아메리카 등에서 하이데거철학에 큰 관심이 일어났다. 저서로《칸트와 형이상학의 문제(1929)》,《휴머니즘에 관한 서간(1947)》,《횔덜린의 시의 해명(1950)》,《니체(1961)》 등이 있다.

[출처 : 야후 백과사전]

있는 재화는 한정되어 있기 때문에 한정된 재화의 합리적인 배분을 위해서 인간의 욕망을 제한하는 윤리가 필수적이었으며, 가치관의 다양성 때문에 발생하는 갈등과 대립을 조정 · 해결할 필요성이 있었다.

그리고 사회를 유지·발전시키기 위해 현실사회를 분석 · 비판하고 바람직한 사회상을 제시하는 체계적인 사고의 틀로서의 사회사상이 필요하게 되었는데, 고대사회의 신화, 전설 및 민담 등에서 사회사상이 발견되었다. 예를 들어, 단군의 건국이야기에서는 환웅이 "널리 인간을 이롭게 하기 위해서 내려왔다"는 기록과 "벌과 선악을 주관하고 다스렸다"는 기록이 있다. 이러한 사회사상은 현 사회의 문제점을 파악하고 해결하며 이상적인 사회의 건설을 위해 노력하는 데 기여하였다.

2) 사회사상의 의미와 역할

사회사상은 광의와 협의로 구분하여 볼 수 있다. 광의로는 정신 속에 일어나는 모든 활동을 의미하며 협의로는 세계와 인생을 종합적으로 이해하는 이성의 작용을 의미한다. 이를 통해 사회사상을 정의하면 "사회를 종합적으로 이해하는 이성의 작용으로서 사회의 바람직한 모습에 관한 체계적인 생각이나 태도"로 볼 수 있다.

사회사상이 추구하는 목표는 인간의 사회적 삶에 대한 일관되고 체계적인 이해를 제공하는 데 있다. 사회사상은 인간의 사회적 삶과 관련된 개념들을 정의 · 분석 · 구별하며, 사회적 삶을 이해할 수 있는 개념적 틀을 발전시키고, 사회적 삶이 왜 특정한 방식으로 구성되어 있으며, 사회의 상이한 구성요소들이 어떻게 연관되어 있는지를 설명한다. 또한 규범적 기준, 즉 현 사회를 정당화하거나 비판하여 바람직한 사회에 대한 대안을 제시함으로써 현실적이고 실천적이며 이상적인 사회를 실현하기 위한 미래상과 운동을 담고 있는 역할을 수행한다.

이러한 사회사상의 실천적 가치는 집단이나 개인들 간의 분쟁을 해결할 수 있는 규범적 기준을 제시하여 사회가 택할 수 있는 선택의 범위를 명료히 함으로써 사회적 삶의 한계와 가능성을 밝혀 주고 사회에 대한 어떤 요구가 정당하게 제기된 것인지를 설명해 주는 역할을 하고 있다.

3) 사회사상의 다양성

(1) 개인주의와 집단주의

개인주의는 개인을 우선적인 존재로 인식하는 사상이며 사회 또는 정치 공동체가 개별 인간들에게 바람직한지 혹은 개인의 권리는 잘 보호하고 있는지를 평가기준으로 한다. 근본적인 사상의 자유주의에 기반한다.

집단주의는 인간은 사회적 존재이며 인간의 이익과 능력이 그들의 사회성과 분리될 수 없기 때문에 집단이 우선되어야 한다고 보는 사상이다. 따라서 집단주의는 인간의 행위를 사회적·문화적·역사적 맥락과 연계하여 이해하고 고찰하려고 한다. 근본적인 사상은 민족주의와 사회주의에 근거한다.

(2) 관념론과 유물론

관념론적 사회사상은 인간의 정신적 생활 및 의식을 중심으로 사회현상을 설명하는 사상으로서 인간의 역사를 문화·종교·철학과 같은 추상적 원리의 전개에 의해 설명한다. 데카르트(René Descartes)의 "나는 생각한다. 그러므로 나는 존재한다."는 관념론적 사회사상의 대표적인 화두이다. 관념론적 사회사상은 근대 서양사상의 발전과정을 계몽주의·합리주의·낭만주의 등으로 파악하고 있다. 근본적인 사상은 자유주의와 보수주의에 근거한다.

유물론적 사회사상은 인간의 물질적 삶 및 생산활동을 중심으로 사회현상을 설명하는 사상으로서 인간의 역사를 사회경제적 토대 또는 사회계급 간의 갈등에 의해 설명한다. 마르크스(Karl Heinrich Marx)는 "인간의 생산활동이 사회에 기본적인 것이며, 인간의 생산활동을 해석하고 조직하는 정치적 · 철학적 · 종교적 관념과 개념은 부차적인 것"이라고 하였으며 근본적인 사상은 사회주의를 바탕으로 하고 있다.

(3) 보수와 급진(보수와 진보)

보수주의란 사회의 기존질서를 유지 · 보존하려는 것을 말하며, 기존질서를 보존하기 위해 일정한 변화를 수용하기도 한다. 보수주의를 지지하는 계급은 한 사회의 지배계급이다.

개혁주의는 점진적이고 부분적으로 개혁하려는 사상으로서 지배세력의 일부가 위로부터의 변화를 추진할 때 이용된다. 급진주의는 사회의 기존 질서를 근본적으로 변혁시키고자 하는 것으로서 목표달성을 위하여 속도와 강도를 늦추거나 조절하기도 한다. 원래 급진주의(急進主義, radicalism)의 '래디컬(radical)'은 본래 '근본적'이라는 뜻을 지닌다. 따라서 현존하는 사회체제를 근본적인 비판의 대상으로 삼고 그 뿌리부터 부정하는 입장을 의미한다. 그런데 보수적 입장에서 볼 때 '근본적'인 혁신을 주장하는 사상은 너무나 앞으로 나아가려 하거나, 지나치게 격렬한 변화를 추진하는 것으로 생각되기 쉽다. 이러한 이유에서 급진주의가 '급진적' 또는 '과격한'이라는 부정적 이미지를 갖게 되었다. 이의지지 세력은 피지배계급이다.

이와 같은 사회사상은 사회의 발전단계에 따라 일정한 사회사상이 보수주의로 분류되기도 하고 진보주의로 분류되기도 하였다. 자유주의 사상은 근대 초 유럽에서는 급진적인 혁명사상 이었지만 시민혁명을 거치면서 19세기 중반 이후 지배적인 사회사상이 되었고, 사회주의의 도전을 받게 됨에 따라 보수적 사회사상이 되었다.

(4) 사회제도, 사회운동과 사회사상

사회제도란 사회 내에서 일어나는 어떤 행동을 미리 정해진 방향으로 이끌어 주는 일반적으로 인정되고 조직화된 관행과 절차를 의미한다. 사회제도의 기능은 인간의 기본적·지속적인 욕구를 충족시켜 주면서 사회생활의 특정 측면에서 적절한 일을 집단적으로 실행하게 한다. 이러한 사회제도는 조직화된 사회적 삶의 기본적이고 보편적인 문제를 다루며 모든 사회에 공통된 것, 즉 인간이 사회적으로 살아가는 데 필요한 기본적인 틀을 다루고 있으며, 사회의 목표를 달성하기 위해 개인의 활동을 조직하고 미래 세대를 양육하는 데 필수적인 기능을 담당하고 있다. 그러나 사회제도가 사회규범을 수립하고 정당화하는 데 성공한다고 할지라도 이러한 규범이 사회 전체에 의해 받아들여지는 일은 결코 없는데, 어느 사회이든 이러한 규범으로부터 자율성을 유지하는 집단의 존재로 인해 사회제도의 한계를 보이고 있다.

사회운동은 사회제도에 일정한 변화를 초래하거나 새로운 질서를 창조하고자 하는 집단적인 행동을 의미한다. 사회운동의 특징은 뚜렷한 이념과 목표를 갖는다는 것이다. 즉, 자유·생존권·평등·생태계보호·평화 등의 이념이 그것이다. 또한 사회운동은 조직을 가지고 상당기간 지속되며 기존의 사회제도 '내외에서' 사회제도를 변화시키려고 한다.

사회운동의 목적은 사회변동을 일으키거나 저지하는 데 있다. 사회운동과 사회사상은 불가분의 관계에 있는데 사회운동은 재산소유나 권력분배와 관련하여 새로운 질서의 창조를 목표로 하기 때문에 체계적이고 정교한 이론체계, 즉 사회사상을 필요로 하고 있다. 최근의 사회운동은 국가나 민족사회의 경계를 넘어서 전 세계적으로 확산되고 있다.

4 이상사회 구현과 사회사상

1) 이상사회의 본질과 특성

(1) 이상사회의 의미와 본질

이상사회란 인간이 바람직하다고 생각하는 사회의 모습이며, 공평과

억압으로부터 해방된 사회를 의미한다. 이상사회를 추구하는 것은 사회사상의 주요한 목표 중의 하나이며, 사회사상은 선한 인간의 완성과 선한 공동체의 실현이 밀접하게 연관되어 있다는 가정을 바탕으로 한다. 따라서 사회 사상가들은 총체적으로 타락한 정치공동체를 개혁하고 그 구성원들을 도덕적으로 개선할 수 있는 이상국가나 이상사회를 제시하고자 노력하고 있다.

공자(孔子)는 인의(仁義)의 정치가 구현되는 대동사회(大同社會)※를 제시하였으며, 플라톤(Platon)은 '국가(Politeia)※※에서 '정의로운 국가'를 제시하였다. 토머스 모어(More, T.)는 유토피아※※※를 제시하였는데, 이상사회

※ 유가(儒家)에서 말하는 이상사회를 의미한다. 《예기》의 <예운편(禮運篇)>에서 대동사회는 <대도(大道)가 행해지는 세계에서는 천하가 공평무사하게 된다. 어진 자를 등용하고 재주 있는 자가 정치에 참여하여 신의를 가르치고 화목함을 이루기 때문에 간사한 모의가 일어나지 않고 도둑이나 폭력배들이 생기지 않아 문을 닫지 않으니 이를 대동이라 한다.> 대동사회의 실현방법은 유가의 정치철학에서는 우리 부모를 친한 뒤 남의 부모를 친하고 우리 자녀를 귀여워한 뒤에 남의 자녀를 귀여워하라는 방법적 차별주의를 제시하고, 청(淸)나라 말의 캉유웨이(康有爲, 강유위)는 가족제도의 폐기를 역설하고 출생과 사망까지를 국가가 관리하고 민족이나 인종·종교적 편견을 초월하는 이상향을 건설하자고 했다. 한국 유학의 정치사상에서는 조광조(趙光祖)에서 비롯된 지치주의(至治主義)운동이 대표적이다.

※※ 플라톤의 저작. 《향연(饗宴)》, 《파이돈》에 이어 50세에 집필을 시작하여 BC 375년경에 완성한 것으로 추정된다. BC 387년 아카데미아를 창설한 이래 연구·교육활동에 가장 충실했던 시기의 소산이다. 소크라테스를 주역으로 하는 이 대화편은 <정의란 무엇인가>를 음미하는 것으로 시작된다(제1권). 그 테마는 전편을 일관하는데, 의론(議論)의 진전에 따라 정의의 본연의 모습을 국가차원에서 확대해서 고찰할 것을 제기하였으며, 언론에 의한 이상국가(理想國家)의 구축이 시도되었다(제2~5권). 의론의 중점은, 특히 국가의 방위와 통치 담당자들에 대한 기구·교육의 문제로서 그들 사이에서의 사유재산제·가족제의 철폐 등 대담한 제안을 하고 있다. 또 이상실현의 유일한 방도로서 철인왕(哲人王) 사상이 표명되었다(제5권). 그것을 뒷받침하고 내실을 기할 철학자와 철학적 인식의 본질규명, 선(善)의 이데아에 구극(究極)하는 이데아론의 구조, 이데아 인식을 달성하기 위한 학문의 과정 등이 상세하게 논술되어 있다(제6~7권). 그런 후 이상국가가 불완전국가의 여러 형태로 전락해 가는 과정이 개개인 내의 악덕(惡德)의 규정과 병행해서 설명되어있으며, 정의야말로 인간을 행복하게 하는 것임을 선명(宣明)하고 있다(제8~9권). 마지막 권에서 시가문예(詩歌文藝)의 비판적 고찰 및 불사혼(不死魂)의 논증이 시도된 뒤, 사후 영혼의 운명을 진술한 <엘 이야기>로 전권의 끝을 맺는다(10권).

의 삶을 구현하고 있는 신기한 섬나라로서 모든 인간이 소유와 생산에 있어서 평등하고, 경제적으로 풍요하며, 도덕적으로 타락하지 않은 사회라고 하였다.

(2) 이상사회와 현실

많은 철학자들이나 사상가들이 이상적인 사회를 제시하였지만 이상과 현실의 괴리(乖離)의 폭이 상당히 컸기 때문에 동·서양의 사상가들이 제시한 이상사회가 역사상 실현된 적은 없었다. 다만 그렇게 되도록 노력하는 과정에서 보다 이상적인 사회로 도달할 수 있는 길을 만들 수 있다는 것에 중점을 두었다.

이상이 현실과 괴리가 있음에도 불구하고 이상사회를 탐구하거나 추구하는 것은 부조리(不條理)한 현실을 비판하고 개혁하는 데 필요한 기준과 목표를 제공함으로써 보다 나은 사회로 나아가게 하는 추진력으로 작용하기 때문이다. 베버(Weber, M.)는 "인간이 때때로 불가능한 것을 달성하려고 노력하지 않았더라면 현재 가능한 것마저도 성취되지 못했을 것이다."라고 하였다. 즉, 오늘날 인류가 누리고 있는 물질적으로 풍요롭고 편리한 삶도 불가능에 대한 인간의 도전과 발상에서 비롯된 것이라고 하였다. 이러한 이상사회에 대한 탐구는 사회사상의 발전과 근대 사회과학의 탄생에 기여하였으며 기존의 사회사상과 윤리에 대한 비판과 성찰을 통해 윤리적인 발전에 공헌하였다.

※※※ 초승달 모양의 섬 유토피아는 같은 말과 비슷한 풍습 · 시설 · 법률을 가진 54개의 마을로 구성되어 있다. 그곳의 시민들에게는 빈곤도 없고 사치나 낭비도 없다. 유토피아의 성인들은 남녀를 가리지 않고 생산적 노동에 종사한다. 노동은 매일 6시간으로 제한되고, 8시간 잠자고 남은 시간은 정신적 오락이나 연구에 사용한다. …… 집집마다 열쇠를 채우거나 빗장을 거는 일이 절대로 없다. 왜냐하면 집 안에 들어간들 어느 개인의 소유란 것이 없기 때문이다. 그리고 10년마다 그들은 제비를 뽑아 집을 교환한다.

2) 이상사회의 지향과 이데올로기

(1) 이상사회와 이데올로기의 등장

이데올로기란 현실사회의 문제점을 개선하여 바람직한 이상사회를 이룩하는 데 필요한 방향을 제시해 주는 관념이나 이상으로, 사회가 어떻게 조직되고 어떠한 목표를 추구하며 어떠한 방향으로 개선되어야 하는지를 제시해 주는 일종의 세계관 · 가치관을 의미한다.

이데올로기는 이상사회의 모습 제시, 인간의 경험 및 외부세계에 대해 포괄적인 설명을 시도하는 이론을 제공하며 일반적이고 추상적인 용어로 사회·정치 조직에 대한 프로그램 제시와 이러한 프로그램의 실현이 투쟁을 수반하는 것으로 파악하고 있으며, 일반대중을 설득하고 추종자들을 충원하며 그들의 헌신을 요구하며 광범위한 대중에게 접근하고, 지식인들에게 특별한 역할을 수행하는 리더십을 부여하는 속성을 가지고 있다. 대표적인 이데올로기로는 자유주의 · 민주주의 · 사회주의 · 민족주의 · 파시즘 등이 있다.

이데올로기는 제2차 세계대전 이후 미국과 소련 중심의 이데올로기적 대립이 전 세계적 냉전질서로 확대됨에 따라 더욱 확산되었으며, 20세기를 세계사적 차원에서 '이데올로기의 시대'라고 한다. 이데올로기는 크게 일반적 기능, 긍정적 기능, 부정적 기능으로 구분된다.

일반적 기능으로서의 이데올로기는 같은 사람들 사이에는 쉽게 통합이 이루어지며 사회질서를 유지하거나 변화시키는 역할을 한다. 즉, 이데올로기는 역사적 상황에 따라서 보수적일 수도 있고 진보적일 수도 있다.

긍정적 기능 측면에서의 이데올로기는 역사의 진보에 대한 믿음을 심어 주고 이러한 믿음을 실천에 옮기도록 하는 역할을 수행한다. 진보에 대한 믿음은 과학혁명과 산업혁명 등에 힘입은 바가 크다. 이는 긍정적인 물질생활의 변화에 기초하여 정치제도나 사회조직 및 인간성마저도 개선할 수 있다는 낙관적인 세계관을 갖게 하였다. 또한 자유주의 시민혁명과

민족주의 운동, 사회주의 운동을 통해 인류의 역사를 발전시키는 데 기여하기도 하였다. 또한 과거 종교적 설명에 따라 정치적 억압 및 사회적 궁핍에 대해 침묵하거나 복종하던 것은 일반대중들의 정치적 각성에 영향을 미쳤으며 민주주의의 성장과 발전에 공헌하였다.

그러나 이데올로기의 부정적 기능은 투쟁을 고조시키기 위해 낙관적 언어로써 목표를 제시하였으나 이데올로기가 추구하는 목표가 현실적으로 달성하기 어려운 것임이 밝혀지면서 투쟁에 참가한 대중들이 정치적 무관심과 냉소주의(冷笑主義)에 빠지거나 더욱 급진적이고 과격한 이데올로기에 자신을 내맡기는 오류를 범하였다. 또한 경직된 이분법(우리-그들, 친구-적, 탐욕스러운 자본가-착취 받는 노동자, 압제적인 제국주의자-애국적인 민족주의자 등)을 통해 획일적으로 세계를 바라보는 성향을 키우는 등 부정적인 기능을 초래하기도 하였다.

3) 이상사회의 구현을 위한 조건

(1) 이상사회의 다양한 모습

동양에서 사상가들이 제시한 이상사회 중 가장 대표적인 것으로는 공자의 대동사회와 노자의 소국과민(小國寡民)을 들 수 있다. 대동사회는 성인이 나라를 다스리되 왕위가 세습되지 않고 지혜로운 자들이 왕위를 물려받으며 자기 부모나 자식을 구분하지 않고 모두가 가족처럼 지내며, 재물이 자기 이익만을 위해 사용되지 않는 사회를 말한다. 소국과민은 인간의 자유로운 삶을 제약하는 '예(禮)'와 같은 인위를 거부하고 인간 본연의 본성을 회복할 것을 주장하는 사회를 말한다. 작은 나라에 적은 백성, 즉 문명의 발달이 없는 무위와 무욕의 이상사회를 이르는 말이다. 도가의 정치사상에서는 이상적인 백성은 완전히 무지의 상태라고 본다. 백성이 완전히 무지하다면 그들은 악을 행할 능력이 없다. 그런데 이러한 백성이 굶주린다면 그 이유는 정치를 하는 지도층이 세금을 수탈하기 때문이다.

또한 백성을 다스리기가 어렵다면 그것은 지도층이 어떤 일을 도모하려 하기 때문이다. 따라서 정치란 그 근본이 무위정치(無爲政治)여야 한다는 것이다.

서양에서의 이상사회를 제시한 대표적인 철학자는 플라톤이다. 그는 이상사회를 이룩하기 위해서는 이상국가가 필요하다고 하였다. 오랜 교육과 엄격한 훈련을 통해 '좋음의 이데아'라고 하는 도덕적 선에 관한 절대적 지식을 성취한 현명한 철학자들이 통치자로서 다스리는 사회를 말한다. 루소는 민주적 이상사회를 부르짖었는데 빈부의 차이가 거의 없는 소농(小農)으로 구성된 정치공동체가 직접 민주주의에 의해 스스로를 다스리는 민주사회를 이상사회로 제시하였다. 이에 반해 마르크스는 사유재산과 계급이 소멸하고 생산력이 고도로 발전한 결과, 각자가 능력에 따라 일하고 필요에 따라 분배를 받는 평등한 사회를 구현하기 위해서는 공산주의가 필요하다고 하였다.

한편, 유토피아적 사상가들의 나름대로의 신념은 사회가 발전 가능하며 인간성이 선하다는 희망을 인류에게 심어 왔으며, 현실세계가 다양하고 불완전함에도 불구하고 인간이 이를 극복할 수 있다는 신념을 고수하였다. 역사적으로 현실의 인간사회가 인간의 잠재적 능력과 본성을 무시·억압·왜곡·파괴해 왔기 때문에 그 잠재력은 여전히 실현되지 않았다고 주장하고 있다. 이러한 신념과 이에 따른 인간의 노력 덕분에 인류는 과거보다 자유롭고 평등하며 물질적으로 풍요한 삶을 누리게 되었다고 보고 있다.

(2) 이상사회의 조건

이상사회를 구현하기 위해서는 반드시 다음과 같은 조건들이 포함되어야 한다.

첫째, 공평한 경제제도가 필요하다. 구성원들에게 그 시대의 물질문명 수준에 비추어 인간에게 필요한 물질적 삶을 보장해 주어야 한다. 물질적 풍요보다 균등한 분배를 더 바람직하게 평가한다. 논어에서는 "나라나 가정을 다스리는 자는 부족함을 걱정할 것이 아니라 고르지 못함을 걱정해야 한다."고 하였다. 그러나 시대상황에 따라 공평한 경제제도가 변화해야 하며, 반드시 균등한 분배만을 고집하는 것은 오히려 국가의 경제를 쇠퇴하게 하는 원인을 제공할 수도 있다. 균등한 분배란 엄밀히 말하면 공산주의에서 가능한 주의인 것이다.

둘째, 민주적 사회가 이룩되어야 한다. 인간의 기본적 권리와 자유를 최대한 보장하여야 하며, 중요한 정책의 결정과정에 자유롭고 평등하게 참여하게 하고, 정치적 영역에서뿐만 아니라 가족 · 학교 · 직장 등 일상의 비정치적 영역에서도 적용되어야 한다. 그리고 분쟁과 갈등을 해결할 수 있는 정의로운 원칙과 절차를 마련하여 양심적 소수의 반대나 다수결에 의하여 제도의 부정의를 시정할 수 있는 공정한 기회가 마련되어야 한다.

셋째, 관용적이고 다원적인 사회를 구현해야 하는데, 개인의 자유와 평등 중시 · 여성 · 소수 민족 · 거류 외국인 등의 권리를 인정해야 한다.

(3) 이상사회 구현을 위한 과제

이상사회를 구현하기 위해서는 한 개인, 한 국가뿐만 아니라 각 지역의 국가들이 함께 유기적으로 협력을 도모하여야 한다.

첫째, 국제적 차원의 협조가 필요하다. 국제적 차원의 평등한 분배, 강대국에 의한 약소국의 억압 및 착취 등의 문제해결, 그리고 생태계 파괴의 위협, 천연자원의 고갈, 인구폭발, 핵전쟁 및 핵 테러의 위협 등에 전 인류적 차원의 대응이 필요하다.

둘째, 생태계 파괴의 위협에 대처해야 한다. 인간 중심주의적인 세계관인 휴머니즘을 전면적으로 재검토, 생태 중심적인 세계관을 수용하여야 한다. 생태계와 인간의 공존, 현재 세대와 미래 세대 간의 정의를 추구하는 등 환경적으로 건전하고 지속 가능한 개발에 대한 진지한 성찰이 필요하다.

우리나라는 이상사회를 구현하기에 앞서 분단을 극복하고 통일을 이루어야 할 과제를 안고 있다. 다양한 형태의 통일·통합 방안 논의를 통해 남북한 간에 최소한의 인적 · 물적 교류가 자유롭고 공평하게 일어나는 체제에 대한 구상으로부터 시작하여 정보화 · 세계화 추세에 부합하는 새로운 형태의 민주적 통일국가를 구상할 필요가 있다.

[출처 : http://oneness.pe.kr/text/ethics/ethics1.htm을 재구성]

2 전통윤리와 하이테크 시대의 공학윤리

PREVIEW

전통문화와 신문화에서의 윤리개념의 이해 시급

이 시대를 사는 우리는 윤리문제를 어떻게 이해해야 하는가? 우리는 전통문화와 신문화(하이테크가 가미된)가 부딪치는 소용돌이 속에서 심각한 정신적 혼란을 겪고 있다. 문화충돌의 요인들로는 농경시대의 온정적 정서문화가 냉정한 공학적 정서문화로의 변천이나 한국적 토양의 생활풍습과 외래문화와의 충돌 등 여러 측면에서 논의될 수 있겠지만 그 와중에 겪는 현실적인 문제는 윤리문화의 충돌에서 겪는 도덕의식의 혼란이다.

인간의 판단영역은 매우 넓고 다양하지만 판단이 목적하는 대상은 크게 두 가지로 나누어진다. 그 하나는 삶의 발전을 꾀하고자 하는 효율성(합리성) 목적의 판단이고, 다른 하나는 인간관계에서 인격을 실현하고자 하는 윤리성 목적의 판단이다. 이 두 목적은 판단의 존재이유이고, 그런 의미에서 두 목적은 각각 두 판단의 기준이기도 하다. 지금 우리나라가 가정과 사회윤리에서 혼란을 겪고 있는 것은 그 중에 윤리판단의 기준이 크게 손상되었거나 부실해져 있다는 것을 의미한다. 판단기준의 상실은 개인의 인생뿐만 아니라 사회국가적으로도 심각한 결과를 초래하는 요인이 된다.

교통과 커뮤니케이션 수단의 발달은 세계 지역 간·국가 간 문화의 벽을 사라지게 만들었다. 다른 나라들에 비해 특히 우리나라에서 이 문화갈등현상을 심하게 겪는 것은 주변 강국들의 침략과 내전에 간단없이 시달려온 우리나라 특유의 역사가 한 요인이기도 하지만, 그보다 더 큰 요인은 서양문화에 대비되는 동양문화의 특성을 동양의 어떤 나라보다도 농축된 문화양식으로 지녀

왔었다는 점 때문이다.

지금 우리 사회가 윤리문제에서 첨예하게 갈등을 드러내는 부분은 역시 전통적인 유교윤리와 짧은 기간에 유입되어 자리매김한 민주주의 윤리 간의 충돌이다. 다른 의미로는 동양 윤리문화와 서양 윤리문화 간의 충돌이라고도 말할 수 있다. 두 사상은 만나면 불가피하게 충돌할 수밖에 없는데 그것은 두 사상이 상호 모순된 기초를 근본으로 삼은 데 있다. 익히 알듯이 민주주의 기초이념은 인간평등사상이고 유교의 기초이념은 인간차등사상이다. 여기서 인간차등이란 서열개념을 이른다. 그런데 현실에서 민주주의가 평등사상을 기초로 삼지만 계급 등 그에 반하는 차등구조를 생활구조로 삼고, 유교가 차등구조를 생활구조로 삼지만 인간은 모두 고귀하고 대등한 존재라는 명제를 사상 속에 명시하듯이 민주사상과 유교사상은 그 기초에서 서로 명제를 바꾸어서 핵심으로 삼은 것에 불과하다.

문제는 서로 가깝게 이웃하는 두 기초가 상반된 성격 때문에 그 후 이어지는 연계현상들이 편차를 벌리면서 두 이념은 상호 모순이 극대화된 문화로 발전하게 된다는 점이다. 그 결과 과거 조선사회에 있었던 남존여비나 양반과 상놈의 인간차등 구조 속에 자행된 비윤리적 현상들은 단순하게만 생각한 서열차등의 기초사상이 빚어낸 유교문화의 엄청난 모순이었다.

그렇다면 당연히 민주주의문화에도 모순은 존재할 터인데 그 모습은 어떤 것일까? 유교문화보다는 짧지만 그 동안 우리 사회에서 보이고 있는 민주주의 모순도 간단치만은 않다. 평등이념은 인간을 상호 수평적 위상에 두기 위해 독립적인 개체화로 개인주의화하고(우리는 아직 의식이 완전히 서양화 되지 못한 까닭에 서양적 행동양식에 미치지 못하지만) 합의를 일상적 관계의 출발로 삼음으로써 인간관계에 에티켓(etiquette)이나 좋은 매너(good manners)로 포장된 대립을 기초법칙으로 설정한다. 따라서 평등이념의 포장물인 민주주의 사회에서는 합의를 위한 대립이 극대화되고, 합의에 실패하면 손실에 대한 양보와 인내의 미덕은 본래 민주주의적 정의의 요소가 아니므로 결별이 아니면 시위와 폭력의 다음 계기로 이행했다.

그 다음 인간평등은 그 명제가 선언한 바대로 인간을 차별화한다는 의미에서 자연이 부여하는 순리적인 서열조차 거부한다. 어른과 아이 간의 서열, 부모와 자식 간의 서열, 상사와 부하 간의 서열, 남녀·부부 간, 연령차이의 서열조차도 평등을 거부한다. 그러므로 차등의 수직적 관계에서만 유연하게 이루어지는 인간적인 기능들을 단절시킨다. 여기서의 인간적 기능이란 우호지정(友好之情)의 사랑인 애정(愛情)과 측은지정(惻隱之情)의 사랑인 온정(溫情)의 유통기능을 말한다.

정의 특수성은 차별관계에서만 유연하게 흐르는 것이다. 연애 중에 진정 사랑하는 남자가 군에 입대를 하면 그녀에게 그에 대한 사랑의 감정이 배가되는 것은 평소의 우호지정에 군 생활에서의 고생할 애인을 생각해 측은지정인 온정까지 더해지기 때문이다. 또한 한 사람의 행인이 거지에게 동전 한 닢을 주는 것은 한 사람으로부터 한 사람에게 정이 흐를 수 있는 차별성의 조건이 조성되어 있기 때문이다. 즉, 그로부터 동전 한 닢이 거지에게 건네진 것은 그가 거지의 열등한 처지를 측은히 여김으로써 흐르게 된 온정의 표현이다.

여기서 확인할 수 있는 사실은 “차별은 비윤리를 만들 수 있는 조건일 수는 있어도 비윤리 자체는 아니다"라는 점이다. 거지가 "나는 당신과 평등하다"는 글을 써서 목에 걸고 고고한 자세로 서 있다면 적선은 이루어지지 않을 것이다. 적선이 있어야 한 끼를 때우고 살 수 있는 거지에게 평등은 오히려 살 기회를 앗아가는 몰인정의 조건인 것이다. 이렇듯 인간평등개념도, 차등개념도 그 자체로 윤리개념은 아니며, 윤리성의 함의 여부에 따라 두 개념의 가치가 평가되는 대상임을 알 수 있다.

인간관계가 평등하든 차등하든 비윤리적이면 거기에 문제가 있는 것이 아닌가? 유교사상이 그렇듯 민주주의도 윤리에 대한 잘못된 사변의 하나에 불과하다. 부족한 하나의 문화에서 부족한 또 하나의 다른 문화로 이행하는 과정에서 사회 도덕률만 가치를 잃고 퇴출되었다.

한국사회에는 지금 도덕률이 없다. 우리는 지금 유교문화의 폐해만을 말하고 있지만 좋은 점들을 간과해서는 안 된다. 또한 민주주의문화 그만의 좋은 점이 있지만, 그렇다고 모순조차 무차별로 수용할 수는 없다. 유교사상과 민주주의사상을 객관적으로 보고 양자를 조화롭게 수용하기 위해서는 인간 본연의 이념윤리를 사실적으로 이해함으로써만이 가능하다. 그러기 위해 윤리개념의 사실을 경험적으로 이해해야만 하는 것은 이 시대를 사는 우리들이 해야 할 큰 숙제인 것이다.

Summary

우리는 그동안 윤리라는 것을 우리의 정신과 육체를 지배하는 거추장스러운 존재로 여겨왔는지도 모르지만 사실 윤리의 존재로 인해 문화가 전승되며 사람과 사람 간의 관계가 지속되고 국가와 국가 간의 교류가 확산되는 중요한 존재임을 부정할 수 없다.

윤리는 사회성을 가진 인간에게서만 볼 수 있는 독특한 시스템이며 우리의 삶에서 언제나 중요한 위치에 서 있다. 이와 같은 사실은 인간에게만 윤리현상이 가능하고 또 필요하게 만드는 특성이 있다는 것을 말해 주고 있다. 따라서 우리는 인간의 어떠한 특성들이 윤리현상을 가능하게 하고 또 윤리에 의거한 생활을 불가피하게 하는가에 대해 깊이 생각할 필요가 있다.

우리의 삶에 윤리가 필요한 이유는 윤리가 개인의 행복과 사회의 질서유지를 위해 필수적인 조건이기 때문이다. 윤리는 우리의 삶을 지도해 줄 규칙의 집합으로 구성된다. 그 규칙들은 거의 모든 사람들이 그것을 준수하는 경우에 대다수의 사람들이 행복하게 되는 그런 규칙들은 우리의 자유를 제한할 수도 있지만 그것은 더 큰 자유와 복지를 증진하기 위한 것이기 때문이다.

이러한 윤리는 전통적으로 도덕적 판단의 범위와 도덕적 판단의 기초, 도덕적 주체와 객체 등 크게 3가지 차원으로 구분되어 적용되어 왔으며, 특히 현재의 인간에게만 초점이 맞춰 있기 때문에 오늘날의 복잡하면서도 글로벌한 윤리적 문제들을 해결하는 데는 매우 미흡하게 여겨졌다. 즉, 도덕적 주체와 객체의 범위가 지나치게 사람에게만 국한된 모습을 보여줌으로써 날로 복잡한 양상을 보이고 있는 공학적인 윤리 문제들을 해결하는 데 있어서는 많은 한계점을 드러내고 있다. 현대 윤리학의 논의는 기술의 진보와 함께 발생한 생태계의 위기에 대한 인간의 책임, 더 나아가서 인간의 존재와 자연의 존재에 대한 당위의 근거를 묻는 데까지 진행되고 있다.

전통윤리학은 앞으로 일어날 일을 예방하는 기능보다는 이미 일어난 일에 대한 도덕적 평가에 초점을 맞추어 왔으며 그 결과 늘 시대변화를 따라가지 못하는 심각한 윤리적 지체(ethical lag) 현상을 보여왔다. 또한 윤리규범의 절대성과 보편성을 강조하면서도 실제로는 그 적용에 있어서 국지적 성격의 윤리로 기능하여 왔다.

그러나 점차 과학의 발전에 따라 실용적인 공학이 인간생활에 미치는 영향이 커지면서 공학윤리가 대두되었으며 공학윤리는 몇 가지 중요한 기능을 수행하는 실천윤리로서의 역할(예방윤리, 변형윤리, 글로벌 윤리, 책임윤리, 종합윤리)을 담당하기에 이르렀다. 그러므로 공학윤리는 전통윤리학 이론들 가운데 공학을 통해 발생하는 여러 가지 도덕적 문제들의 해결에 직접적인 도움을 줄 수 있는 여러 윤리학의 이론들을 종합하여 활용하여야 한다. 공학의 특성상 한 가지의 배타적인 윤리적 이론으로는 인간생활에서 발생하는 복잡다기한 문제들의 본질을 이해하고 어떤 도덕적 판단이나 평가를 내리는 것은 사실상 어렵기 때문이다.

Key Words

전통윤리, 공학윤리

전통윤리와 하이테크 시대의 공학윤리 1

공기 · 물 · 밥 · 대중문화 · 윤리의 공통점은 무엇일까? 아마도 우리주변에서 자주 접하기 때문에 그 중요성을 간과하는 요소들일 것이다. 공기는 우리에게 산소를 제공하여 삶을 영위하게 해주며, 물은 우리 생명의 근원을, 밥은 우리 신체의 원활환 활동을 위한 힘의 원천을, 대중문화는 우리 삶을 윤택하게 하고 사람과 사람을 연결시켜 주는 매개체의 역할을 담당하고 있다. 그렇다면 윤리(倫理, ethics)는 우리에게 무엇인가? 우리는 그동안 윤리라는 것을 우리의 정신과 육체를 지배하는 거추장스러운 존재로 여겨왔는지도 모른다. 그러나 사실 윤리의 존재로 인해 문화가 전승되며 사람과 사람 간의 관계가 지속되고 국가와 국가 간의 교류가 확산되는 중요한 존재로서의 역할을 담당해 왔다.

특히, 지금과 같은 개인주의 혹은 합리주의의 개념하에 자기 자신만이 소중한 존재이며 타인은 나를 위해 존재하는 사람 정도로만 인식하기 쉬운 이때, 윤리의 중요성은 더욱 부각될 필요성이 있다. 더욱이 과학기술 및 공학의 발전이 우리의 삶의 질을 월등히 제고시키는 혁신적인 역할을 담당하여 왔으나 이면에는 그 폐해 또한 적지 않음을 부인할 수 없는 것이 현실이다. 오늘날 공학은 직업 · 엔터테인먼트 · 사회성 · 세계경제 및 정치를 포함하여 우리들의 삶의 많은 영역에 긍정적인 영향을 미쳤으나 인간 실존의 많은 측면에서 지속적인 위협을 가져옴으로써 이전과는 다른 새롭고 강도가 심각한 윤리적 문제를 발생시키는 원인을 제공하기도 하였다.

현재의 인간 세계는 유기체(system)로 연결되어 있다. 유기체란 하나의 작은 파장이 큰 파장을 가져올 수 있다는 것인데, 긍정적인 유기체는 다양한 분야의 발전을 초래하지만 부정적인 유기체는 다른 것과 연결되어 큰 문제를 발생시킬 수 있다. 전통적인 윤리 등이 작은 범위(국지적인 범위)에 국한되어 있는 비유기체적인 데 비해, 최근의 공학의 발전은 그 파장이 대단히 크기 때문에 다른 유기체에 미치는 영향 또한 상당히 크므로 이에 대한 적극적인 대응책을 마련할 필요성이 대두되었다. 그 대안이 바로 윤리에 대한 올바른 이해, 특히 공학윤리에 대한 올바른 이해를 통한 공학 현장에서의 적용이 그 대안으로 등장하게 되었다.

1) 윤리의 개념 및 정의

우리의 삶에 있어서 윤리는 반드시 필요한 요소이다. 우리는 유아 때부터 윤리적인 규범에 의해 성장해 왔으며 세상과 이별하는 날까지 윤리에서 자유로울 수 없다. 윤리가 이처럼 우리의 삶을 지배하게 된 것은 인간 자체가 사회적인 동물이기 때문이다. 다시 말해서 인간은 혼자 삶을 영위하는 것이 아니라 어떻게든지 사람과 사람 간의 관계를 필요로 하기 때문에 관계를 지속시켜 주고 발전시키기 위해 서로의 약속이 필요하게 되었는데, 윤리가 바로 이러한 약속을 지켜주는 매개체의 역할을 하게 된 것이다.

보다 구체적으로 윤리에 대해 알아보자. 윤리(倫理)의 윤(倫)자는 무리(類), 또래(輩), 질서 등을 의미하고, 리(理)자는 '옥을 다듬다(治玉也)'라는 뜻을 담고 있으며 이치·이법·도리의 뜻을 의미한다. 그러므로 윤리란 사람과 사람 사이의 관계, 즉 인간관계의 이법이라고 일컬어지고 있다. 서양에서의 윤리(ethics)는 그리스어의 'ethos'에서 유래되었는데 사회의 풍습, 개인의 관습 또는 품성을 의미하며, 이 말은 현재 인간사회 안에서 반드시 실천해야 할 인간의 행위라는 의미로 사용되고 있다.

윤리는 사회성을 가진 인간에게서만 볼 수 있는 독특한 시스템이며 우리의 삶에서 언제나 중요한 위치에 서 있다. 이와 같은 사실은 인간에게만 윤리현상이 가능하고 또 필요하게 만드는 특성이 있다는 것을 말해 주고 있다. 따라서 우리는 인간의 어떠한 특성들이 윤리현상을 가능하게 하고 또 윤리에 의거한 생활을 불가피하게 하는가에 대해 깊이 생각할 필요가 있다.

2) 윤리의 필요성

사람은 무리를 지어 생활하기 때문에 아무 행동을 마음대로 할 수 없으며 사회적으로 승인된 행동을 기대하는 집단 구성원들의 암묵적인 믿음과 약속인 규범체계가 필요하다. 윤리는 한 사람 혹은 사회집단이 다른 사람과 집단에 대하여 직·간접적으로 해를 끼치지 않도록 스스로 행동을 규제하는 요소이다.

사람은 옳고 그름을 판단할 수 있는 능력을 가지고 있고 의식적으로 그러한 행동을 자제할 수 있는 능력을 지니고 있는 존재이다. 하지만 이러한 인간의 능력은 예기치 않은 충동과 환경적 변화에 의해 쉽게 허물어질 수 있는 아주 연약한 것이다. 증가하는 성범죄, 연쇄살인사건, 부모(혹은 자식) 살인사건, 사소한 발단에 의한 이웃 간의 분쟁, 사제지간의 규범상실, 인터넷상에서의 악의적인 댓글(reply) 등은 인간이 얼마나 충동적이며 환경변화에 의해 쉽게 허물어질 수 있는가를 보여주는 사례들이다. 사람은 선한 본성과 악한 본성을 지닌 양면성의 인간이다. 사람은 이타성과 함께 이기심도 지니고 있기 때문이다. 따라서 이와 같은 사람의 양면성 때문에 사람과 사람 간의 관계가 허물어지고 사람들의 삶이 황폐해지는 것을 막기 위해 우리의 삶에 윤리가 반드시 필요하게 되었다.

그런데 우리의 행동을 규제하는 것에는 윤리 이외에도 관습이나 법이 존재한다. 관습은 규제력이 약하고 문화나 지역에 따라 다르기 때문에 개인의 권리를 보호하고 사회질서를 유지하는 데 충분하지 못하다. 법은 질서유지에는 효과가 크지만 자율성이 핵심인 우리들의 존엄성과 위신에 위배되는 강제성을 띠고 있기 때문에 인간관계를 경직시키며 그 실행에는 많은 비용을 수반한다. 반면 윤리는 자기 자신의 행동을 자율적으로 규제하면서 관습에 비해 더욱 효과적이며 법과는 달리 인간의 내면적 행위까지도 그 규제의 대상으로 삼고 있다. 법은 주로 외면적 행위를 타율적으로 규제하는 데 비해, 윤리는 인간의 내면적 행위까지도 자율적으로 규제한다.

어느 국가, 어느 사회이든지 사람들의 행위를 규제하고 사회 질서유지를 위해 법·예절·종교 등을 갖추고 있으며 이는 모두 인간사회를 연결해 주는 중요한 매개체 역할을 하고 있다. 그러나 이들은 모두 한계를 지니고 있는데, 법은 사회적 병폐를 법으로 금지할 수 없으며 모두 바람직한 규칙을 법으로 강제할 수는 없다. 예절은 문화적 발명(invention)이지만 도덕은 발견(discovery)되는 것이다. 종교는 이성이 아니라 계시에 기초하기 때문에 우리는 우리의 견해가 옳다는 것을 다른 종교를 가진 사람에게 납득시키기 위해서 이성을 사용할 수 없다.

표 2.1 윤리·종교·법·예절의 관계와 특징

주제	규범적 술어	제재
윤리	▪ 양심 또는 이성에 의해 정의되는 '옳음'과 '그름'	▪ 양심-칭찬과 비난 : 평판
종교	▪ 종교적 구원에 의해 정의되는 '옳음'과 '그름(죄)'	▪ 양심-초자연적 행위자나 힘에 의한 영원한 보상과 처벌
법	▪ 사법부에 의해 정의되는 '합법적'과 '불법적'	▪ 입법부에 대해 결정되는 처벌
예절	▪ 문화에 대해 정의되는 '적합한'과 '부적합한'	▪ 사회적 시인과 부인

출처 : 김명주 외, 22쪽, 2005

따라서 사회의 구성원들이 윤리적 규범들을 공유하고 그것을 실천하게 되면, 개인적으로는 인간적 번영에 더욱 기여할 수 있으며 그 사회는 더욱 살기 좋은 사회가 될 수 있다. 윤리적인 사람이 많으면 많을수록 그 사회는 더욱 질서가 확립되고 인간미 넘치는 사회가 될 수 있으며 개인의 자유도 확대될 수 있다. 그러므로 윤리적으로 산다는 것은 선과 악에 대한 분명한 지식을 지니고 있으면서 그것을 사회의 삶 속에서 실천한다는 것을 의미한다. 즉, 인간관계 속에 내재하는 규범적 질서를 존중하면서 스스로 행위규범을 발견하여 실천한다는 것을 의미하는 것이다.

3) 윤리와 인간적 삶

이제 우리는 왜 윤리를 필요로 하는지에 대해 좀 더 구체적으로 살펴보도록 하자. 윤리적으로 산다는 것은 인간의 삶에 있어서 '참'과 '거짓'을 분명히 구분하여 '참'이라고 판단한 것에 따라서 행동하는 것을 의미한다. 윤리적이지 못한 사람은 '참'이나 '거짓'에 대해서 분명한 생각을 갖지 못하고 기분 내키는 대로 행동하거나 그에 대한 생각을 갖고 있다 하더라도 그에 따라 살지 않는 사람들을 말한다.

그런데 문제는 '참'과 '거짓'의 판단을 어디에 두어야 하느냐는 것이다. 많은 사람들이 행하는 것은 '참'이고 소수의 사람들이 행하는 것은 '거짓'일까? 나는 '참'이라 할지라도 다른 사람에게는 '참'이 아닐 수도 있다. 그 사람이 태어난 국가, 자라온 환경 등은 동일한 문제에 대해서도 서로 다른 평가를 내릴 수가 있는데, 이와 같은 때에 어떻게 '참'과 '거짓'을 구분해야 하는가? 도대체 어떠한 기준으로 어떤 것은 해야 하며 어떤 것은 하지 말아야 한다는 것일까?

우리의 삶에 윤리가 필요한 이유는 윤리가 개인의 행복과 사회의 질서유지를 위해 필수적인 조건이기 때문이다. 윤리는 우리의 삶을 지도해 줄 규칙의 집합으로 구성된다. 그 규칙들은 거의 모든 사람들이 그것을 준수하는 경우에 대다수의 사람들이 행복하게 되는 그런 규칙들은 우리의 자유를 제한할 수도 있지만 그것은 더 큰 자유와 복지를 증진하기 위한 것이기 때문이다. 즉, 사회적 분열을 방지하며 인간의 고통을 완화시키고, 인간의 행복증진 및 이익갈등을 정의롭고 질서 있게 해결하며 칭찬과 비난, 보상과 처벌, 죄책감을 부과한다.

그렇다면 윤리적으로 참된 인간의 모습은 어떤 것일까? 다시 말해서 윤리적 인간이란 구체적으로 어떤 사람일까? 윤리적 인간은 도덕적 지식과 감정을 가지고 있으며 그러한 지식과 감정에 의해 도덕적 행동을 하는 사람일 것이다.

2 실천철학으로서의 전통윤리

윤리학은 있는 그대로의 사실세계를 다루는 것이 아니고 우리가 지향하는 '있어야 할 세계'를 다룬다. 전통윤리학에서는 올바른 삶을 위해 우리가 어떻게 행위 하여야 하는지의 문제와 함께 선이 무엇이며 인생의 궁극적 목적은 무엇인가와 같은 문제들이 취급되어 왔고 학자들과 시대의 흐름에 따라 다양한 학설들이 전개되어 왔다.

여기서는 하이테크 시대의 공학윤리의 여러 문제들을 이해하기 위해 기본적인 윤리학설들에 대해 개괄적으로 살펴보고자 한다. 윤리학의 문제들은 문제에 대한 해답을 우리가 스스로 찾아야 하고 그 해답조차도 언제나 이미 나의 문제, 우리의 문제에 관해서만 그 의의를 갖는 것이기 때문에 우리가 다루려고 하는 윤리학의 근본원리들 또한 현재 우리가 당면하고 있는 여러 기술공학적, 환경적 문제들과 관련시켜야 더욱 큰 윤리적 의의를 지닐 것이다.

1) 전통윤리의 주요 주제

(1) 형이상학적 윤리학

형이상학적 윤리학은 실재세계에 대한 형이상학적 학설을 바탕으로 시비(是非), 선악의 윤리학적 문제들이 해결될 수 있다는 입장을 취하는 모든 윤리학을 의미한다. 이 윤리학의 진리는 형이상학적 진리로부터 추론되고 그들이 지향하는 최고의 선을 형이상학적 언어로 기술될 수 있다고 본다.

플라톤의 형이상학에서 이데아(Idea)는 현상세계에 시간적으로 있는 것도 아니고 연장성을 지니고 있는 것도 아니지만 현상세계의 모든 사물이 있기 이전부터 그 현상적 사물들이 모두 소멸한 이후에도 언제나 존재하는 영원불멸의 존재, 정말로 있는 존재, 즉 실재(實在)라고 하였다. 예를 들어, 아름다운 꽃과 아름다운 여인이 모두 소멸해도, 아름답다고 느꼈던 모든 구체적인 행위들이 다 잊혀지고 사라져도, 끊임없이 지속되는 아름다움의 이데아는 구체적인 꽃이나 여인보다, 아름답다고 느꼈던 구체적인 한 행위보다 훨씬 더 '실재적'이라는 것이다.

따라서 우리의 행위가 선하고자 한다면 마땅히 이 이데아에 근접하고 그것을 모방해야 하는 것이다. 그러므로 이데아를 모방하고 거기에 근접해 가는 데 도움이 되는 모든 행위는 선하고 이를 방해하는 모든 행위는 악한 것이 된다. 실재하는 이데아에 근접한다는 것은 참으로 존재하는 것에도 내가 변화되어 가는 깨달음의 길이 되고 이 깨달음의 길과 선을 지향하는 나의 발걸음은 동일하게 되는 것이다. 따라서 플라톤은 이데아의 접근을 위해 영혼을 접근시키는 일은 윤리적인 실천임과 동시에 참 실재에의 참여이며 진리를 깨달아가는 각성의 길이라고 하였다.

(2) 자연주의적 윤리학

자연주의적 윤리학은 경험가능한 자연적 사실을 근거로 보편적인 인생의 목적과 행위의 법칙을 추론할 수 있다고 본다. 가치의 근거가 되는 경험적 사실이 어떤 것이냐에 따라 자연주의적 윤리학은 쾌락의 추구를 자연적 사실로 주장하는 쾌락주의적 자연주의, 퇴화된 것보다는 진화된 우성적인 것에 더 큰 가치를 부여하는 진화론적 자연주의, 인간에게 유용한 것을 가치의 기준으로 삼는 실용주의적 자연주의 등으로 발전되었다.

자연주의적 윤리학에서 대두되는 한 가지 난제는 가치를 규정하는 도덕의 법칙은 결코 사실판단으로부터 나올 수 없다는 것이다. 사실판단으로부터 우리는 또 하나의 다른 사실만을 정당하게 추론할 수는 있다. 그러나 사실이 어떠하든지 사실은 사실일 뿐이며, 결코 그것이 당위의 근거가 될 수 없다는 것은 자명한 일이다. 만일 우리가 의도하는 어떤 조건을 충족시키기 위해서라면 사실을 근거로 당위를 유도할 수 있을 것이다. 그러나 여러 사람이 지켜야 할 도덕의 법칙이라면 그것은 마땅히 조건적이기보다는 보편적이고 타당한 명령이어야 할 것이다.

(3) 직각론적 윤리학

직각론적 윤리학은 위에서 언급한 자연주의적 윤리학의 문제점을 지적하면서 도덕의 법칙은 자연적인 사실로부터가 아니라 인간이 선천적으로 지니고 있는 직관적 능력에 의해 직접 파악된다고 주장한다. 직각론적 윤리학자들은 가치의 실재성과 이의 선천적 파악 가능성에 대해 언급하고 있는데, 선악인 참과 거짓이라는 가치는 인간의 주관과 관계없이 행위에 자체적으로 실재한다고 한다. 행위자의 주관적 상황과 무관하게 가치는 행위 자체의 특성으로서 객관적으로 실재하며, 또 우리 인간은 누구에게나 이를 파악할 수 있는 능력이 선천적으로 구비되어 있기 때문에 모든 개별적인 행위들이 지니고 있는 가치를 구태여 분석하거나 추론하는 일 없이도 그 행위를 지각하는 순간에 바로 직관할 수 있다는 것이다.

2) 전통윤리의 주요 특징과 하이테크 시대 공학윤리의 등장

전통윤리학의 주요 특징은 도덕적 판단의 범위, 도덕적 판단의 기초, 도덕적 주체와 객체 등 크게 3가지 차원으로 구분할 수 있다.

(1) 도덕적 판단의 범위

전통윤리학에서 도덕적 판단의 범위는 '여기(here)'와 '지금(now)'에 관련되어 있다. 즉, 전통윤리학은 판단의 범위가 시간적으로는 현재, 공간적으로는 근접영역에 한정된 '지금-여기'의 윤리학(here and now ethics)이었다. 전통윤리학에서의 윤리적 세계는 동시대인들로 구성되어 있으며 행위의 결과에 주의를 기울이는 공리주의에서는 도덕적 판단의 대상은 현재의 결과 또는 쉽게 예측할 수 있는 가까운 미래의 결과에 한정되어 있다.

(2) 도덕적 판단의 기준

전통윤리학에서의 도덕적 판단의 기준은 행위의 결과보다는 동기를 중요시한다. 비교적 역사가 짧은 공리주의(행복을 증진시키는 행위는 선하고 행복은 쾌락의 총합이라는 주의)를 제외하고는 전통윤리학 이론은 행위자의 동기나 의도를 중시하였으며, 이는 특히 칸트론자들에게 극명하게 나타난다. 그들은 선이란 곧 도덕의 법칙을 그것이 도덕법칙이라는 이유만으로 준수하려는 순순한 의지 자체로서 도덕은 이성의 한 측면이며 선천적 판단의 특징으로서의 보편성과 필연성을 가지며, 곧 인간의 행동원리는 실천이성으로부터 선천적으로 도출된 것으로 행위의 대상이나 결과에서 도출된 것이 아니기 때문에 도덕법칙으로 정언적 명령(定言的 命令, 수단이나 조건을 내세우지 않는 무조건적 명령으로 도덕적 명령이라고 하는데 행위의 결과나 목적과는 관계없이 행위 그 자체에 가치를 두는 명령)의 형식을 취할 수밖에 없는 개인 의지의 준칙인 동시에 입법의 원리로서 타당하여야 하며, 그러한 행위만이 '선'의 특징을 갖게 된다는 것이다.

따라서 선한 의도에서 깊이 생각하고 잘 실행된 행동의 비고의적 결과에 대해서는 도덕적 책임을 묻지 않았다. 즉, 결과에 대한 엄밀한 책임을 묻기보다는 심정과 행위 자체의 도덕적 성격에 비추어 책임을 묻는 경향이 강하였다. 공리주의가 결과를 도덕적 판단의 기준으로 내세운 것은 과학기술의 발달과 함께 증가하는 인간의 행위능력과 이로 인한 동기의 행위와 결과 사이의 함수관계가 복잡해지는 상황변화에 대한 윤리학적 반응의 결과였다.

(3) 도덕적 주체와 객체

전통윤리학의 특징은 '개별 인간 중심적'이라는 데 있다. 전통윤리학은 과도하게 인본주의적이었기 때문에 환경론자들에게 특히 집중적인 공격의 대상이 되어왔다. 사람은 사람에 대한 의무 이외에는 어떠한 의무를 갖지 않는다는 말에서도 나타나듯이 근세의 전통윤리학에서는 도덕의 주체가 곧 도덕의 객체 및 의무의 대상으로 인정되었다. 전통윤리학에서는 스스로를 도덕법칙에 종속시킬 수 있는 사람, 즉 의무를 따를 수 있는 사람만이 도덕적 권리의 주체이며 객체로 인정을 받았다. 도덕적 행위관계란 본질적으로 도덕적 행위능력을 가진 사람들 상호 간의 대칭적인 관계로 파악되었다. 그러므로 도덕적 행위를 소유하지 못한 동물, 식물 및 자연물은 도덕적인 고려의 대상에서 배제되어 왔다. 이러한 사고가 환경론자들에게 공격의 대상이 된 것이다.

이에 따라 도덕적 주체와 객체로 이루어지는 도덕적 공동체의 범위는 매우 협소하게 정의되었다. 전통윤리학에서는 도덕 공동체를 동등한 의무와 권리를 갖는 동시에 사람들의 공동체로 협소하게 파악하는 경향이 강하였다. 즉, 전통윤리학에서의 도덕공동체는 최소한의 공통된 도덕개념을 소유하고 상호 간의 도덕관계를 승인하는 사람들로 이루어진 사회를 의미하였다. 따라서 태아 · 소아 · 정신장애자 · 미래세대 그리고 사람 이외의 자연존재들은 도덕적 공동체의 범주에서 제외되었다. 그들은 자율적·합리적인 존재가 아니라는 이유만으로 도덕 공동체의 구성원이 되지 못하였다. 그들은 자기 자신의 삶을 자유의지에 따라 능동적으로 펼쳐나갈 수 없다는 이유로 도덕적 주체도, 도덕적 공동체의 성원도 되지 못하였다. 또한 사람이 아니라는 이유만으로 자연존재들도 도덕적 위상을 갖지 못하였다.

(4) 하이테크 시대 공학윤리의 등장 및 특징

앞에서 살펴본 바와 같이 전통적 윤리학에서의 도덕에 관한 의제들은 오늘날의 복잡하면서도 글로벌한 윤리적 문제들을 해결하는 데는 매우 미흡한 것으로 보인다. 즉, 도덕적 주체와 객체의 범위가 지나치게 사람에게만 국한된 모습을 보여줌으로써 날로 복잡한 양상을 보이고 있는 공학적인 윤리문제들을 해결하는 데 있어서는 많은 한계점을 드러내고 있다. 따라서 현대 윤리학의 논의는 기술의 진보와 함께 발생한 생태계의 위기에 대한 인간의 책임, 더 나아가서 인간의 존재와 자연의 존재에 대한 당위의 근거를 묻는 데까지 진행되고 있다.

물론 생태계의 위기가 왜 윤리적으로 책임을 져야 할 문제이며 또 책임을 질 만한 능력은 과연 있는 것인가 하는 반문도 있을 수 있다. 구체적으로 식수오염이나 기상이변 같은 문제들에 대해 윤리가 어떻게 책임을 져야 하는 것인가? 아니면 환경파괴의 원인 제공자들이, 기술을 개발하고 기계를 만든 사람들이 책임을 져야 하는가? 그렇지 않으면 정책을 입안하고 이를 시행하는 사람들이 책임을 져야 하는가?

요나스(Jonas)에 의하면 전통윤리학에서의 윤리적 세계는 동시대인들로 구성되어 있으며 이 세계의 미래지평은 예견될 수 있는 삶의 기간으로 제한되어 있기 때문에 행위의 결과에 주의를 기울이는 공리주의에서도 도덕판단의 대상은 현재의 결과 또는 쉽게 예측할 수 없는 가까운 미래의 결과에 한정될 수밖에 없다고 하였다.

다시 말해서 전통윤리학으로는 생태학적 위기의 시대에 발생한 문제들을 해결할 수 없다고 보는 것이다. 종래의 윤리학이 인간적인 조건이나 선을 명확히 규명하지도 못하였고 더구나 인간행위의 범위나 책임 등이 전통윤리학에서는 협의로만 해석되어 왔기 때문에 그 기본전제들이 오늘날의 도덕적 상황에서는 더 이상 타당성을 가질 수 없다는 것이다. 따라서 요나스는 현대의 생태적 위기가 인간능력을 절대시하는 유토피아주의와 진보사상에서 비롯된 것이라고 단정하고 책임의 원리를 그 해결책으로 제시하고 있다. 즉, 과학기술의 재앙에 대처하는 자연의 지배가 아닌 자연에 대한 책임의 윤리로, 행위의 윤리가 아닌 존재의 윤리로 전환할 필요성이 있다는 것이다.

공학이란 무엇인가? 공학이란 학문은 가치와 분리된 순수하고 객관적이고 가치중립적인 학문인가? 엔지니어는 과연 세계 법칙적 진실에 대한 순수한 탐구자일 뿐인가? 공학은 가치와 무관하기보다는 원래부터 '가치의 제도'가 아닌가? 우리는 바로 이러한 물음들 위에서 공학윤리의 학문적 가능성을 반성하고 그것을 통해 우리가 실현해야 할 참다운 공학윤리를 정립할 수 있을 것이다.

3 하이테크 시대의 공학윤리

1) 하이테크 시대의 공학윤리의 개념 및 정의와 전개과정

하이테크 시대의 공학윤리는 공학과 관련된 문제들에 대한 윤리적 탐구를 목표로 하는 응용규범윤리학의 한 분야이다. 공학은 과학의 연구성과를 바탕으로 실용성과 효율성을 중시하는 기술활동이라는 점에서 과학과는 성격이 다르다. 순수과학이 단순한 연구활동으로 그 임무가 완료되는 것과는 반대로 공학은 설계에 입각한 제조·설치·생산 등의 후속활동을 요건으로 한다. 이 과정에서 공학 전문직에 종사하는 사람들은 인간생활의 모든 영역에 그 영향력을 행사하게 되며, 그들의 전문적 판단이 일상적인 안전시스템의 주축을 이루게 된다. 따라서 어떤 전문적 기술자가 자신의 지식을 모든 영역에 제한 없이 적용해도 좋다면 인류의 생존에 심각한 위기를 불러오게 될 것이다.

오늘날 공학전문기술자(엔지니어)는 생산·판매·관리 등 전 분야에서 종사하고 있으며 이들의 결정이 일상생활에 미치는 영향력은 대단히 크다. 주로 개인적인 차원에서 적용되는 의학이나 법률 분야의 서비스와는 달리 토목·건축·기계 및 장치설비·컴퓨터·정보통신·제품생산 등의 분야에서 활동하는 엔지니어는 CEO와 고객뿐만 아니라 일반인에게까지 직접적인 영향력을 행사하기 때문에 사회적 공공의 선을 우선적으로 고려해야 한다. 엔지니어는 CEO나 고객의 주문이 공공의 선을 크게 해치는 경우 거절하거나 고발할 수 있어야 한다. 그러나 대부분의 엔지니어는 직무구조적 특성 때문에 자신들의 불이익(해고 · 부당한 대우 · 배신자 낙인 등)을 감수하면서까지 저항하거나 불복하는 것을 기대하기는 어렵다. 그렇지만 엔지니어는 대형사고의 위험을 사전에 인지할 수 있는 기술지식을 보유하고 있기 때문에 사회적 책임을 우선적으로 고려할 필요성이 있는 것이다.

따라서 공학윤리는 공학에서의 윤리적 쟁점이 무엇이며 상반된 윤리적 가치들이 충돌하는 경우의 우선원칙, 그리고 내부고발과 사회적 책임 등의 문제를 다룸으로써 엔지니어들의 윤리의식과 자긍심을 고취하는 동시에 기술사용의 적극적인 의미기능을 확대할 필요성이 있으며 본 서는 향후 이 전개과정을 따르려 한다.

2) 하이테크 시대의 공학윤리의 등장배경

공학이 인간생활에 미치는 영향은 말로 표현할 수 없을 정도로 크다. 엔지니어의 비윤리적 결정으로 많은 인명이 희생되기도 하고 잘못된 공학적 결정으로 인해 환경생태나 국가적 재산에도 엄청난 손실을 초래하기도 한다. 우리나라의 경우 삼풍백화점 붕괴, 성수대교 붕괴, 대구지하철 탐사, 새만금 간척사업 및 도룡뇽 사건, 지하철 공사장 붕괴, 세월호 사건 등은 엔지니어의 결정이 얼마나 큰 영향을 미치고 있는가를 단적으로 보여준 사례들이다.

우리의 일상생활을 지배하는 것은 모두 엔지니어의 결정에 의해 제조·생산되는 공산품이라는 것을 생각한다면 공학윤리적 실천은 매우 필요하며 이를 적극적으로 강조하여도 큰 무리는 없을 것이다. 왜냐하면 비윤리적이거나 잘못된 공학적 의사결정은 수많은 생명을 앗아갈 수도 있기 때문이다.

지금 세계는 공학윤리적 실천을 강력하게 요구하고 있다. 1910년 영국 토목공학협회를 시작으로 미국컨설팅엔지니어협회(1911), 미국전기공학협회(1912)가 각각 공학윤리강령을 채택하였고, 1948년에는 세계과학자연맹이 과학자 헌장을 채택하였다. 1970년대부터는 미국을 중심으로 공학윤리가 중점적으로 논의되기 시작하였는데, 특히 1978년에는 미국 정부의 지원하에 '철학과 공학윤리 국가 프로젝트' 사업이 시작되었다. 1987년 미국전문엔지니어협회(NSPE, National Society of Professional Engineers)는 엔지니어가 직무를 수행할 때 자신의 전문영역 안에서 사람들의 건강·안전·복지를 우선적으로 고려하고 정직·불편부당성·공정성·평등의 원칙에 부합되게 행위 하되, 전문인으로서 CEO나 고객에 대하여 신뢰받을 수 있도록 처신하고 기만적인 행위를 하지 않아야 한다는 윤리강령을 채택하였다.

1990년 미국전기전자공학협회(IEES, Institute of Electrical and Electronics Engineers)는 위해행위의 즉각 공개·정직성·뇌물거부·기술의 적절한 활용·정직·오류 인정 등을 주요 내용으로 하는 윤리강령을 제정하였으며 1993년에 오스트레일리아엔지니어협회(IEAust, Institution of Engineers Australia)도 엔지니어의 사회적 책임, 명예와 고결함, 공정한 경쟁, 성실한 대리업무 등에 대한 윤리강령을 채택하였다. 1996년 미국의 엔지니어 및 조사요원국가인증위원회(NCEES, National Council of Examinations for Engineers and Surveyors)는 국가인증시험에 공학윤리를 5% 반영하도록 하였다. 2000년에는 공학교육인증위원회(ABET, Accreditational Board for Engineering and Technology)가 정식으로 발족되었는데, 이 위원회에서 적용하는 11개 평가항목 중에는 '전문직업적 의무와 윤리적 책임을 이해하는 능력'이 포함되어 있다.

우리나라는 1980년 한국과학기술단체총연합회가 '과학기술인의 신조'를 공표하였으나 과학기술의 창달과 국가발전 및 인류복지에 기여하고 과학기술의 선용에 노력한다는 등 추상적인 내용을 기술하는 데 그쳤다. 같은 해 한국엔지니어링진흥협회에서는 기술의 개발과 축적, 품위유지, 기술영역의 독립성, 적정보수 등에 대한 윤리강령을 제정하였다. 1999년에는 공학관련 기관들의 참여하에 한국공학교육인증원(ABEEK, Accreditational Board for Engineering Education of Korea)을 결성하였으며 여기에서 공학교육인증에 대한 정책·절차·기준 등을 정하고 시행하기에 이르렀으며 현재 공과대학 학생들에게 공학윤리를 필수적으로 이수하도록 하고 있다.

3) 하이테크 시대의 공학윤리의 내용 및 범위

현재의 모든 사물들은 유기적(system)으로 연결되어 있다. 유기적이라는 것은 하나의 사물이 다른 사물들과 연결될 때 큰 파장을 일으킬 수 있다는 의미이다. 공학은 우리의 일상생활을 지배하고 있는 공산품을 생산해 내고 환경이나 생명윤리와 같은 내용을 수반하고 있기 때문에 공학적 결정을 내리는 엔지니어의 윤리적 무장은 그만큼 중요하다고 할 것이다.

특히, IT의 획기적인 발달은 우리의 삶을 제고시켜 주는 원동력은 제공해 주었으나, 반면 우리의 정신세계가 그것을 수용하는 데에는 미치지 못함으로써 윤리적인 괴리감을 형성한 주범으로 주목되기도 하였다. 세계는 첨단화되어 가는 디지털 시대이지만 사람들의 정신세계는 아날로그와 디지털의 중간인 디지로그(digilog) 시대에 와 있기 때문에 그 간극을 윤리적으로 무장하지 않을 경우 큰 재앙을 초래할지도 모르는 상황에 와 있다.

따라서 하이테크 시대의 공학윤리의 내용과 범위를 볼 때 위와 같은 주제를 모두 다루어야 하지만 본서에서는 가장 큰 영향을 미칠 것으로 예상되는 분야로 국한하였다. 구체적으로 전문가적 윤리로서의 하이테크 시대의 공학윤리 학습을 통해 전문가가 왜 공학윤리를 학습해야 하는지의 필요성을 언급할 것이다. 또한 현장에서 CEO와 엔지니어 간에 빈번히 발생하고 있는 의사결정과 의사충돌 등에 대해 깊이 생각함으로써 CEO와 엔지니어 간의 합의점을 도출할 수 있는 방법을 모색해 보고자 한다.

그리고 최근에 공학윤리의 핵심주제로 부상하고 있는 인터넷윤리와 환경윤리 및 생명윤리에 대한 집중적인 학습을 통해 엔지니어들이 갖추어야 할 최소한의 공학윤리에 대해 언급하고자 한다. 또한 현재의 사회국가시스템은 글로벌하게 유기적으로 연결되어 있기 때문에 글로벌 시대에는 공학윤리를 어떻게 전개할 것인가에 대해 고민하고 커뮤니케이션 수단으로서의 공학윤리 대한 진지한 고찰을 통해 열린 미래를 위한 공학윤리의 이정표를 마련하고자 한다.

4) 하이테크 시대의 공학윤리의 기능

전통윤리학은 앞으로 일어날 일을 예방하는 기능보다는 이미 일어난 일에 대한 도덕적 평가에 초점을 맞추어 왔으며 그 결과 늘 시대변화를 따라가지 못하는 심각한 윤리적 지체(ethical lag) 현상을 보여 왔다. 또한 윤리규범의 절대성과 보편성을 강조하면서도 실제로는 그 적용에 있어서 국지적 성격의 윤리로 기능하여 왔다. 그러나 점차 과학의 발전에 따라 실용적인 공학이 인간생활에 미치는 영향이 커지면서 공학윤리가 대두되었으며 공학윤리는 몇 가지 중요한 기능을 수행하는 실천윤리로서의 역할을 강조하기에 이르렀다.

첫째, 공학윤리는 예방윤리(preventive ethics)가 되어야 한다. 공학이 인간생활에 미치는 영향이 크며 기술발전이 수반하게 될 윤리적 문제들에 대해 우리가 사전에 깊이 생각하고 예방해야 한다고 강조하고 있다. 왜냐하면 공학의 비윤리적 행위나 잘못된 의사결정은 돌이키기 힘든 사람의 생명에 치명적인 영향을 미칠 수 있기 때문이다.

둘째, 공학윤리는 변형윤리(transformative ethics)가 되어야 한다. 공학윤리는 공학이 수반하고 있는 인간생활의 역기능에 대한 반응으로 나타난 것이므로 시대의 변화에 따른 인간의 경험이나 제도·정책의 변혁 필요성을 강조하고 있다.

셋째, 공학윤리는 글로벌윤리(global ethics)가 되어야 한다. 세계는 유기적으로 연결되어 있다. 전통윤리는 국지적인 성격이었기 때문에 공학이 미치는 영향력에 대해 한계를 보였다. 그러나 공학윤리는 국지적 윤리가 아닌 글로벌하고 보편적인 윤리가 되어야 한다. 현재의 공학의 영향력은 한 국가에만 한정되는 것이 아니기 때문에 공학윤리는 지구상의 모든 구성원들이 따라야 할 보편적인 규범체계를 제시해 주어야 한다.

넷째, 공학윤리는 책임윤리(responsibility ethics)가 되어야 한다. 공학윤리는 공학과 관련된 인간의 책임을 강조하는 윤리가 되어야 한다. 책임윤리에 따라 행동한다는 것은 행위의 실현가능성을 수단-목적의 관점에서 추론하고 예측할 수 있는 자기 행동의 결과를 설명하고 수단을 목적에 비추어서 그리고 목적으로 결과 및 다른 모든 가능한 목적들과 비교하여 합리적으로 생각하고 행동하는 것을 말한다.

다섯째, 공학윤리는 종합윤리(comprehensive ethics)가 되어야 한다. 공학윤리는 전통윤리학 이론들 가운데 공학을 통해 발생하는 여러 가지 도덕적 문제들의 해결에 직접적인 도움을 줄 수 있는 여러 윤리학의 이론들을 종합하여 활용하여야 한다. 공학의 특성상 한 가지의 배타적인 윤리적 이론으로는 인간생활에서 발생하는 복잡다기한 문제들의 본질을 이해하고 어떤 도덕적 판단이나 평가를 내리는 것은 사실상 어렵기 때문이다.

▌그림 2.1▌ 공학윤리의 중요기능

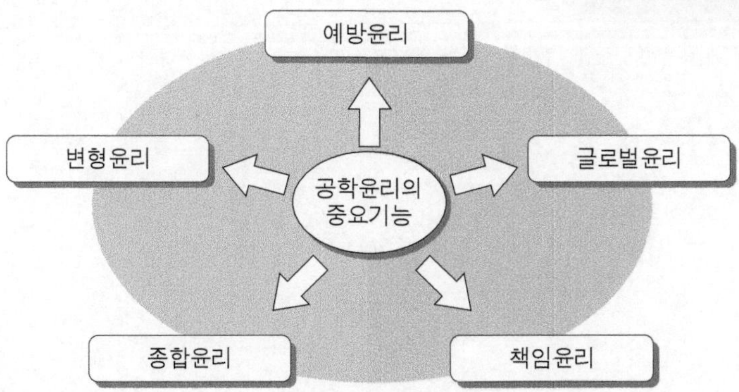

| part 2 |

하이테크 시대의 공학윤리의 주제

3 전문가적 윤리로서의 하이테크 시대의 공학윤리

PREVIEW

직업윤리교육의 필요성

사회와 조직에서 개인이 성공할 수 있는 요소는 시대와 환경에 따라 차이가 있을 수 있겠지만 동서고금을 막론하고 성공을 위한 기본조건으로 윤리와 인성을 꼽을 수 있다. 오랜 시간에 걸쳐 자본주의라는 체제의 장단점을 체험하고 점검하면서 발전해 온 서구사회와는 달리 우리는 급속한 산업화와 정보화를 거치면서 한국 특유의 고유한 미풍양속이던 상호 부조·근면·절제·도덕 등의 긍정적 요인들이 가려지고 물질숭배·근시안적 이기주의·배금주의 등 사회의 부정적 요인들이 전면에 나타나고 있다.

이로 인해 파생되는 부정적인 현상과 비도덕적 행위들이 사회문제로 대두되면서 문제의 심각성을 표면화시키고 있다. 일례로 세계적인 수준을 자랑하는 정보통신환경에서 불법유해정보의 무분별한 유통이나 음란·폭력 사이트를 비롯한 불건전한 커뮤니티, 악플과 같은 인터넷폭력 및 스팸메일 등의 인터넷 역기능들이 다른 선진국보다 심각한 사회문제로 대두되고 있다. 또한 자신의 직업에 대한 윤리의식 결여로 나타나는 개인의 사명감 부족이나 의욕상실 등은 개인뿐 아니라 전반적인 조직의 경쟁력을 약화시키는 주요한 요인으로 작용하고 있다. 이러한 부정적 요인들은 사회 전반의 도덕성 약화와 불신풍조를 야기하여 국가 전체의 경쟁력 저하를 가져오고 급기야는 국가의 선진화에 큰 걸림돌이 되고 있다.

국제사회에서 인정받는 당당한 인재나 기업 그리고 선진국가가 되기 위해서는 윤리와 인성훈련을 바탕으로 한 직업윤리교육이 그 어느 때보다 시급하다고 할 수 있다. 숨 가쁘게 진행된 산업·정보화의 과정에서 노출된 윤리적 사회문제의 역기능을 제거하고 글로벌 시대에 맞는 새로운 가치관을 정립해야 할 과제를 안고 있는 것이다. 이러한 문제의식에 따라 국내에서도 윤리와 인성이 성공을 위한 중요한 기반이라는 인식이 점차 확산되고 있다. 예컨대, 개인이나 기업활동에 있어 윤리적인 의사결정이 중요하게 부각되고, 사회시민 또는 기업으로서 사회적 역할과 책임을 중시하는 윤리의식과 윤리경영의 중요성이 기업을 중심으로 강조되고 있으며, 국가나 기업의 사회적 책임증대와 투명성의 제고로 윤리에 대한 중요성이 확산되고 있다.

조직이나 개인의 비윤리적 활동은 개인이나 기업의 성패를 결정하는 중요한 기준이 될 수 있으므로 적극적인 윤리적 사고, 정당한 경제활동과 사회공헌, 환경보호 등 시민으로서의 사회적 책임과 역할을 다하는 인재 그리고 기업만이 성공할 수 있다. 글로벌 시대에 선 우리 사회도 개인이나 기업 모두가 성공의 결실을 거두기 위해서는 사회적 책임과 역할이 중요한 요인이 된 것이다. 이를 위해서는 무엇보다 사회를 구성하는 개인의 인성과 윤리가 투명해야 하며, 이것이 신뢰받는 사회를 만들어 가는 기본적인 요소가 되기 때문에 이에 대한 교육적 기반과 사회분위기가 형성되어야 한다.

유아교육에서부터 인성 윤리교육을 실시하는 것도 중요하지만 직업윤리교육 또한 이에 못지않게 중요하다. 지금까지 대학에서는 전문적인 전공교육이나 기술교육에 많은 노력을 기울여 왔다. 그러나 사회에서 신뢰받는 전문인을 양성하기 위해서는 대학에서 전문 지식을 가르침과 동시에 인성윤리를 바탕으로 한 직업윤리교육을 함께 교육하고 체험할 수 있도록 해야 할 것이다. 이는 선진 사회인으로 나아가기 위해 시민윤리, 봉사윤리와 함께 전문직업인으로서 갖추어야할 직업윤리에 대한 투철한 정신을 습득해야 하기 때문이다. 이미 국내외 많은 조직이나 언론에서도 성공하는 인재의 가장 큰 덕목으로 직업에 임하는 자세와 윤리의식을 제시하고 있다. 전문적인 지식을 교육하는 대학에서 보다 신뢰받는 인재를 양성하기 위하여 전문가의 직업윤리에 대한 교육이 절실히 필요한 시점이다.

[출처 : 디지털타임스, 2006. 2. 17.]

Summary

우리의 일상생활이 윤리적 결정의 반복이듯이 엔지니어들도 현장에서 계속적인 공학윤리적 결정에 처해 있다. 엔지니어들은 공학적 사례와 관련하여 도덕적인 고민에 빠질 경우가 많다. 자신이 소속해 있는 공학현장에서 상사와 혹은 CEO의 감독하에서 자율적으로 결정을 내리기를 유보하는 경우가 있을 것이다. 엔지니어로서 CEO의 이해에 상충되는 결정을 내리기도 쉽지 않다. 물론 자신이 속한 기업이 아닌 공중에 대한 영향을 고려한다면 CEO의 관심사보다는 자율적으로 공중에 이익이 되는 곳으로 결정을 내려야 하며, 주어진 상황에 대해 충분히 분석하여 그에 적절한 윤리적 추론과 결정을 내린다는 것이 생각보다는 매우 어려운 일일 것이다.

그러나 전문가로서의 잘못된 결정이 공중에게 직·간접으로 영향을 미친다는 사실을 고려한다면 주어진 문제에 대해 정확하게 분석하고 결정을 내리는 것은 무엇보다도 중요한 것이다. 일반적으로 학자들이나 실무계에서 거론되고 있는 공학윤리의 의무는 공중에 대한 의무, CEO나 의뢰인에 대한 의무, 다른 엔지니어에 대한 의무, 직업에 대한 의무 등이다.

공학은 우리의 생활과 매우 밀접한 제품을 생산해 낸다. 우리가 가정에서 접하는 모든 가전제품, 가구 등은 공학이 우리 생활과 얼마나 가까운지를 단적으로 보여주고 있다. 또한 이것은 환경과도 매우 밀접하게 연관되어 있다. 우리의 실생활을 윤택하게 해주는 대신 환경파괴, 환경오염 등의 문제가 등장하고 있으며 인간의 먹거리 제공과 질병 등의 치료를 위해 생명공학 등이 등장하면서 엔지니어들의 윤리적인 문제가 심각하게 대두되었다. 왜냐하면 앞서 언급한 바와 같이 공학이 우리의 생활을 지배하고 있기 때문에 안전에 대한 불감이라든가 직업적 무책임 및 불의와의 타협 등이 인간이나 자연에 미치는 영향이 상당히 크기 때문이다.

따라서 전문직 종사자는 봉사정신을 가져야 하고 선진지식 공유, 직업적 성실과 이상을 지키고 의뢰인과의 계약 이외에도 공중에게 무상으로 봉사할 수 있는 정신을 가져야 한다. 또한 전문가는 확립되고 인정된 행동규범에 잘 따름으로써 사회와 다른 동료들에 대한 그들의 의무를 인정해야 하며, 신뢰관계 구축 및 개인적인 책임을 인정해야 한다. 그리고 직업 전체의 구성원이 되어야 하며 직업적 지식과 이상 그리고 업무를 진행시킬 책임을 가져야 한다. 전문직의 속성 중 가장 중요한 것은 분별력과 판단력이며, 사회의 이익에 필요한 것을 만족시킬 의무이다. 전문가는 하나의 업무를 단순히 물리적으로 완수하는 것으로만 만족할 수 없고 그의 노력의 결과에 대해 책임을 져야 한다.

공학윤리의 의무, 엔지니어의 자율성, 공학윤리의 실천과제 Key Words

하이테크 시대 공학윤리 학습의 필요성 1

우리의 일상생활은 공기·밥·대중문화·윤리 등이 함께 어우러져 있다. 유아기 때부터 우리는 부모님에게로부터 '안 돼'라는 부정적인 대리 의사결정에서 시작하여, 해서는 안 될 것과 해야 될 것 등에 대해 부모님의 윤리관에 비추어 나름대로의 윤리적 가치관을 형성해 왔다. 윤리는 우리의 일상생활을 지배하고 있으나 그것이 우리에게 체화되어 있기 때문에 그 중요성을 간과한 채 우리의 삶을 살아가고 있는 것이다.

우리의 일상생활에서의 윤리적 결정에 따른 윤리적 결과의 범위는 나와 관계된 사람에게만 국한되어 있는 반면, 우리가 학습하고자 하는 공학윤리는 이와는 반대로 그 결과에 따른 범위가 상당히 크다는 데 근본적인 차이가 있다. 예를 들어, 폐수를 식수원에 무단방류했다고 한다면 잘못된 윤리적 결정으로 인해 그 식수원에 의존하여 삶을 영위하는 사람들에게는 치명적인 결과를 초래할 수 있으며 환경적으로도 다시 정화될 때까지의 기간과 비용이 만만치 않음을 감안하다면 엔지니어들의 윤리성 환기는 매우 필요한 과제가 아닐 수 없다.

우리의 일상생활이 윤리적 결정의 반복이듯이 엔지니어들도 현장에서 계속적인 공학윤리적 결정에 처해 있다. 엔지니어들은 공학적 사례와 관련하여 도덕적인 고민에 빠질 경우가 많다. 자신이 소속해 있는 공학현장에서 상사와 혹은 CEO의 감독하에서 자율적으로 결정을 내리기를 유보하는 경우가 있을 것이다. 엔지니어로서 CEO의 이해에 상충되는 결정을 내리기도 쉽지 않다. 물론 자신이 속한 기업이 아닌 공중에 대한 영향을 고려한다면 CEO의 관심사보다는 자율적으로 공중에 이익이 되는 곳으로 결정을 내려야 하며 주어진 상황에 대해 충분히 분석하여 그에 적절한 윤리적 추론과 결정을 내린다는 것이 생각보다는 매우 어려운 일일 것이다.

그러나 전문가로서의 잘못된 결정이 공중에게 직·간접으로 영향을 미친다는 사실을 고려한다면 주어진 문제에 대해 정확하게 분석하고 결정을 내리는 것은 무엇보다도 중요한 것이다. 우리의 주변에서 발생하는 대다수의 사고들은 전문가들이 내린 잘못된 판단에 의해 일어난 것들이다. 예를 들어, 대구지하철 참사, 성수대교 붕괴, 삼풍백화점 붕괴, 매년 되풀이되는 수재, 세월호 사건으로 안타깝게 유명을 달리한 학생들에 이르기까지 일련의 사건들은 주어진 상황에 대한 정확한 분석과 그에 따른 신중한 의사결정이 뒤따르지 못한 결과 초래된 사고들이다. 이와 같은 공학적 윤리의 의사결정은 변호사나 성직자가 내리는 영향력보다 공중에게 미치는 영향력은 상당히 큰 결과를 수반한다.

따라서 엔지니어로서 윤리적 추론을 수행하고 그에 따른 올바른 결정을 내리기 위해서는 엔지니어 모두가 도덕적 상상력을 함양해야 한다. 도덕적 상상력은 매우 다양하기 때문에 가끔 이해충돌이 발생하고 이에 따른 도덕적인 고민이 생기게 된다. 도덕적인 고민은 둘 혹은 그 이상의 의무·권리·선 등이 상충하는 경우에 발생한다. 예를 들어, 공중의 안전을 고려한다면 특정지역에 유해물질 생산 공장을 설립하려는 CEO에게 공장설립을 포기하라는 윤리적 결정을 내려야 하지만 자신이 속해 있는 기업의 입장을 고려한다면 설립에 동의하지 않을 수 없다. 이러한 경우 전문가로서의 엔지니어는 두 가지의 모순된 상황에 처하게 되는 것이다.

그러므로 우리는 공학윤리를 통해 주어진 사례를 충분히 검토하고 바람직한 윤리적 대안을 만들어가려는 의지가 중요하게 대두되는 것이다. 하나의 절대적인 윤리강령이 존재할 수 없는 한 주어진 사례를 충분히 인식하고 개념적으로 명료화하여 그에 따른 윤리적 결정을 신중하게 내리는 도덕적 상상력을 기르는 것은 더욱 중요해졌다.

따라서 우리는 주어진 상황과 공학적 사례를 충분히 분석하여 바람직한 대안을 창조해 내는 도덕적 상상력을 기르기 위한 공학윤리의 학습이 필요한 것이다. 다시 말해서 잘못된 윤리적 결정에 의해 중대한 결과를 초래하는 것을 예방하는 차원에서 공학윤리를 학습하는 것이다. 공학적인 문제를 도덕적인 문제와 연결하는 과정에서 일어나는 도덕적 복합성이 도덕적인 고민을 초래하므로 이를 효과적으로 다루기 위한 능력을 신장하는 것이 공학윤리를 학습하는 직접적인 목적이라 할 수 있을 것이다.

하이테크 시대의 공학윤리의 의무 2

일반적으로 학자들이나 실무계에서 거론되고 있는 공학윤리의 의무는 크게 4가지로 구분되고 있다.

첫째, 공중에 대한 의무이다. 윤리의 규약이 개인의 존경이나 의뢰인이나 피고용인에 대한 성실을 강조하지만 오늘날 대부분의 규약은 공중의 건강과 안전과 복지를 강조한다. 그런데 여기서 중요하게 대두되는 것은 이들에 대한 정의이다. 즉, 누가 공중인가?(예를 들어, 다른 나라의 국민인가? 바로 동료인가? 회사의 직원인가? 아니면 평범한 시민인가?) 어떻게 안전성을 확보할 수 있는가? 공공의 복지란 무엇인가? 공중의 건강과 안전 그리고 복지를 다루는 것을 최고 우선적으로 고려하는 것이 CEO의 잘못된 결정에 대해 고발하는 것을 의미하는가?

둘째, CEO나 의뢰인에 대한 의무이다. 엔지니어들은 CEO나 의뢰인의 대리인이나 수탁자가 되어야 한다. 그들은 거래비밀을 보장하고, 기밀을 유지하고, 이해충돌을 피하고, 자신의 기술적 능력의 한계를 분명히 해야 하고, 자원을 효율적으로 사용해야 하며, 자신의 CEO나 의뢰인에게 엔지니어가 관련된 결정을 내릴 경우 그에 관해 충분히 이해시켰는지를 확인해야 한다. 최근에 이동통신사들의 고객 동의 없는 고객정보의 이용(예를 들어, 개인 전화번호의 불법제공, 이메일 주소의 제공 등)은 의뢰인에 대한 거래비밀 보장에 어긋나고 있지만, 계속적인 행위가 자행되는 것으로 보아 CEO와 엔지니어들의 윤리적인 교육이 뒷받침되어야 함을 상기시켜 주고 있다.

셋째, 다른 엔지니어에 대한 의무이다. 엔지니어들은 다른 사람을 차별하지 말아야 하고 정당하게 경쟁하여야 한다. 엔지니어들은 자신의 감독하에 있는 엔지니어들에게는 직업적으로 발전할 수 있는 동일한 기회를 제공해 줄 의무가 있다.

넷째, 직업에 대한 의무이다. 엔지니어는 공학이란 직업의 합당한 능력과 위상을 높일 의무가 있다. 그렇다면 그들은 종종 자신의 CEO의 거래비밀을 고발해야 할 의무가 있는 것인가? 엔지니어들은 공학적인 문제를 객관적이고 성실한 태도로 공적으로 진술할 의무와 공학과 공학협회에 가입할 의무를 갖는다.

그림 3.1 공학윤리의 의무

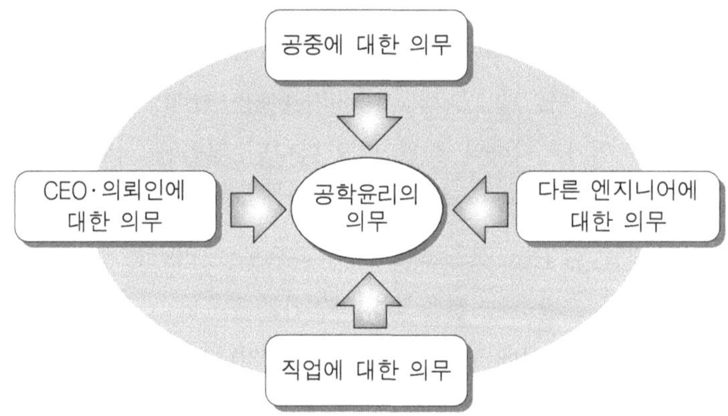

전문직으로서의 공학 및 엔지니어의 자율성 3

1) 전문직으로서의 공학

(1) 전문직의 정의

전문직 윤리(professional ethics)에 관해 언급하기에 앞서 전문직이 무엇인지를 명확히 파악해 보자. 전문직은 광의로는 어떤 사람의 생업(occupation)을 의미하며, 좁은 의미로는 어떤 신분을 가지고 하는 활동과 특수한 윤리와 연관되어 하는 활동을 의미하는데, 특별한 기술·지식 및 정신적 집중을 필요로 하는 활동을 직업으로 하는 사람을 포괄적으로 일컫는 말이다. 전문가가 된다는 것은 개인적으로는 자아실현일 수도 있고 사회적으로는 기술의 우수성 및 사회봉사라는 이념을 실천할 수 있다는 의미이다. 따라서 전문직은 단순한 생업(occupation)이나 일거리(job)와는 다른 특징들을 갖는다.

그러나 문제는 직업이 점점 세분화되고 복잡화되어 가는 현대에서 어떤 직업이 전문적인지를 정의하기가 쉽지 않다는 데 있다. 우리가 흔히 전문직이라 불렀던 것은 의사 · 교사 · 법률가 · 성직자 등이었는데 사회발달과 함께 직업에 대한 사회학적 정의가 달라졌기 때문에 다양한 전문직이 탄생하게 되었다. 전문직이란 개념이 특수한 사회·문화적 조건과 연결되어 있기 때문이다. 일반적으로 전문직은 다음과 같은 특성을 지니고 있다.

첫째, 장기간의 지적(知的) 및 기술적(技術的) 훈련이 필요하다. 특히, 전문가에게는 실제적인 기술보다는 지적인 내용이 우선되고 있다. 전문가의 지식과 기술훈련은 이론체계에 근거해야 하며, 그 이론적 토대는 학교교육을 통해 달성해야 한다.

둘째, 전문가의 지식과 기술은 사회복지에 절대적으로 필요하다. 의사는 질병치료를 위해, 변호사는 사회정의를 위해 절대적으로 필요한 지식과 기술을 가진 사람들이다. 과학자나 엔지니어도 여러 가지 분야에서 국가의 방위 혹은 이익 등을 위해 절대적으로 필요한 지식과 기술을 갖추어야 한다.

셋째, 전문직은 전문가의 서비스를 제공하는 측면에서 독점 혹은 준독점에 가깝다. 형식적 교육기관과 양성기관을 졸업한 사람만이 전문가의 자격을 얻을 수 있다. 특히, 전문직을 희망하는 사람은 필요한 자격을 반드시 획득해야 한다.

넷째, 전문가는 작업현장에서 보통 이상의 자율성을 가진다. 개인 사무실을 운영하는 사람은 물론 조직에 속해 있는 전문가는 직무수행에 있어서는 높은 자율성을 가지고 문제를 판단한다. 물론 전문가의 자율성은 바로 전문가만이 가지고 있는 독점적 지식과 기술에 의해 가능하다.

다섯째, 전문가는 윤리기준이나 강령을 준수해야 한다. 전문가만이 가질 수 있는 지식과 기술이 독점적으로 남용될 가능성이 크기 때문에 전문가협회 혹은 소속기관에서 규정한 일정한 윤리강령을 준수해야 한다. 대중들에게 큰 영향을 미치는 기관들은 대부분 윤리강령을 제정하여 시행하고 있다.

(2) 전문직으로서의 공학

모든 전문직은 각각의 윤리적 규범이 있다. 일반적으로 전문직에 속하는 전문가들은 특정 기관에서 업무를 수행하게 되는데, 각 기관들마다의 특성에 적합한 윤리적 규범 혹은 윤리강령에 따라 활동하고 있다. 이것은 다른 직종과는 달리 전문직, 특히 공학적 전문직이 사회에 미치는 영향이 크다는 것을 역설적으로 말해 주는 것이다.

앞서 언급한 바와 같이 전문직으로서의 직업(profession)은 하나의 단순한 일거리(job)나 생업(occupation)이 아니다. 전문직은 필수불가결하고 이익이 되는 사회적 욕구를 만족시켜야 하며, 전문직의 일은 분별력과 판단력을 필요로 하고 표준화에 종속되지 않는다. 또한 전문직의 일은 높은 지적수준에서 수행된다. 예를 들어, 전문직의 지식과 기술은 일반 공중이 공통적으로 가지고 있는 것이 아니며, 검증된 연구와 경험의 산물이고 특수한 교육과 업무를 통해 획득된다. 특히, 공학은 일련의 구별된 지식체계(과학)와 기예(기술)를 필요로 한다. 전문직은 기술적 지식과 전문가적 이상을 증진시키고 사회에 봉사하는 집단의식을 가지고 있어야 하며 법적 지위 확보를 통해 잘 정비된 입회기준을 요구해야 한다.

보다 구체적으로 전문직 종사자는 봉사정신을 가져야 하고 선진지식 공유, 직업적 성실과 이상을 지키고 의뢰인과의 계약 이외에도 공중에게 무상으로 봉사할 수 있는 정신을 가져야 한다. 또한 전문가는 확립되고 인정된 행동규범에 잘 따름으로써 사회와 다른 동료들에 대한 그들의 의무를 인정해야 하며 신뢰관계 구축 및 개인적인 책임을 인정해야 한다. 그리고 직업전체의 구성원이 되어야 하며 직업적 지식과 이상 그리고 업무를 진행시킬 책임을 가져야 한다. 전문직의 속성중 가장 중요한 것은 분별력과 판단력이며 사회의 이익에 필요한 것을 만족시킬 의무이다. 전문가는 하나의 업무를 단순히 물리적으로 완수하는 것으로만 만족할 수 없고 그의 노력의 결과에 대해 책임을 져야 한다.

향후 전문가, 특히 엔지니어는 많은 분야에서 높은 지위와 경제적 보상을 받을 것이며 현재도 받고 있다. 공학교육을 정식으로 받은 엔지니어가 기업이나 그 외의 다른 분야에서 많은 활동을 하고 있으며 또 그렇게 할 것이다. 그러나 경제적 보상이나 사회적 지위보다도 더 중요한 것은 공학이란 직업은 스스로 만족하고 창조적이며 도전적인 직업이라는 것이다. 즉, 엔지니어는 자신의 정력과 재능과 진취성을 발휘하고 자신의 노력에 대해 확실한 결과를 예측할 수 있도록 모든 개인에게 최상의 기회를 제공해 주는 직업이다.

위와 같은 전문직에 대한 내용을 근거로 공학이 전문적으로 규정될 수 있는지 살펴보자. 다른 전문가와 마찬가지로 공학 역시 숙련된 기술들을 필요로 하며 공학설계 또한 특정한 목적을 달성하기 위해 주어진 자료들과 기계들을 어떻게 잘 이용하여야 할지에 대한 신중한 판단과 분별력을 필요로 한다. 공학적 수행과정이 단순히 기계화될 수 있는 일거리에 지나지 않는지의 여부에 대해서 고려할 필요가 있다. 물론 공학적 수행과정이 어떤 면에서는 기계적 반복이나 복제과정의 성격을 띠기도 하지만 낡은 설계를 대신하는 새로운 설계가 필요할 경우 공학인의 숙련기술이 필요하다.

2) 엔지니어로서의 자율성

전문가는 자율성을 가진다고 앞서 언급했다. 자율성이란 것이 모든 것에서 자유롭다는 것인가? 아니면 일정 수준 이상만 자율성을 갖는다는 의미인가? 전문가로서의 엔지니어가 CEO에 의해 고용되어 있음에도 불구하고 그리고 작업현장에서 압력을 받음에도 불구하고 자신의 윤리적 의무를 따라야 할 전문가적 자율성을 가질 수 있는가? 엔지니어도 의사나 변호사, 성직자 등과 같은 동일한 자율성을 가질 수 있는가? 엔지니어가 직무와 관련하여 과연 어느 정도의 자율성을 가질 수 있는가 하는 것은 엔지니어를 전문직 종사자로 볼 수 있는지의 여부를 결정짓는 문제와 연결된 것이다. 이 문제에 대한 입장은 다양하다.

우선 엔지니어의 직업적 자율성에 대한 낙관적 견해를 들 수 있다. 엔지니어의 행동은 다른 사람들과 확실히 다른 점이 있고, 이것은 바로 엔지니어가 다른 직업과는 달리 전문가로서의 자율성을 가지고 있다는 사실을 긍정한다. 이에 비해 엔지니어의 직업적 자율성에 대해 그렇게 낙관적이지 않은 입장이 있을 수 있다.

예컨대, 엔지니어들이 그들의 업무를 잘 수행하는지를 CEO가 결정한다는 사실은 엔지니어들이 윤리강령이나 직업단체에 의해 규정된 엔지니어들의 행동기준에 맞추어 살 수 있는 수준을 심각하게 제한한다. 그렇다면 엔지니어가 스스로 자율성을 가지고 윤리적 규범에 따라 행동할 수 있다는 낙관론이 흔들릴 수밖에 없다. 그러므로 엔지니어들이 직업적 자율성을 전혀 갖지 못하다는 주장이 가능할 것이다. 그러나 중요한 것은 엔지니어가 그들의 직업상의 책임과 관련된 문제들에 대해 자율적인 결정을 내릴 수 있는가를 요구하는 것이므로 엔지니어의 직업적 자율성은 엔지니어가 져야 하는 책임의 범위와 내용에 부분적으로 달려있다. 엔지니어들 역시 종업원의 위치에 있는 이상 CEO의 명령을 전적으로 무시할 수 없다. 이것은 엔지니어가 변호사나 의사에 비해 상대적으로 가지는 직업적 기능의 한계이다.

엔지니어가 소속한 조직의 윤리강령이 엔지니어의 책임을 강조하고 엔지니어는 그러한 강령을 따라야 할 직업적 자율성을 충분히 가지고 있다. 실제로 엔지니어가 그러한 강령들을 따를 가능성이 없다면 공학은 전문직일 수 없다. 이러한 낙관론은 엔지니어는 이미 특정한 직업적 자율성을 갖고 있다고 믿으며 엔지니어들이 윤리적으로 행동할 수 있는 환경이 전반적으로 존재한다고 믿는다.

그러나 낙관론에 회의를 가진 사람들은 만약 엔지니어들이 큰 개인적 희생 없이 강령에 맞추어 살려고 한다면 엔지니어의 활동범위가 변화되어야 한다고 말한다. 개인적 희생 없이 동시에 직업적인 자율성을 가질 수 있기 위해서는 엔지니어가 갖는 직업적 특성을 함께 고려하는 것이 바람직하다고 본다. 엔지니어가 다른 직업과 전문직으로서 구별되는가의 여부는 그들의 직업적 자율성에 달려 있을 뿐 아니라 동시에 다른 행위자들과 비교되는 공학이나 기술공학의 발전에 있어서 그들의 역할에 달려 있다는 것이다.

하이테크 시대 공학윤리의 실천적 과제 4

공학은 우리의 생활과 매우 밀접한 제품을 생산해낸다. 우리가 가정에서 접하는 모든 가전제품, 가구 등은 공학이 우리 생활과 얼마나 가까운지를 단적으로 보여주고 있다. 또한 이것은 환경과도 매우 밀접하게 연관되어 있다. 우리의 실생활을 윤택하게 해주는 대신 환경파괴, 환경오염 등의 문제가 등장하고 있으며 인간의 먹거리 제공과 질병 등의 치료를 위해 생명공학 등이 등장하면서 엔지니어들의 윤리적인 문제가 심각하게 대두되었다. 왜냐하면 앞서 언급한 바와 같이 공학이 우리의 생활을 지배하고 있기 때문에 안전에 대한 불감증이라든가 직업적 무책임 및 불의와의 타협 등이 인간이나 자연에 미치는 영향이 상당히 크기 때문이다. 따라서 공학자들은 다음과 같은 공학윤리의 실천적 과제에 대해 깊이 숙고하고 행동하여야 한다.

1) 안전과 위험

공학인들에게 있어서 안전을 지키는 것보다 더 중요한 의무는 없을 것이다. 공학인들은 안전을 다른 어떤 것으로도 대신할 수 없는 절대적 가치로 여겨야 한다. 왜냐하면 공학인들은 사회에 대해 안전한 제품을 생산해 낼 책임을 가지고 있기 때문이다. 100%의 안전을 보장할 수는 없지만 적어도 그렇게 되도록 노력해야 하며, 모든 공학설계에 있어서 절대적으로 필요한 것이다. 사실 공학적 실행에 있어서 안전이란 것은 매우 정확하면서도 모호한 개념이다. 안전은 어느 정도 가치판단이기에 모호하고 우리가 안전한 설계와 불완전한 설계를 쉽게 구분할 수 있기에 정확하다. 안전문제를 위험문제와 따로 구분하여 다룰 수는 없으므로 가능한 한 위험을 줄이는 방안을 모색하는 것이 곧 공학적 안전을 담보하는 것이다. 안전이 공학인의 중요한 임무라고 한다면 우리는 어떻게 우리의 설계나 입안이 안전하다고 확신할 수 있는가? 여기에는 다음과 같은 몇 가지 기준이 충족되어야 한다.

첫째, 설계가 해당 법에 저촉되지 않아야 한다. 둘째, 일반적으로 인정되고 있는 공학적 기준에 적합하게 설계가 이루어져야 한다. 셋째, 잠재적으로 보다 안전한 대안적 설계가 개발되어야 한다. 예를 들어, 당장 지진에 대한 두려움이 없다 하더라도 언젠가 발생할 수 있는 지진에 대비해 건물의 내진설계를 해두는 것은 대안적 설계의 대표적인 예이다. 물론 설계비 및 건축비가 더 투입되는 것이 현실적으로 어렵지만 적어도 그렇게 되도록 해야만 한다는 것이다. 넷째, 공학인은 소비자에 의해 생산품이 오용될 소지를 발견하도록 노력해야 하고 이 문제를 줄일 수 있는 설계를 해야 하는데 공학인의 창의성과 연구열정이 상당히 필요하다.

2) 안전을 위한 설계

공학적 설계과정 중에 어떻게 안전을 담보할 수 있을까? 적어도 설계나 입안과정에서 안전을 우선적으로 고려해야 하며 [그림 3. 2]와 같은 단계를 통해 그 대안을 찾을 필요성이 있다.

적어도 [그림 3. 2]와 같은 절차를 통해 선택한 대안이라면 위험성은 매우 축소될 것이다. 엔지니어는 미래의 결과를 예측할 수 없는 불확실성 하에서 일을 수행하기 때문에 모든 가능성이 예측되고 검증이 충분히 이루어진 뒤에 천천히 접근해 가는 유연적인 사고와 행동이 필요하다. 다음의 <표 3. 1>에서는 보는 사고들은 공학 분야에서 안전을 무시하여 흔히 발생하는 사고들로서 유사한 사고가 발생하지 않도록 방법을 모색하는 것이 절대적으로 필요하다.

[그림 3. 2] 안전을 위한 설계단계

｜표 3.1｜ 공학 분야에서의 사고발생의 원인

원인	내 용	사고사례
절차상의 사고	▪사고의 대부분을 차지하는 사고로서 누군가가 잘못 선택하거나 기존의 절차를 무시하면서 발생하는 사고 ▪공학인이 설계나 입안규칙을 어기거나 기존의 관행에 익숙해져 신중하게 설계하지 않을 경우 발생	▪항공산업에서 '조종사 실수'라고 하는 절차상의 사고 – 중요 계기판 판독 오류 – 날씨의 잘못 판단
공학적 기술상의 사고	▪설계상의 결점에 의해 발생하는 것으로 예상대로 잘 실행되지 않은 계획 때문에 발생	▪비행기 엔진의 터번날개에서 진행되는 미세한 균열에 따른 철조각의 기계실 침투로 승객들에게 자상(刺傷)의 위험노출
시스템상의 사고	▪작동하는 데 매우 복잡한 기술과 조직을 가지고 있는 경우 발생	▪항공기, 자동차 등 복잡한 기계시스템에서 발생

3) 직업적 책임

전문직에 종사하는 사람들에게 요구되는 직업적 규칙 중 중요한 것은 직업과 관련된 정보를 유출하지 말아야 하는 것이다. 엔지니어는 자신의 CEO나 고객의 정보를 보호해 주어야 할 의무가 있다. 왜 엔지니어는 자신의 업무와 관련된 정보에 대해서 기밀을 유지해야 하는가? 기업의 경영과 생산품이나 공급원 등에 관련된 대부분의 정보는 기업의 경쟁력에 직접적으로 영향을 미친다. 그러한 정보가 경쟁업체에 유출되는 것은 심각한 결과를 초래할 수도 있다. 그러므로 그런 정보를 최대한 보호하는 것이 작게는 회사나 종업원들에게 크게는 국가에게 최상의 이익이 되기 때문이다.

정보유출 사례 3-1 산업스파이 표적된 한국… 팬택 특허 3500건 '비상'

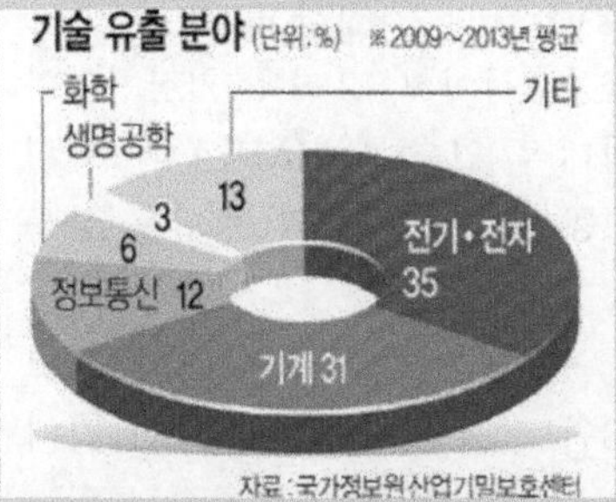

한국은 그동안 연구·개발(R&D)에 대한 꾸준한 투자와 소재·부품·장비·조립 등으로 이어지는 탄탄한 산업기반을 바탕으로 반도체·디스플레이·조선·자동차·스마트폰 등 분야에서 세계시장 1~5위를 차지하고 있다. 주변 경쟁국 기업들은 이러한 한국 산업발전에 주목하면서 막대한 자금력을 바탕으로 산업스파이와 정보기관까지 동원한다. 한국의 산업정보·기술, 금융·경제정보, 경영전략, 방산·원전 등 해외 대형사업 입찰정보 등을 무차별 수집하고 있다는 게 국가정보원 등 관계 당국의 설명이다.

문제는 이처럼 '소리 없는 전쟁'이 벌어지고 있음에도 산업기밀이 유출된 사실조차 모르고 있는 기업들이 대부분이라는 점이다. 이창무(산업보안학) 중앙대 교수는 9일 문화일보와의 통화에서 "특히 보안이 취약한 중소기업들의 경우 기밀이 유출된 사실조차 모르는 경우가 대부분"이라며"최근 발생한 한국수력원자력 해킹사건에서 알 수 있듯이 인터넷 공격으로 인한 기밀 유출 사건은 언론에 보도돼야 알게 되는 식"이라고 지적했다. 산업스파이 범죄가 지속적으로 증가하는 추세는 피할 수 없다는 게 전문가들의 진단이다. 첨단기술을 연구·개발하는 데는 많은 인력과 자금 및 시간이 소요되지만 산업스파이가 기술을 빼내 가는 것은 한순간이라는 점에서 '효율성'은 최고다. 이미 연구·개발에 성공한 결과물을 가져오기 때문에 실패할 확률도 없다. 최근에는 정보기술(IT)의 발달로 기술 유출이 대량화·신속화되고 있다는 것도 문제의 심각성을 더해주고 있다.

국정원 산업기밀보호센터 관계자는 "최근 기술유출 사건은 보안 우회 및 화이트칼라 범죄 등 지능화·첨단화되고 있고 인터넷 해킹·대용량 이동식저장장치(USB)·소셜네트워크서비스(SNS) 등 IT 발달로 대량화·신속화되는 특징을 보이고 있다"고 말했다.

더구나 유출된 기술이 국가핵심기술인 점은 그 심각성을 더해주고 있다. 국정원이 최근 5년간 적발한 210건의 기술유출 사건 가운데 64건이 국가핵심기술 및 국가연구개발사업으로 개발된 중요 기술인 것으로 나타났다. 이 가운데 14건은 반도체·조선 등 한국 기업이 세계적 경쟁력을 보유하고 다른 나라 후발업체의 기술 추격이 심화된 분야에 집중됐다. 2009년부터 2013년까지 5년간 분야별 유출 대상 기술은 전기·전자 35%, 기계 31%, 정보통신 12%, 화학 6%, 생명공학 3%, 기타 13% 등의 순으로 나타났다. 전기·전자와 기계 분야가 절반 이상(66%)을 차지하고 있다.

기술 유출을 위해 동원되는 수법은 전천후적이고 갈수록 기상천외하다. 산업스파이뿐만 아니라 해외기업의 적대적 인수·합병(M&A)과 인력 매수 및 스카우트, 해외체류 자국인 포섭 등 합법·비합법적 방법을 불문하고 다양한 형태로 벌어지는 양상이다.

특히 국내 업체의 해외 매각은 이른바 '기술 먹튀' 우려를 낳게 하고 있다. 휴대전화업계에서는 현재 휴대전화 3위 업체인 팬택의 해외 매각에 따른 기술 유출을 크게 우려하고 있다. 팬택이 가진 국내외 기술 특허는 3500여 건에 달하는 것으로 알려져 있다.

이 밖에도 국내 최대이자 세계 2위 자동차용 공기조절(공조)장치 제조사인 한라비스테온공조의 매각을 놓고도 첨단기술의 중국 유출 가능성에 대한 우려가 크다. 공조기술은 친환경 차 기술 개발의 핵심 분야로 꼽힌다. 한라비스테온공조가 최근 전기차 등에 활용될 수 있는 신기술까지 내놓은 바 있어 기술 유출 시 큰 타격이 예상된다.

경쟁업체 간 제휴과정에서 인력 빼가기도 심각한 상황으로 인식된다. 세계 최대 보안업체 시만텍 출신 직원들이 국내 중소기업의 핵심 인력과 기술을 빼돌린 혐의(부정경쟁방지 및 영업비밀 보호에 관한 법률 위반)로 재판을 받고 있는 사건이 그 대표적 예다. 검찰에 기소된 시만텍 직원들은 국내 원격 PC 점검 업체인 오투씨앤아이에 근무하다가 2011년 시만텍으로 이직하면서 전직 회사의 영업비밀 자료를 부정 유출 및 사용한 혐의를 받고 있다. 오투씨앤아이는 2007년 일본 시장 진출을 위해 시만텍과 협력했는데, 원격 점검 기술을 높게 평가한 시만텍이 자사의 핵심 인력들을 영입해 기술을 도용한 혐의다. 그러나 미국 시만텍은 한국법인을 통해 이 같은 사실을 부인하고 있다.

[출처 : 문화일보, 2015. 1. 19]

어떤 유형의 정보가 유출되어서는 안 되는가? 앞의 사례와 같이 테스트 결과, 데이터, 곧 개발될 제품과 제품개발을 위한 설계도와 관련된 정보는 분명히 유출되어서는 안 된다. 그러나 프로젝트에 참가하고 있는 엔지니어나 자료공급원, 시장전략, 생산비, 생산량 등에 관련된 정보를 기밀로 해야 할지의 여부에 대해서는 분명한 한계선이 없다. 대부분의 기업들은 기업공개와 관련된 엄격한 정책이 가지고 있고 종업원들이 그 정책을 시인하도록 요구한다. 자신의 고객을 위해 일하는 엔지니어도 종종 정보의 비공개를 요구받는다. 물론 정부나 방위산업체에서 근무하는 엔지니어는 더욱 엄격한 요구를 받는다.

엔지니어도 자신의 업무와 관련된 중요정보에 대해서 유출해서는 안 된다는 것을 인정해야 한다. 그러나 엔지니어가 조직을 떠난 이후 얼마동안 정보를 기밀에 부쳐야 하는가에 대해서는 그리 분명하지 않다. 법적으로는 엔지니어가 동일 분야의 다른 직장으로 옮긴 후에도 정보를 유출해서 안 된다. 그러나 현실적으로 그렇게 하기가 쉽지 않은데, 엔지니어가 새로운 직장으로 옮긴다 하더라도 그가 이전 직장에서 쌓았던 경험과 지식을 여전히 간직하고 있기 때문이다.

4) 직업적 권리

엔지니어는 책임 못지않게 역시 권리도 갖는다. 엔지니어의 가장 일반적인 권리는 직업적 양심의 권리이다. 이것은 자신의 의무로부터 벗어나 직업적 판단을 내릴 권리이며 윤리적 방식으로 이런 판단을 내릴 권리를 포함한다. 이 권리는 엔지니어라는 직업에 있어서 근본적인 것이지만 이 권리가 고용주의 입장에서도 항상 쉽게 이해될 수 있는 것은 아니다.

직업적 양심의 권리는 많은 면들을 가질 수 있다. 예를 들어, '양심상 거부의 권리'를 들 수 있는데 이것은 비윤리적 행동에 참가하는 것을 거부할 권리이다. 어떤 고용주도 피고용인에게 비윤리적인 어떤 행동을 하도록 요구하거나 압력을 가할 수 없다. 엔지니어가 검사결과를 거짓으로 보고하거나 생산품의 안전성에 대해 속이도록 강요받는 경우에는 분명 이러한 것에 해당되지만 엔지니어가 모든 사람들이 인정하지 않은 윤리적 원칙에 의지해 주어진 사명을 거부할 경우에는 덜 분명하다. 즉, 엔지니어가 그의 양심상 비도덕적이라고 생각되는 환경적으로 위험한 일에 대해서는 거부를 할 수 있도록 허용되어야 한다. CEO는 이러한 요구에 대해 합리적으로 대응하여야 한다.

이 문제를 방위산업과 관련하여 생각해 보자. 전 세계적으로 가장 많은 엔지니어를 고용하고 있는 곳이 방위산업체이다. 역사적으로 공학과 과학의 많은 기술혁신은 바로 무기개발의 결과로 나타난다. 근본적으로 무기는 인류 살상이라는 목적으로 설계된 것이기 때문에 공학윤리와 엔지니어의 권리의 관점에서 이런 유형의 공학적 수행을 살펴보는 것은 매우 중요하다. 한 사람의 엔지니어가 방위와 관련된 산업에서의 근무 여부를 결정할 수 있고 어떤 것을 택하든 그 선택은 정당화될 수 있다. 그러나 상당수의 엔지니어들은 윤리적으로 혹은 궁극적으로는 인간을 살인하는 데 사용될 계획에 참여할 수 없다고 느낀다.

다른 한편, 엔지니어들은 이런 유형의 일에 종사하는 것이 윤리적으로 허용될 수 있다고 생각한다. 그들은 자신의 조국을 적의 침략으로부터 지키는 것은 합법적 기능이고 엔지니어로서 국가에 기여할 수 있는 명예스러운 일이라고 생각한다. 엔지니어는 방위산업이 윤리적으로 허용될 수 있다고 생각한다. 하지만 단지 다른 나라에 무기를 팔기 위한 무기시스템에 참여하는 것이 윤리적으로 정당한가? 외국으로부터 석유를 지속적으로 공급받는 일과 같이 국가이익을 보증받기 위해 무기를 사용하는 것이 윤리적으로 허용될 수 있는 방위계획인가 하는 문제는 여전히 논쟁의 여지가 있다.

문제는 엔지니어가 스스로 입장을 취하기를 주저하는 무기 프로젝트에 참여하기를 요구받았을 때 무엇을 해야 하는가이다. 이 문제에 대한 해결책은 없다. 이에 대해서는 개인 스스로 방위산업의 윤리에 대해 심사숙고한 후 스스로 결정해야 할 것이다. 각자가 비윤리적으로 여기는 어떤 일에도, 비록 그 일이 자신의 성공을 담보해 주고 단 한 번의 한시적인 일이라고 해도 참여하지 않는 것이 중요하다. 무엇보다도 방위산업이 인류의 살상이라는 것과 연결된 일이기 때문에 엔지니어들은 이 문제가 가지고 있는 윤리적 함의를 엄격하고 신중하게 검토해야 한다.

5) 고 발

고발은 엔지니어가 CEO나 상관의 비윤리적이고 비합법적인 행동을 일반시민이나 상부에 알리는 행동이다. 엔지니어는 시민의 건강과 안전을 보호할 의무가 있기 때문에 이러한 가치를 손상하는 행동이나 프로젝트를 고발할 의무가 있다. 그러므로 엔지니어는 그들의 조직 내에서 일어나는 잘못된 행동들을 폭로하고 바람직한 행동을 할 권리를 갖는다.

고발은 내부고발과 외부고발로 구분된다. 내부고발은 종업원이 고위직에게 문제를 보고하기 위해 직접 상관의 책임자에게 정보를 알리거나 아니면 최고책임자에게 직접 보고하는 경우이다. 하지만 내부고발은 어디까지나 조직 내에서만 이루어진다. 반면 외부고발은 엔지니어가 기업 외부의 신문이나 법률당국에 고발하는 경우이다. 내부고발이든 외부고발이든 일종의 항변과 같은 것으로 인정된다. 엔지니어는 고발의 필요성을 느끼고 고발을 실행에 옮길 때 다음과 같은 사항을 신중하게 고려하여야 한다.

첫째, 고발을 결정할 경우 엔지니어는 균형감각을 가질 필요가 있다. 충분히 자체 내에서 해결할 수 있는 조그만 문제에 대해서까지 외부에 고발함으로써 오히려 고발하지 않아도 될 일을 고발하지 않으면 안 될 정도로 일을 그르치는 경우가 많다. 동시에 어떤 자그마한 일이 반복적으로 일어나는 경우에도 고발을 하지 않는다면 그리고 고발을 했음에도 불구하고 어떤 조치도 취해지지 않는다면 심각한 상황으로 커질 수 있다. 그러므로 고발할 충분한 필요성에 대해 신중한 고려가 반드시 요구된다. 둘째, 고발자는 충분한 정보를 가지고 있어야 하고 상황을 판단할 수 있는 전문지식도 필요하다. 풍문으로 들은 것은 고발하지 말아야 한다. 셋째, 고발자는 고발로 인해 자신에게 가해질 어떤 행동으로부터도 보호될 수 있어야 한다. 넷째, 고발은 다른 수단에 호소할 방법이 없을 경우 마지막 수단으로 사용해야 한다. 즉, 고발 이외에는 문제해결을 위한 다른 수단이 없을 경우에만 가능하다. 이것은 고발의 남용을 막기 위해 중요한 사실이다.

다음의 사례는 내부고발로 인해 직장에서 불이익을 받은 내용을 다룬 글이다.

내부고발 사례 **음주 수술에 수술실 생일파티까지, 실종된 의료윤리**

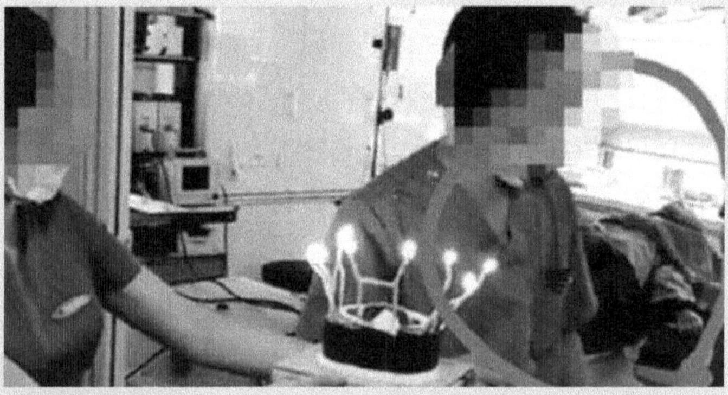

음주 수술에서 수술실 생일파티에 이르기까지 국민들을 분노하게 만든 의료인들의 일탈행동이 계속돼 대책 마련이 시급하다는 지적이 나오고 있다.

2014년 11월 인천의 한 대학병원에서 술에 취한 전공의가 3살 남자아이에게 봉합 수술을 했다. 턱이 심하게 찢겨 응급실을 찾은 이 아이는 뼈가 보일 만큼 상처가 깊었다. 자칫 세균 감염이 우려되는 상황이었다.

하지만 음주 수술로 인해 제대로 된 치료를 받지 못하고 재수술을 받는 상황이 발생했다. 남자아이 부모는 "해당 의사가 소독을 안 하고 위생장갑도 끼지 않았다"고 문제를 제기했다. 이 사건은 큰 논란으로 번졌다.

2014년 12월 28일 발생한 강남 성형외과 수술실 생일파티 사건도 감염이 우려되는 위험천만한 상황이었다. 의료진은 수술대에 누워있는 환자를 놔두고 촛불을 켠 생일 케이크를 들고 돌아다니거나 음식을 먹었다.

가슴 수술에 사용하는 보형물을 가지고 장난을 치고 사진까지 촬영해 소셜네트워크서비스(SNS)에 올렸다. 수술실 장면을 공개하는 것자체가 의료계에서는 금기 행동이다.

대한성형외과의사회는 2014년 4월 일부 성형외과에서 행해지는 유령의사(쉐도우 닥터) 수술 문제를 공식적으로 제기했다. 의사의 전문성과 명성을 믿고 의료기관을 찾은 환자를 속이는 불법 행위로 상담 의사와 수술 의사가 다른 수술 사례를 지적한 내부 고발이었다. 성형외과의사회는 급기야 '과대광고에 속지 말고 유령 수술에 당하지 마세요'라는 유인물을 제작해 회원 의료기관에 배포했다. 성형외과의사회가 추정한 유령 수술 피해자는 10만명 이상이다. 성형외과의사회는 유령 수술에 대해 '환자의 생명과 안전을 위협하는 암세포'라는 표현까지 쓰며 대책 마련에 나섰다.

◇의료진 일탈행동이 의료불신 초래

생명을 다루는 의료인들의 잇단 일탈행동은 환자와 국민의 불안감을 증폭시킨다. 우월적 지위에 있는 의료인들이 환자 진료에 최선을 다하지 않는 모습은 의료불신으로 이어질 수 있다는 비판도 나온다. 진료실과 수술실 등은 어느 곳보다 안전이 강조되는 공간이다. 심신이 미약한 환자를 상대하는 의료진이 자칫 잘못된 판단을 내리면 돌이킬 수 없는 결과를 초래할 수 있기 때문이다.

의료진의 일탈행동은 지도·감독 권한을 갖고 있는 의사들 책임이 가장 크다. 2014년 상반기 세월호 침몰 사건 이후 안전에 대한 사회적 요구는 높아진 반면 의료계 내부에서는 이에 대한 인식이 부족했다는 지적이다. 국민 불신을 초래하는 일탈행동을 막으려면 의료계 내부적으로 윤리교육과 자정활동을 강화해야 한다는 의견이 많다. 하지만 지난 2006년 개정된 의사윤리지침은 8년이 지난 지금까지 추가적인 개정 작업이 없는 상태다.

김옥주 서울의대 교수는 대한의학회가 발행하는 매거진 이뉴스레터(e-newsletter) 2014년 11월호에 실린 '대한의사협회의 의사윤리지침의 현황과 개선방향'이라는 글을 통해 "국제적 보편성과 실현 가능한 방향으로 개정이 필요한 시기가 됐다"고 밝혔다.

이어 "2006년 당시 윤리지침 개정 때 폭넓은 의견수렴이 이뤄지지 않았다"며 "현 지침은 의사들이 진료실에서 겪는 공통적이고 보편적인 의료윤리 문제를 충분히 다루고 있지 않다"고 지적했다.

의료윤리연구회에 따르면 영국은 의료인이 이성 환자를 진료할 경우 보호자·간호사를 동반해 진료하도록 하는 세부적인 내용의 윤리지침을 운영하고 있다. 성형외과와 산부인과, 비뇨기과 등 환자의 은밀한 부위를 진료하는 영국 진료과는 윤리교육에 관한 이수증을 받도록 하고 있다.

이명진 초대 의료윤리연구회장은 "앞으로 이런 의료진 일탈행동 사례가 계속 발견되거나 노출될 가능성이 있다"며 "의료계 내부적으로 직종에 맞는 세부적인 윤리지침을 만들 때가 됐다"고 강조했다. 이어 "이번 사례

> 는 한마디로 역지사지(易地思之)라는 고사성어로 표현하고 싶다"며 "의료진은 환자에 대한 배려와 존중을 잊어서는 안 된다"고 덧붙였다.
>
> [출처 : 머니투데이뉴스, 2014. 12. 29]

우리는 이 4가지 조건에 의한 고발이 윤리적일 수 있다는 사실을 인정한다. 그러나 엔지니어는 언제 고발을 할 의무가 있는가? 엔지니어인 당신이 무엇인가 잘못되고 있음을 인지하고 위의 조건 이외에도 고발할 상황은 많을 것이다. 이런 경우 만약 당신이 문제가 매우 중대하다는 것을 인식한다면 고발을 할 수는 있다. 그러나 다른 사람에게 막대한 해를 입힐 가능성이 있다면 의무적으로 고발을 해야만 한다.

그리고 CEO의 입장에서 고발의 문제를 생각해 볼 필요가 있다. CEO 역시 기업의 이미지 손상을 막기 위해 종업원 고발을 최소화할 필요가 있다. 물론 어떤 조직도 비리를 완전히 제거할 수는 없다. 매우 강한 윤리적 풍토가 조성되어 있는 조직이라도 어떤 문제로부터 자유로울 수는 없다. 그렇다고 위의 사례와 같이 고발자를 협박하는 방식으로 제지해서는 안 된다. 조직 내부에서 고발문제를 해결하기 위해서는 윤리적으로 강한 풍토가 조성되어야 하며, 조직 내부의 의사소통이 잘 이루어져야 한다. 그리고 모든 엔지니어는 자신의 관심사를 개진하기 위해 자신의 상사에게 진솔하게 접근해야 한다. 개진된 의견에 대한 어떠한 보복이 있어서도 안 되며 오히려 합당한 보상이 있어야 한다. 이와 함께 CEO는 실수를 기꺼이 인정해야 한다. 필요하다면 공개적으로 인정해야 할 것이다.

4 공학에서의 의사결정과 이해충돌

PREVIEW

오리온 PDP·OLED 특허 유출… 1300명 하루아침 실직

최근 5년간 주요 산업기밀 유출 적발사례 및 경제적 가치

시기	제조사	기술	경제적 가치
2013년 8월	K사	포탄 제조기술	760억 원
2012년 10월	L사	첨단에어컨 제조기술	연구개발비 735억 원(국가 R&D 86억 원 포함)/예상매출액 3년간 1조6000억 원
2012년 2월	J사	태양전지 제조장비기술	연구개발비 2700억 원(국가 R&D 813억 원 포함)
2011년 11월	S사	선박해치커버 설계기술	연구개발비 236억 원/예상매출액 5년간 3000억 원

순간의 방심으로 잃어버린 대한민국의 핵심기술이 국가의 미래에도 지대한 영향을 미친다는 점에서 산업기술 유출은 심각성이 이만저만한 게 아니다. 정보당국이 다행히 적발한 사례도 있지만 적발하지 못한 기밀 유출사건도 적잖은 것으로 평가돼 한국이 잃어버린 시장규모는 막대할 것으로 추정된다. 게다가 확실한 '스모킹건'이 없어 법적 대응을 하지 못함으로써 입은 피해액도 수십조 원대를 훌쩍 넘는다.

한국기업들의 첨단 기술이 해외로 유출될 경우 그 피해는 기술 개발 비용에만 국한되는 게 아니다. 해당 기술로 신제품을 만들어 상품화에 성공했을 경우 그로부터 발생하는 국내 및 해외 시장에서의 잠재적 매출액까지 한꺼번에 날리게 된다는 점에서 심각성이 크다.

2014년 1월 13일 관련 업계에 따르면 지난 2004년 12월 지엠대우자동차(현 한국GM)는 중국의 체리자동차를 상대로 자사의 경차 '마티즈' 디자인을 그대로 베낀 혐의로 중국 상하이(上海) 제2고등법원에 불공정경쟁법 위반 소송을 냈다. 지엠대우는 또 체리차가 보유하고 있는 관련 디자인 특허에 대해서도 중국 지적재산권관리청 산하 특허심의위원회에 무효 신청을 냈다.

당시 지엠대우가 중국의 업체를 상대로 법적 조치를 취했던 이유는 바로 기술 유출로 인한 디자인 베끼기 논란 때문이었다. 지엠대우는 "마티즈(중국 현지 판매명 시보레 스파크)와 체리차의 소형차 '큐큐'(QQ)는 외관상 구분하기 힘들 정도로 매우 비슷하다"며 "체리차는 독자 개발했다고 주장하지만 사실은 우리 회사의 기밀사항을 무단으로 베낀 것"이라고 주장했다. 1998년 출시된 마티즈는 소송 제기 당시까지 전 세계에서 130만대 이상이 팔렸고, 중국시장에는 사건이 발생하기 바로 직전인 2003년에 진출했다.

지엠대우는 두 차종 간의 유사성을 인지한 뒤 조사에 들어가 차체와 외관, 내부 디자인이 거의 비슷한 점을 발견했고, 대다수 부품들도 호환 가능한 것으로 드러났다고 확인했다. 지엠대우 측은 "수억 달러의 돈과 수천 명의 인력이 마티즈 개발에 투입됐다" 며 "침해당한 권리와 이익을 되찾기 위해 공정한 해결 방안을 요청한 것" 이라고 말했다. 그러나 중국 법원은 2년여간의 공방 끝에 결국 체리차의 손을 들어줬다.

해외 헐값매각도 해외시장을 잃는 주요 통로다. 디스플레이 기술로 유명했던 오리온전기의 해외 헐값 매각은 편법 인수 · 합병(M&A)을 통한 기술 유출뿐 아니라 해외시장 상실의 대표적 사례로 꼽힌다. 오리온전기는 지난 2003년 5월 말 부도로 인해 법정관리에 들어갔고 2005년 홍콩에 파트너를 둔 미국계 투자펀드에 인수됐다. 당시 자산가치 1,400억 원의 공장을 600억 원에 인수받은 해당 투자펀드에 대해 헐값 매각 논란이 발생하기도 했다. 더 기가 막힌 상황은 인수 이후에 일어났다.

오리온전기를 인수한 투자펀드는 오리온전기를 3대 핵심사업인 유기발광다이오드(OLED)와 플라스마디스플레이패널(PDP), 브라운관(CRT)별 법인으로 분할한 뒤 재매각을 추진했다. 그 뒤 오리온CRT는 2개월 만에 홍콩계 펀드인 오션링크사에 팔린 뒤 청산됐다. 또 오리온PDP와 오리온OLED도 2007년과 2008년 중국 창홍전자그룹에 팔렸다. 이로써 청산된 오리온CRT에서 일한 1,300명의 노동자는 일자리를 잃었고, 당시 신기술로 각광받던 PDP와 OLED 분야의 특허기술은 중국으로 넘어갔다.

국내 유명 대기업 L사가 정부지원금을 받아 개발한 첨단 에어컨 제조기술은 2012년 중국 경쟁사에 넘어갈 뻔했다. 전직 연구원이 기술을 빼내려다 국가정보원에 적발된 것이다. 이 기술이 중국에 넘어갔다면 해당 기업은 향후 3년간 1조6,000억 원에 이르는 매출액 손해를 입었을 것으로 추정됐다. 해당 기술은 에어컨이 가동될 때 에너지 효율을 높이는 핵심 기술이다. L사 직원 A 씨 등은 이 기술을 외장형 하드디스크에 담아 유출을 시도했다가 정보당국에 적발돼 구속 수감됐다.

[출처 : 문화일보, 2015. 1. 13]

Summary

우리의 일상생활은 의사결정의 연속이다. 아침에 일찍 일어나야 할 것인가의 여부에서부터 시작하여 잠자리에 이르기까지 하루에도 수많은 의사결정을 필요로 한다. 우리의 삶을 지배하는 대부분의 의사결정은 나 혹은 그리 많지 않은 대인관계에서의 의사결정이며 그 결과도 나 혹은 나와 관계된 사람에게만 국한된다. 그러나 공학에서의 의사결정에 있어서의 의사결정자는 CEO 혹은 엔지니어이지만 그 결과의 파장은 이루 말할 수 없을 정도로 크다. 왜냐하면 그 의사결정에 따라 제품이 생산될 수도 있고, 그 의사결정이 환경에 영향을 미칠 수도 있으며 인간의 생명에도 큰 영향을 미칠 수 있기 때문이다.

이해충돌은 전문가가 전문적 역할을 수행함에 있어서 전문가가 고객이나 의뢰인이 정당하게 기대하는 것보다 더 적은 이득이 예상되는 판단을 내릴 경향이 있는 영향력 있는 충성 혹은 다른 이해관계에 종속되는 경우 발생한다. 이해충돌이 발생하는 근본적인 원인은 아마도 부정적인 행동에 대한 보상적 심리가 강하기 때문에 발생한다고 보아야 한다.

엔지니어는 여타 전문가(변호사·의사·성직자 등)와는 달리 CEO에 의해 고용된 위치를 갖는다. 이런 이유로 고용된 개체로서 그리고 전문가로서 겪는 이해충돌은 매우 중요한 문제로 등장한다. 특히, 종업원으로서의 엔지니어와 그를 고용하고 있는 CEO 간에 발생하는 가장 심각한 이해충돌은 누구의 의사가 더 우선권을 갖는가 하는 문제이다 물론 조직 내에서 CEO가 의사결정과정에서 우선권을 갖는 것은 당연하다. 여기에서 문제로 지적되는 것은 윤리적인 관점에서 언제 CEO가 의사결정과정에서 더 우선권을 갖고 언제 엔지니어가 더 우선권을 갖느냐 하는 것이다. CEO와 엔지니어 간에는 교육환경·사회화·직업적 관심·작업습관 등의 차이 때문에 자연히 이해충돌이 발생할 수밖에 없다.

우리는 조직에서 CEO가 엔지니어에게 조직에 대해 충성할 것을 요구하는 것을 종종 경험한다. CEO와 엔지니어의 의사결정권과 이에 따른 이해충돌의 문제를 이야기할 때 가장 일반적인 문제 중의 하나가 조직에 대한 충성인데 이 요구가 종종 오·남용되기 때문에 책임 있는 엔지니어가 되기 위해서는 충성(loyalty) 개념을 분명히 알고 무비판적 충성과 비판적 충성을 구분할 수 있어야 한다.

우리가 CEO와 엔지니어 간의 불일치에 관해 언급하면서 가장 많이 떠오르는 단어는 '고발'일 것이다. 이것은 엔지니어가 기업이 무언가 잘못을 한다고 믿을 때 공적으로 폭로하는 것을 의미한다. 하지만 사실 엔지니어가 기업의 내부적인 문제를 공적으로 폭로한다는 것은 자신의 전문성을 포기할 각오로 하지 않으면 안 될 정도로 매우 어려운 상황이기 때문에 조직적 불복종(반대행동, 비참여, 이의제기)으로 이해충돌을 해결할 수 있다.

공학에서의 의사결정 1

우리의 일상생활은 의사결정의 연속이다. 아침에 일찍 일어나야 할 것인가의 여부에서부터 시작하여 잠자리에 이르기까지 하루에도 수많은 의사결정을 필요로 한다. 일반적으로 우리가 하루에 결정하는 의사결정은 1,500여 회에 이른다고 할 정도로 우리의 삶을 지배하는 대부분의 의사결정은 나 혹은 그리 많지 않은 대인관계에서의 의사결정이며 그 결과도 나 혹은 나와 관계된 사람에게만 국한된다. 그러나 공학적 의사결정에 있어서의 의사결정자는 CEO 혹은 엔지니어이지만 그 결과의 파장은 이루 말할 수 없을 정도로 크다. 왜냐하면 그 의사결정에 따라 제품이 생산될 수도 있고, 그 의사결정이 환경에 영향을 미칠 수도 있으며, 인간의 생명에도 큰 영향을 미칠 수 있기 때문이다.

2006년 7월 한 기업이 공업용 에틸렌으로 술을 제조하여 판매하다 적발되었다. 공업용 에틸렌으로의 술 제조 의사결정은 인간을 존엄성을 가진 객체로 보는 것이 아니라 돈을 벌기 위한 수단으로 간주, 사람의 생사 여부는 관심이 없는 의사결정이었으며, 윤리적으로도 도저히 있을 수 없는 일이었다. 또한 2006년 7월의 전국적인 집중호우로 인해 많은 지역이 물에 잠기고 많은 생명이 목숨을 잃는 안타까운 일들이 발생하였다. 이에 정부와 전문가들은 댐 부족으로 인해 홍수가 잦아진다는 사실을 인지하고 댐을 건설하는 것이 타당하다고 주장하였으나 환경단체들은 정부의 무분별한 개발로 인해 나타난 현상이기 때문에 댐 건설은 필요치 않다고 주장하고 있다. 보는 시각에 따라 차이가 있을 수 있으므로 누가 정확하게 진단한 것인지는 명확히 결론을 내릴 수는 없는 공학에서의 의사결정은 생각보다 크게 영향을 미치고 있음을 알 수 있다. 또한 2014년 4월 16일 발생한 세월호 사건으로 약 300여명 이상의 목숨을 앗아간 안타까운 사건은 엔지니어의 의사결정과 관련된 사건이었다.

특히, 우리의 삶은 관계를 전제로 한다. 관계를 전제로 한다는 것은 크고 작은 의사결정에 있어서 이해충돌이 발생할 수 있다는 것을 의미한다. 이해충돌은 사회와 인간관계의 발전에 있어서 반드시 필요한 것이며, 이로 인해 인간사회가 유지되고 산업이 발전하게 되는 원동력이 되었다. 그러나 순수한 이해충돌의 영향력은 미미하지만 공학에서의 의사결정과 이해충돌은 큰 사고를 가져올 수 있는 심각한 문제가 있는 것이다. 다시 말해서 이해충돌은 공중의 도덕에 대한 각자의 상황에서 발생하는 가치의 차이에서 기인하게 되며 어떠한 상황에서도 도덕적 판단을 내리기가 매우 어려운 과제이다. 그렇다면 이해충돌이 발생하였을 경우 어떠한 길을 선택할 수 있을 것인가?

2 공학에서의 이해충돌

이해충돌(conflict of interest)은 사람이 존재하면서부터 있어 왔지만 학문적인 관심은 1970년대부터 나타나기 시작하였는데, 공학윤리에서는 이해충돌을 어떻게 다루고 있는지 살펴볼 필요가 있다. 이해충돌은 전문가가 전문적 역할을 수행함에 있어서 전문가가 고객이나 의뢰인이 정당하게 기대하는 것보다 더 적은 이득이 예상되는 판단을 내릴 경향이 있는 영향력 있는 충성 혹은 다른 이해관계에 종속되는 경우 발생한다.

예를 들어, 다른 기업에서 생산한 부품의 질이 더 우수함에도 불구하고 자신과 인척관계에 있는 기업으로부터 부품을 구입하여 완제품을 생산하는 CEO가 있다면 그는 의뢰인의 이해관계보다는 자신의 사적 이해관계를 더 중시하여 전문가로서 판단을 잘못 내리는 경우이다. 이 경우 그

CEO는 이해충돌의 상황에 처하게 되는 것이다. 즉, 전문적 판단이지만 의사결정을 잘못 내림으로써 이해충돌이 발생하게 된다. 이러한 이해충돌은 전문가 조직 내에서 발생할 수 있다. 왜냐하면 전문가들은 CEO나 의뢰인의 신뢰에 손상을 줄 위협이 있는 그들의 전문적 식견과 편향되지 않는 전문가적 판단 및 이해충돌에 대해 주의를 기울여야 하기 때문이다. 따라서 공학윤리적 관점에서의 이해충돌과 관련하여 다음과 같은 내용을 충분히 숙지할 필요가 있다.

첫째, 이해충돌은 모든 유형의 이해충돌을 의미하는 것은 아니다. 공학윤리에서의 이해충돌은 전문가적 판단에 영향을 미칠 수 있는 이해충돌을 의미한다. 둘째, 엔지니어가 보호해야 할 의뢰인, CEO 혹은 공중의 이해는 도덕적으로 합법적인 것에만 제한된다. 엔지니어는 비합법적인 이해를 위해 봉사하고 보호할 전문가적 의무는 없으며 그러한 이해를 고발할 의무가 있다. 셋째, 엔지니어는 이해충돌이 발생할 수 있는 3가지 유형의 상황을 구분할 수 있어야 한다.

다음의 사례는 3가지 유형의 상황을 잘 파악할 수 있도록 도움을 준다.

사례 1 실제적 이해충돌

'A'는 10만 볼트를 필요로 하는 설계에 참여하고 있다. 지난 수십 년 동안 'A'의 가족은 볼트를 만드는 '공구 볼트'라는 기업을 소유하고 있다. 만일 볼트를 '공구볼트'로부터 구매하기로 계약된다면 'A'가 소유하고 있는 '공구볼트'의 주가가 약 20% 가량 오를 것으로 예상하고 있다. 'A'사는 '공구볼트'에서 생산한 볼트가 가장 좋은 볼트가 아닌데도 '공구볼트'와 납품 계약을 체결하였다.

사례 2 잠재적 이해충돌

'A'는 수십 년 동안 볼트생산 제조업체인 '공구볼트' 기업을 소유하고 있는 집안의 'B'와 결혼하기로 약속하였다. 만일 'A'가 'B'와 결혼한다면 그는 '공구볼트'의 대주주가 될 것이다. 그리고 'A'가 자신의 설계에 '공구볼트'에서 제조한 볼트를 구매하기로 계약한다면 그는 금전적으로 큰 이득을 얻을 것이다.

사례 3 명백한 이해충돌

'A'는 'B'와 결혼하였으나 그와 그녀는 그녀의 가족과 싸웠고 '공구볼트'의 모든 소유주를 박탈당하였다. 이런 사실이 공적으로 알려졌지만 'C'는 이것을 몰랐다. 'C'는 그의 건물을 설계하기 위해 'A'를 고용하였다. 'A'는 '공구볼트'에서 제조한 볼트만을 구매하기로 계약하였다. 왜냐하면 '공구볼트'와 거래하지 않는 것이 좋다고 생각하지만 그 건물에는 그 볼트가 가장 좋다고 믿기 때문이다. 'C'는 'A'가 이해충돌에 빠졌다고 비난한다.

가능하다면 위 3가지 유형의 모든 이해충돌을 피하는 것이 가장 좋지만 현실적으로는 어느 하나에 해당되는 일이 발생한다. 사례 1과 같은 실제적 충돌(actual conflict)은 전문적 판단에 영향을 미칠 수 있으며, 잠재적 충돌(potential conflict)은 앞으로 내릴 전문적 판단에 영향을 미칠 수 있다. 명백한 충돌(clear conflict)은 전문적 봉사의 객관성과 신뢰성에 대한 공중의 신뢰를 감소시키고 비록 전문적 판단이 실제로 부패하지 않았을 경우에도 직업과 공중 모두에게 피해를 줄 수 있다. 만일 3가지의 이해충돌 모두를 피할 수 없다면 전문가는 고객이나 공중이 그것을 발견할 때까지 기다리기보다는 그것을 알려야 할 의무가 있다.

3 이해충돌과 문제의 발생(선물 혹은 뇌물수수)

이해충돌이 발생하는 근본적인 원인은 아마도 부정적인 행동에 대한 보상적 심리가 강하기 때문에 발생한다고 보아야 한다. 예를 들어, 특정업무를 수행함에 있어서 크든 작든 선물(혹은 뇌물)을 수수했다면 받은 당사자의 입장에서는 선물을 준 상대방의 입장을 고려하여 어떻게든 봐 주어야 한다는 딜레마에 빠지게 되며, 이는 바로 기업의 CEO 혹은 상사

와의 관계에서 이해충돌이 발생하게 하는 원인을 제공하기도 한다. 선물을 받는 활동과 받지 않는 활동은 어떤 차이가 있으며 차후에 개인적으로나 사회적으로 어떤 문제를 발생시킬까? 흔히들 "세상에는 공짜가 없다"라고 한다. 선물은 결코 공짜가 아니라 어떤 특혜나 특권을 노리기 위해서 주는 가시가 있는 선물임을 명심해야 한다.

그런데 여기서 분명히 해두어야 할 개념은 선물과 뇌물의 차이를 명확히 해두어야 한다는 것이다. 선물과 뇌물의 차이는 의외로 간단명료하다. 공통점은 이용가치의 여부이며 차이점은 대가성의 여부이다. 선물에 들인 돈의 액수, 받는 사람이 느끼는 부담감, 주는 사람의 마음 여하 등이 그 구별점이 되기도 하지만 사실 그 경계가 애매모호한 게 사실이다. 분명한 것은 선물이란 받는 사람이 기쁘게 받을 준비가 되어있을 때만이 선물로서 가치가 있다는 점이다. 즉, 결코 일방적이지 않으며 적당한 효용성과 가치를 지닌 품목을 서로 '그럴 만한 사이'라는 공감대가 형성되는 관계에서 주고받는 것이 바로 선물이다.

그렇다면 잦은 선물은 과연 뇌물로 변화하는가? 고마운 마음을 가슴에 새기고 살아가는 데 익숙하지 못한 현대인들은 따뜻한 말 한 마디나 편지 한 통, 메일 한 줄로 마음을 표현하는 것이 번거로워 간편하게 선물 하나로 '때우는' 것일지도 모르겠다. 괜한 오해는 정성의 부족에서 나오는 혼란인 셈이다. 그렇다면 어떻게 그 정성스런 마음을 표현할 수 있을까. 가장 효과적인 방법은 '최고급 선물'을 건네는 것이다. 무한대의 금액과 가치로 매겨지는 최고급품이 아니라 한계를 지닌 최선의 선물을 말한다. 예를 들면, 2만 원짜리 구두보다는 2만 원짜리 스카프가 더 고급스러운 선물이 된다. 2만 원이라는 한정된 틀에서 보면 스카프는 분명 구두보다는 값진 선물이 될 것이다. 또 5천 원짜리 초콜릿 한 상자보다는 독특한 디자인의 5천 원짜리 머리핀이 훨씬 더 기억에 오래 남는다. 아울러 근사하지는 않더라도 정성껏 포장한 선물이라야 한다. 선물의 묘미는 바로 포장을 뜯어보는 일이기도 하다. 나를 위해 어떤 것을 준비했을까를 상상해보는 짧은 순간이야말로 영원히 잊혀지지 않는 설렘으로 남기 때문이다. 구약성서에서 "은밀히 안기는 선물은 화를 가라앉히고, 몰래 바치는 뇌물은 거센 분노를 누그러뜨린다."고 했다. 적당한 선물과 애교스런 뇌물은 삶을 좀더 풍요롭게 한다. "무엇을 소유했느냐"가 아니라 "무엇을 나누었느냐"로 구분되는 선물이라면 분명 기분 좋은 소중한 선물임에 틀림없다.

다시 말해서 뇌물의 수수는 자발적으로 비정당하게 특혜를 얻기(주기) 위하여 물품이나 금품 혹은 접대(향응)를 제공하는(받는) 일이며 그 폐해는 예상외로 큰데, 구체적으로 [그림 4. 1]과 같은 문제를 발생시킨다.

그림 4.1 뇌물수수의 폐해

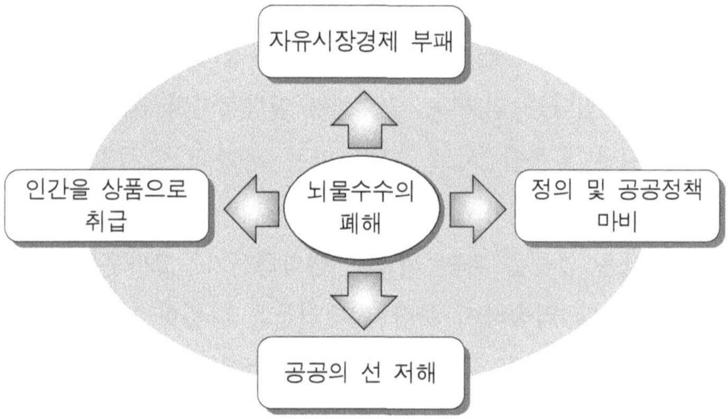

첫째, 자유시장경제를 부패시킨다. 즉, 수요자가 최선의 제품을 구입하려는 권리가 침해된다. 가장 좋은 제품 생산자에 대한 보상이 주어지지 않게 된다. 둘째, 정의 및 공공정책을 마비시킨다. 뇌물수수는 가진 자(강한 업체, 부유한 자)에 대한 특혜가 주어지면 소규모 업체들의 유지를 어렵게 한다. 셋째, 인간을 상품으로 취급하게 된다. 뇌물수수 참여자 모두가 각자의 의무와 권리의 준수를 동시에 위배한다. 서로 나쁜 품성을 선택하게 되는 것이다. 넷째, 공공의 선을 촉진하지 않는다. 뇌물수수가 허락되는 집단과 금지되는 집단간에는 분명히 차이가 존재한다. 즉, 손해 보는 사람이 증대하게 되므로 공공의 선의 촉진이 방해된다.

그렇다면 뇌물수수의 병폐는 어떻게 방지하여야 하는가? 뇌물수수의 방지는 경제윤리상의 절대적 비도덕성 때문에 반드시 이를 예방하는 정책이 수립되어야 한다. 특히, 선물과 뇌물 간의 개념적 모호성 때문에 이들의 적용범위를 분명히 해두어야 할 것이다. 많은 우수한 대소 기업들은 무엇을 받아도 좋은지에 대한 분명한 규칙을 가지고 있고 대단히 엄격한 정책을 가진 기업도 있다.

예를 들어, 어떤 기업은 종업원이 어떤 판매자로부터 아무 것도 받지 못하도록 금지하고 판매자 혹은 소비자와는 모든 사회적 상호행위에 관해서는 전적으로 기업이 부담하도록 한다. 그리고 규칙에 상충되는 행위는 해당 감독관의 허가를 받도록 하는데 이해충돌과 부정행위의 출현을 미연에 방지하고 있다.

공학인으로서 혹은 인간으로서 삶을 살아간다는 것은 여러 가지 어려움을 헤쳐 나가야 한다. 하지만 사람은 자신과 자신의 운명의 주인으로서 살아가는 것이다. 여러 가지 문제가 발생하면 항상 주인의식을 가지고 행동하는 것이 중요하다.

사례 4 **[새달 처리 앞둔 김영란법] 청백리 드문 시대, 민간인도 처벌하는 공룡 법 낳았다**

내연 관계 변호사에게서 벤츠 승용차 리스 비용과 명품 핸드백을 선물받고 동료 검사에게 사건을 청탁한 이른바 '벤츠 검사', 건설업자로부터 각종 향응과 금품을 수수한 '스폰서 검사' 등 2010년을 전후해 검찰청 주변에서 검사들의 금품·향응 비리가 쏟아졌다. 해당 검사들은 뇌물죄나 알선수재 혐의로 기소돼 법정에 섰지만, 대부분 무죄 선고를 받았다. 벤츠 검사의 경우 사건 청탁 전 벤츠를 선물받았기 때문에 사랑의 징표로 봐야 한다는 이유에서였다. 일부 스폰서 검사 역시 '직무연관성'을 입증하기가 쉽지 않다는 이유로 형법상 죄가 아니란 판정을 받았다.

이에 따라 김영란 위원장이 이끌던 국민권익위원회는 2012년 8월 부정청탁 금지 및 공직자의 이해충돌 방지법, 이른바 김영란법(원안)을 입법예고했다. '향응을 받은 것은 사실이지만, 청탁을 들어줄 위치에 있지 않기 때문에 무죄'가 되는 경우를 방지하기 위한 목적에서다.

김영란법 추진 일지

- **2012년 8월** 권익위, 김영란법 원안 입법예고
- **2013년 8월** 권익위, 정부안 국회 제출
- **2014년 4월** 국회 정무위, 법안소위 상정
- **2014년 7월** 정무위, 김영란법 공청회 개최
- **2015년 1월** 정무위 통과, 국회 법사위 상정 보류, 여야 원내 지도부, '2월 국회'에서 조속 처리 합의

김영란법(원안)은 직무 연관성이나 대가가 입증되지 않더라도 금품을 받은 행위에 대해 과태료나 벌금을 부과할 수 있도록 했다. 공직과 관련된 모든 기관 종사자와 그 가족까지 법 적용 대상이 됐다. 헌법기관(국회·법원·헌법재판소·선거관리위원회·감사원) 직원, 국가·지방 공무원 등 154만여명과 그 가족이 법 적용 대상이 됐다.

금품을 받고도 법망을 피해 나가는 공직자의 모습에 지쳐 있던 여론은 김영란법에 환호했다. 반면 법조계를 중심으로 '과잉 입법'이란 지적이 나왔다. 민법상 친족까지 의율하는 법은 헌법이 금지한 연좌제에 해당할 수 있고 사회 상규상 받아들여지는 모든 금품 거래에 제한을 두는 것은 과도하다는 지적에서였다. 수사권이 있는 검찰이 작심하고 털기식 수사를 하면, 걸려들지 않을 공직자가 없을 것이란 우려도 제기됐다.

이에 따라 권익위는 '후퇴' 논란을 감수하며 2013년 8월 직무 연관성의 정도에 따라 처벌의 경중을 달리하는 내용의 수정안을 제출했다. 소관 상임위인 국회 정무위원회는 지난해 4월 법안소위에 상정한 뒤 비슷한 지적과 함께 숙고했다.

그러나 여론의 향배에 민감한 거물급 정치인들은 정치적 위기 타개, 입지 강화 필요에 따라 김영란법을 옹호했다. 박근혜 대통령은 지난해 세월호 참사 이후 대두된 관피아(관료+마피아) 문제 해법으로 김영란법 조속 처리 담화를 발표했고 안철수 새정치민주연합 의원도 2015년 1월 12일 김영란법 본회의 처리를 촉구하며 대중을 향해 정치 보폭을 넓히고 있다는 확실한 신호를 보냈다.

정무위 소위 역시 여론의 압박을 의식, 김영란법의 과잉 논란 조항을 배제시키는 방향과 정반대의 논의를 진행했다. "공립학교 교사는 금품을 받으면 안 되고, 사립학교 교사는 받아도 되나"라거나 "공영방송(KBS·EBS) 기자만 향응을 금지하는 것은 불공평하다"며 적용 범위를 확대하자는 주장이 연거푸 수용됐다.

결국 사립학교 교원까지, 민간 언론사 기자까지 법 적용 대상에 포함되는 내용으로 수정된 김영란법이 정무위를 통과했다. 이에 따라 법 적용 대상은 175만여명과 그 가족으로 늘었다. 여야는 2015년 2월 국회에서 김영란법 우선 처리를 약속했지만 졸속 처리될 경우 법 제정 뒤 위헌 논란 등 후폭풍도 전망된다.

[출처 : 서울신문, 2015. 1. 15]

전문가로서의 엔지니어와 CEO와의 이해충돌 4

1) CEO와 엔지니어와의 관계

엔지니어는 여타 전문가(변호사 · 의사 · 성직자 등)와는 달리 CEO에 의해 고용된 위치를 갖는다. 이런 이유로 고용된 객체로서 그리고 전문가로서 겪는 이해충돌은 매우 중요한 문제로 등장한다. 미국전문엔지니어협회(NSPE)는 CEO와 전문가로서의 엔지니어에 대해 "엔지니어는 전문적인 일에 있어서 각각의 고용주나 의뢰인에 대해 충실한 대리인이나 수탁자로 행동해야 한다." 또한 "엔지니어는 그의 전문적 업무를 수행함에 있어서 공중의 안전 · 건강과 복지를 최우선으로 고려해야 한다."고 규정하고 있다. 우리나라의 정부기관이나 투자기관의 윤리강령에서도 "임직원은 직무를 수행함에 있어 조직의 이해와 상충되는 행위나 이해관계를 회피하도록 노력하여야 한다." 그리고 "개인 또는 부서 간의 이해가 상충될 경우에는 조직의 이익을 우선적으로 고려하여야 하며, 고객이 우리의 존립이유이자 목표라는 인식하에 항상 고객을 존중하고 고객의 입장에서 생각하며 고객을 모든 행동의 최우선 기준으로 삼는다."고 되어 있다.

여기서 문제의 발단(갈등)이 시작된다. 이 두 규칙은 서로 상충된다. "공중의 안전과 건강, 복지를 최우선으로 고려해야 한다."는 업무규칙(미국)과 "고객이 우리의 존립이유이자 목표라는 인식하에 항상 고객을 존중하고 고객의 입장에서 생각하며 고객을 모든 행동의 최우선 기준으로 삼는다."는 윤리강령(한국)과 "자신의 CEO나 의뢰인의 충실한 대리인이나 수탁자가 되어야 하며"(미국), "개인 또는 부서 간의 이해가 상충될 경우에는 조직의 이익을 우선적으로 고려하여야 한다."(한국)는 두 규칙에서 어느 것이 비중이 더 큰지를 결정하기란 쉽지 않다. 실제로 상황이 주어진다면 공중에 대한 의무와 CEO에 대한 의무 중 어느 것을 우선적으로 택해야 하는지는 종업원으로서 엔지니어의 경우에는 이해가 충돌될 수밖에 없다.

종업원으로서의 엔지니어와 그를 고용하고 있는 CEO 간에 발생하는 가장 심각한 이해충돌은 누구의 의사가 더 우선권을 갖는가 하는 문제이다. 물론 조직 내에서 CEO가 의사결정과정에서 우선권을 갖는 것은 당연하다. 여기에서 문제로 지적되는 것은 윤리적인 관점에서 언제 CEO가 의사결정과정에서 더 우선권을 갖고 언제 엔지니어가 더 우선권을 갖느냐 하는 것이다. CEO와 엔지니어 간에는 교육환경, 사회화, 직업적 관심, 작업습관 등의 차이 때문에 자연히 이해충돌이 발생할 수밖에 없는 것이다. 이 문제를 깊이 생각해 보자.

2) 무비판적 충성과 비판적 충성

우리는 조직에서 CEO가 엔지니어에게 조직에 대해 충성할 것을 요구하는 것을 종종 경험한다. CEO와 엔지니어의 의사결정권과 이에 따른 이해충돌의 문제를 이야기할 때 가장 일반적인 문제 중의 하나가 조직에 대한 충성이다. 우리는 일반적으로 엔지니어가 그들의 CEO에 대한 '충실한 대리인이나 수탁자'가 되기를 요구하고 있다. 즉, 충성하기를 요구하고 있다. 정부기관을 비롯한 대다수의 기업들의 홈페이지에 게재되어 있는 윤리강령(혹은 헌장)에도 이와 같은 내용이 규정되어 있다. 그러나 이 요구가 종종 오·남용되기 때문에 책임 있는 엔지니어가 되기 위해서는 충성(loyalty) 개념을 분명히 알고 있어야 한다. 특히, 엔지니어들은 무비판적 충성과 비판적 충성을 구분할 수 있어야 한다.

CEO에 대한 무비판적 충성은 CEO의 관심을 다른 고려사항보다 상위에 두는 것이다. 이것은 종종 CEO에게 의해 지지된다. 엔지니어에게 무비판적 충성을 강요하는 입장은 다음과 같은 근거를 제시한다. 무비판적 충성이 없으면 조직의 혼란이 발생한다. 그리고 엔지니어는 공공정책을 수립하는 전문가가 아니며 엔지니어 단체는 사회적 변화를 계획할 능력도 권리도 없다. 그들은 사적인 개인으로서 공공정책에 관한 논쟁에 참여할 수 있다.

이에 반해 CEO에 대한 엔지니어의 비판적 충성은 엔지니어의 인격윤리나 전문가 윤리의 범위 내에서 CEO의 관심에 관해 공평하게 대하는 것으로 정의할 수 있다. 비판적 충성의 개념은 엔지니어가 성실한 엔지니어가 되어야 하지만 기본적이고 전문가적 의무와 상충하지 않는 한도 내에서만 그렇다는 입장을 지칭한다. 이에 대한 지지논증은 주로 무비판적 충성에 대한 비판으로 대신할 수 있을 것이다. 우선 무비판적 충성은 개인의 자율성과 도덕적 충성을 심각하게 박탈한다. 전문가인 엔지니어는 독립적인 엔지니어로서 자율적으로 비도덕적이고 비합법적인 행동에 관여하지 않기를 원한다. 그리고 도덕적으로 문제가 있는 행동에 참여하기를 거부하며, 기꺼이 저항하고 또한 저항할 수 있는 윤리적인 의식이 있는 전문가들은 공중을 위한 자산이다.

3) 책임 있는 조직적 불복종

CEO에 대한 불복종은 최후의 수단이 아니다. 피할 수 없다면 엔지니어나 CEO 모두에게 발생하는 부정적 결과를 최소화하는 방식으로 불복종이 이루어져야 한다. 우리가 CEO와 엔지니어 간의 불일치에 관해 언급하면서 가장 많이 떠오르는 단어는 '고발'일 것이다. 이것은 엔지니어가 기업이 무언가 잘못을 한다고 믿을 때 공적으로 폭로하는 것을 의미한다.

그러나 사실 엔지니어가 기업의 내부적인 문제를 공적으로 폭로한다는 것은 자신의 전문성을 포기할 각오로 하지 않으면 안 될 정도로 매우 어려운 상황이다. 이론적으로는 기업이 잘못한 것에 대해, 특히 공중의 안전과 환경에 지대한 영향을 미칠 가능성이 있을 때 당연히 고발이라는 조치를 취해야 하지만 현실적으로 자신의 모든 것을 포기해야 하기 때문에 쉽게 고발할 수가 없다. 만일 그 기업이 해당 공학 분야 혹은 과학 분야에서 탁월한 결과의 도출이 예상되는 경우 기업에서의 자신의 성장에 큰 영향을 줄 수 있기 때문에 쉽게 고발할 엄두를 내지 못하는 것이다.

공학이나 과학 분야에서 고발이 이처럼 어려운 이유는 일반 사회집단과 마찬가지로 조직 내의 권위나 위계가 존재하고 사회적 이해관계에도 얽혀 있기 때문이다. 현대는 부익부 빈익빈 현상이 심화되고 계층화가 더욱 고착되고 있다. 특히, 유능하고 젊은 엔지니어의 경우 더 많은 연구실적을 필요로 하기 때문에 명망 있고 우수한 엔지니어가 많은 기업에 집중될 수밖에 없는데, 이에 소속될수록 사람들 눈에 띄기 쉽고 그로 인해 더욱 빈번하게 인용되면서 명성이 상승하므로 기업 내부에 눈에 띄는 문제점이 있다 할지라도 그 문제점을 고발할 엄두가 나지 않는 것이다.

따라서 이 고발은 전문가들에게는 가장 일반적인 방법이 아니다. 조직적 불복종은 고발과 유사성은 있지만 전문가들에게는 고발이 보편적인 것이 아니기 때문에 불복종을 조직의 정책에 따르기를 거부하거나 저항하는 것으로 정의할 수 있다. 엔지니어에 의한 조직적 불복종은 대개 다음과 같은 3가지의 유형으로 구분된다.

첫째, 반대행동에 의한 불복종이다. CEO는 엔지니어가 조직에 누를 끼치는 특수한 행동을 하는 경우나 자신의 기업에 오염물질 제거장치를 설비하고 압력을 넣는 환경단체에 참여하여 조직의 이익에 반하는 행동을 하는 경우 엔지니어에 대해 거부할 수 있다. 엔지니어 역시 CEO에 대해 반대할 수 있다. 그 중 하나가 반대행동을 통한 불복종이다. 이것은 조직에 대한 전형적인 불복종은 아니다. 반대행동에 의한 불복종은 엔지니어가 작업현장을 벗어나서, 특히 조직의 이해와 반대되는 정치적 활동에 참여하는 경우는 조직에 직접적인 해를 미칠 수도 있다. 그리고 조직이 엔지니어가 깊이 관여하고 있는 개인적인 정치적 활동을 제한하는 것은 개인의 자유에 대한 침해이다. 이 반대행동에 의한 불복종에 대해서는 법적인 책임을 묻지 않는다. 이것은 개인의 자유에 대한 침해이기 때문이다.

둘째, 비참여에 의한 불복종이다. 예를 들어, 특정 기업의 엔지니어이면서 평화주의자인 '갑'은 수중감지시스템을 개발했다. '갑'의 기업은 '갑'과 계약을 했고 기업은 '갑'으로부터 그 프로젝트를 그만둔다는 '갑'의 통보를 받았다. 즉, 평화주의자인 '갑'은 수중감지시스템의 군사적 적용이 공중의 안전에 위협을 주는 것이라 판단하고 그 프로젝트에 참여하지 않음으로써 CEO의 의사결정에 불복종하는 행동을 보였다. 기업의 제품개발목적이 폭력에 사용되는 것이기 때문에 군사적인 이용을 위해 제품의 디자인을 거부하는 개인의 도덕성에 그들의 근거를 두어야 한다.

셋째, 이의제기에 의한 불복종이다. 어떤 경우 엔지니어들은 CEO의 의사결정이 자신의 견해에 비추어 잘못 되었다고 생각하고 불참한다. 따라서 이 경우에는 공식적인 이의제기(혹은 고발)가 필요하게 된다. 이의제기는 조직의 내 · 외부에서 나올 수 있다.

5 전문가적 엔지니어의 사회적 책임

PREVIEW

엔지니어의 딜레마 : 조직봉사자와 전문가로서의 엔지니어

오늘날 공학의 산물들은 이전 시대보다 더 공개적으로 드러나 있다. 사실상 매스 미디어들은 공학의 주요 실책들을 더욱더 공적인 조사를 받도록 보장해 준다. 그리고 어느 때보다 엔지니어들이 더 많이 존재함에도 불구하고 오늘날 엔지니어들은 이전 시대의 사람들보다 대중들에게 덜 가시적이다. 기술적 진보는 당연한 것으로 인정되고 기술적 실패는 기업의 탓으로 돌려진다. 대중의 시선은 회사에서 창조적으로 일하는 엔지니어들과는 멀리 떨어져 있는 기업의 대표자나 최고경영자에게로 향한다. 엔지니어들의 이러한 비가시성(非可視性)은 그들로 하여금 대중과의 교감이나 대중에 대한 책임감각을 희미하게 만든다. 따라서 엔지니어들이란 대중의 보호자라기보다는 어떤 조직체의 봉사자라는 것이 그들에 대한 지배적 이미지가 되고 있으며, 심지어 대다수의 엔지니어들 자신도 이런 생각에 물들어 있다. 그러나 대중에 대한 책임감은 전문인이기 위해 본질적인 것이다.

이처럼 엔지니어라는 직업은 전문직업인으로서 대중의 수호자라는 임무도 있지만 현대의 엔지니어링의 특성상 거대화되고 조직화되어 있기 때문에 엔지니어는 조직의 봉사자로서 조직의 지휘에 복종해야 하는 경우가 대부분이다. 엔지니어의 95% 이상이 자영이 아니라 여러 형태와 크기를 지닌 대학이나 연구소·기업 또는 조직에 고용되어 있다는 사실은 이를 잘 반영해 준다. 이들 엔지니어는 대부분의 경우 상사의 지시를 받는다. 문제는 상사의 지시가 엔지니어가 보기에 공공의 안전과 복지에 해를 주는 비윤리적인 것일 때 발생한다. 이러한 상황에서 정상적인 대화로 문제가 해결되지 못할 때 엔지니어는 어려운 상황에 빠진다. 원칙에 충실할 것인가 아니면 자신이 속한 조직의 지시에 따를 것인가라는 선택의 문제에 직면한다. 엔지니어의 기술적 원칙은 전문영역에 속하기 때문에 상사가 이해하기 힘든 경우도 많고, 기술사회에서 이러한 기술의 문제는 직접적으로 그리고 당장은 아니지만, 차후에 크나큰 문제를 야기할 수 있는 경우가 많기 때문에 엔지니어의 딜레마는 어느 경우보다 더 심각하다.

이러한 문제를 적절히 해결하기 위해 의료·법 등의 거의 모든 전문직에는 윤리적 주제를 다루고 적절한 윤리적 판단을 수행할 수 있는 교육 또는 훈련 프로그램이 있다. 그러나 공학에서는 그러한 윤리적 주제에 관한 교육과 연구를 매우 등한시 해왔다. 그 이유는 엔지니어는 자신이 생산한 기술은 가치중립적이고 자신은 기술만 생산하고 운용할 뿐이며 가치와 관련된 판단은 공학자나 기술자·과학자의 영역에서 이루어진다고 생각하는 경향 때문이다. 상사의 지시에 따라서 기술적 문제만 해결하는 것이 엔지니어인데 그 이상은 다른 영역에 종사하는 사람이 하는 것이라고 생각하는 사람들이 대부분이다.

게다가 엔지니어들은 그러한 문제에 대한 훈련이 되어 있지 않아 기술적-윤리적 판단의 영역에서는 개입하기를 꺼리고 판단을 회피해버리는 까닭에 사회에서도 그들의 판단능력을 무시하는 경향마저 보인다. 그리하여 기술이 관련된 중요한 문제들을 전혀 알지 못하는 정치가나 경제인·사업가들의 힘에 의해 그릇 판단된다. 그럼에도 불구하고 엔지니어는 윤리적으로 책임을 지게 되고 사회는 그 책임을 지지 못하는 엔지니어를 더욱 무시하는 현상이 생긴다. 특히, 피고용인으로서의 엔지니어는 더욱이 전문지식을 가졌음에도 불구하고 그 지식은 철저히 도구적 지식으로 평가되고 사회에서 엔지니어의 역할은 엄청나게 큼에도 불구하고 중요한 의사결정에 소외되어 자신의 책임을 다하지 못한다. 이것이 엔지니어와 공학자가 처한 딜레마이다.

다음은 엔지니어가 겪는 딜레마의 사례들이다.

- 한 검사관이 건설장비의 부실을 발견하고 위반이라는 딱지를 붙여 더 이상 사용하지 못하게 했다. 검사관의 상사인 건설 매니저는 그 경우를 안전규칙들을 사소하게 위반한 것으로 보았고 프로젝트가 지연되지 않도록 위반딱지를 떼라고 명령했다. 검사관이 거절했는데, 징계조치를 받을 상황에 처해 있다.
- 어느 전기회사가 원자력발전소를 운용하기 위한 허가를 신청했다. 허가당국은 원자로가 잘못 작동할 경우 사람의 안전을 위한 위기대책이 마련되어 있는지 알고자 했다. 그 회사 엔지니어들은 경보체계를 설치했으며 치료를 위해 지방병원과 연계되어 있다고 설명했다. 그들은 이러한 대책은 발전소 근무자에게만 해당된다고 하면서도 인근 주민을 위한 계획은 언급하지 않았다. 이에 대해 묻자 그들은 "그것은 우리 소관이 아니고 누가 그것을 책임져야 하는지 우리도 모른다."고 말했다.
- 어떤 화학회사가 공장에서 배출되는 폐기물을 땅 속에 버렸다. 그 공장 엔지니어들은 유독물질이 지하수로 들어간다는 것을 알았으나 경쟁업체들 역시 비용이 적게 드는 그 방식을 행하고 있고 또한 그런 행위를 금지

하는 정확한 법률도 없기 때문에 처리방법을 바꾸지 않았다. 공장 감독관은 엔지니어들에게 그런 문제를 문제로서 확인하는 것은 지방정부의 책임이라고 말했다.

엔지니어는 기업 내부·구매자·다른 경쟁기업, 또는 정부로부터 자신의 견해와 모순되는 견해에 직면할 수도 있다. 앞의 세 가지 경우와 관련된 여러 가지 도덕적 질문을 할 수 있다. 직장상사나 고용주는 어느 정도까지 엔지니어의 행위를 권위적으로 간섭할 수 있을까? 이 경우는 장비 부실이 제공하는 위험과 그럼에도 이를 계속해서 사용하여 공정단축이라는 회사이익과의 관계에서 위험을 감수하고 공정단축을 택했다. 이때 그 위험은 회사가 진다.

판단의 차이가 있을 때 엔지니어는 어떻게 해야 하는가? 엔지니어는 법조문을 문자적으로 따라야 하는가? 문제가 심각해지는데도 엔지니어는 문자적 규정 이상의 것을 해서는 안 되는가? 엔지니어는 그가 참여하는 프로젝트가 사회에 미치는 영향에 대해 어느 정도까지 예측할 수 있어야 하고, 그 영향에 대해 책임을 져야 하는가?

규정을 무시하라고 들은 검사관의 사례와 유사한 예들은 흔하다. 공장에서 견본제품이나 완성된 제품의 시험에서 법으로 금지되어 있지 않은 위험한 상황에 대한 엔지니어의 대응 등이 그런 예에 속할 것이다. 원자력발전소 사례는 제품의 마지막 사용에서 발생 가능한 실패들이 설계자에 의해 간과될 수 있다는 여러 방법을 보여주는 것이다. 관련된 여러 사람에게 영향을 미치는 일에 대한 계획단계에서 상호 조정이 안 되었을 경우는 엄청난 비극을 초래한다. 우리의 관심을 제품의 아주 좁은 명세에만 국한시키면 계약자를 만족시키는 상품을 생산해낼 수는 있지만, 장기적으로 고객이나 공공의 필요에 부합하지 못한다. 나머지 경우도 마찬가지로 여러 가지 방식으로 문제들이 발생한다.

이처럼 엔지니어링에서 발생되는 윤리적 문제에 대한 해결책은 복잡하며 불명확하다. 이들 도덕적 문제에는 다음 3가지 종류의 복잡성과 애매함이 연결되어 있으며 피할 수 없는 것이다.

첫째, 문제의 애매성이다. 어떤 도덕적 고려나 원리가 그러한 상황에 적용되어야 하는지에 대해 관련된 개인들에게 분명하지 않다.

둘째, 종종 서로 상충하는 이유들이 도덕적 문제에 존재한다. 어떤 경우에 어떤 도덕적 원칙을 적용해야 하는지가 명확하다. 그런데 적용되어야 할 원칙들이 여러 가지가 있고 그것들이 서로 상충되는 경우가 있다. 이때 도덕적 딜레마가 발생한다. 이 딜레마는 표면적으로는 분명하지 않을 경우도 있고 그것을 해결하는 데에는 연구와 고민·반성들이 필요하고 이러한 경우는 오늘날의 엔지니어들이 많이 직면한다. 나아가서 전문직종을 가진 사람들 역시 당면하는 문제이다.

셋째, 서로 동의하지 않는 경우이다. 합리적이고, 책임을 지는 개인이나 그룹들이 특정한 상황에서 어떻게 도덕적 이유들을 해석하고, 적용하고, 균형을 갖추도록 할 것인가에 관해 서로 동의하지 않을 수 있다. 이렇게 합의하지 않는 것이 단순하지 않고 구조화된 권위체계 아래에서 개인들이 함께 일해야 하는 엔지니어링 회사 내부에서 더욱 복잡해지게 된다.

엔지니어가 당면하는 딜레마는 엔지니어들에게 도덕적 판단을 책임 있게 하기에는 주저하도록 만들지만 앞에서 제시한 사례들은 윤리적으로는 비교적 분명하다. 다만 경영자의 유익과 관련된 원칙이 엔지니어가 피고용인이기 때문에 엔지니어의 전문가로서의 윤리적 권위를 인정하지 않으려 한다. 공학과정에서 윤리는 엔지니어가 지켜야 할 수칙이 아니라, 기업주나 경영인이 엔지니어가 전문가라는 사실과 엔지니어의 양심의 권위를 인정해 주어야 한다.

이를 위해서 사회가 전문가인 엔지니어가 대중의 안전을 수호하는 윤리적 양심과 태도에 권한을 부여하고, 그들의 윤리적 태도를 최대한 발휘할 수 있는 보호장치를 만들어야 한다. 이때 공학윤리는 엔지니어의 자율적 권위를 어디까지 줄 것인가 안전의 수칙을 논의해야 한다. 뿐만 아니라 이러한 논의의 결과로서 얻어지는 공학윤리의 결과들을 기업과 사회가 수용할 수 있는 장치를 만들고 이를 실천할 수 있는 사회적 방안을 강구할 때, 공학윤리는 재난의 예방윤리로서 그 역할을 할 수 있다.

[출처 : http://www.saehanphilosophy.or.kr/kongyoun.hwp]

Summary

책임(responsibility)이란 한 사람을 도덕적 요건(의무)의 수행 견지에서 특징짓는 윤리학의 한 범주이며 도덕적 개념이다. 책임은 개인 그리고 사회 집단이 그들 자신의 도덕적 개선과 사회적 관계의 향상에 얼마만큼 관여하고 있는가의 정도를 나타내준다.

개인의 의무가 도덕적 요건을 인식하고, 그것을 구체적 상황에 적용하며 실천에 옮기는 것인 데 반해, 그러한 요건에 부응하는 정도나 그에 대해서 태만한 정도는 책임에 관련된 문제이다. 즉, 책임은 개인이 지닌 의무와 행동 간의 일치를 문제 삼는 것으로서 그 일치에 대한 평가는 개인의 능력 관점에서 고려된다.

과학연구환경의 급격한 변화(경쟁심화, 상업주의 확산, 계층화 심화 등)는 기초과학 분야의 침체를 가져왔고 이는 학문의 근간을 흔들어 놓고 있다. 즉, 사회 전체가 무한경쟁의 시장경제 원리에 따라 유지될 때 흔히 발생하는 일이며 현재 우리나라에서도 동일한 원리가 작용하고 있다.

이러한 연구환경의 변화는 필연적으로 전통윤리규범의 변질을 가져오게 되는데 공유주의(데이터와 연구결과를 서로 공개하고 공유) 상실, 보편주의(누구나 자유로이 과학연구에 종사할 수 있으며 정치·사회적 요인이 아닌 과학적 성취만으로 평가) 상실, 무사무욕(과학자는 오직 진리추구에만 관심을 두며 개인적 또는 정치적 이해관계를 추구하지 않음) 상실, 조직화된 회의주의(높은 기준의 엄밀성과 증명을 추구하며 명확한 증거 없이는 어떤 믿음도 받아들이지 않음) 상실 등을 가져오게 되었다.

엔지니어는 체계적 교육을 통해 고도의 이론학습과 기술훈련으로 자격을 취득하고 사회의 안전이나 복지를 위해 업무를 수행하는 전문직이다. 왜 엔지니어는 이처럼 복잡한 과정을 거쳐야 하는가? 그것은 현재의 모든 공학적 결정에는 반드시 전문가적 견해가 뒷받침되어야 하며, 또한 그 의사결정은 수많은 사람들에게 영향을 미치며, 그와 같은 의사결정에는 반드시 책임이 뒤따르기 때문이다.

엔지니어의 사회적 책임은 막중하다. 엔지니어들의 의사결정은 수많은 인명을 앗아가고 수백~수천 억 원의 막대한 사회비용이 추가로 지출되고 국가 신인도에 악영향을 미칠 수 있음을 기억해야 한다. 전문직에 종사하는 사람들도 인간이고 어떤 직업에서 어떤 지위에 종사하든 대부분의 인간은 이기적 욕망을 완전히 떨쳐버릴 수는 없으므로 전무직에게 요구되는 윤리적 지침이 절대적으로 필요한 것이다. 이는 전문직의 의사결정의 영향력에 따른 사회적 책임이 생각보다 크기 때문이다.

엔지니어의 사회적 책임, 공학과 생활양식의 변화 Key Words

책임의 개념 1

책임(responsibility)이란 한 사람을 도덕적 요건(의무)의 수행 견지에서 특징짓는 윤리학의 한 범주이며 도덕적 개념이다. 책임은 개인 그리고 사회집단이 그들 자신의 도덕적 개선과 사회적 관계의 향상에 얼마만큼 관여하고 있는가의 정도를 나타내준다. 개인의 의무가 도덕적 요건을 인식하고 그것을 구체적 상황에 적용하며 실천에 옮기는 것인 데 반해, 그러한 요건에 부응하는 정도나 그에 대해서 태만한 정도는 책임에 관련된 문제이다.

즉, 책임은 개인이 지닌 의무와 행동 간의 일치를 문제 삼는 것으로서 그 일치에 대한 평가는 개인의 능력 관점에서 고려된다. 따라서 책임의 문제는 자신에게 부과된 도덕적 요건을 충족시킬 수 있는가의 여부, 그 요건들을 올바르게 인식하고 해석하는 정도, 개인의 행위 수행능력 정도, 요구된 결과 및 외적 상황에 의해 영향 받은 자기 행동의 그 귀결에 대해서 합당한 해명이 가능한 정도, 그가 그러한 결과를 예측할 수 있었는가의 여부들로 귀결된다.

철학자들은 이러한 문제들을 그 개인이 그 사회에서 차지하고 있는 위치를 고려해서 다루어 왔다. 원시 부족사회에서 인간은 전적으로 '운명'에 의해 지배되었고 동시에 그로서는 도저히 예측할 수 없었던 행동의 모든 결과들에 대해 비난받았다. 현대사회에서는 개인의 지위가 똑같이 모순되기 때문에 많은 철학가들은 인간은 외적 상황의 영향과 상관없이 자신의 행동결과에 대해 모든 책임을 진다고 주장하거나(실존주의), 자신의 의무를 올바로 인식하지 못하고 소기의 결과를 얻지 못한 데 대해서 어떠한 책임도 부여할 수 없다고 주장하기도 한다(의무론적 직관론). 마르크스주의 윤리학은 책임의 문제를 구체적 · 역사적 관점에서 해결한다. 사람은 현재의 사회적 관계 및 환경이 제공하는 기회 내에서 자신의 삶이 지닌 사회적 의미에 대해서 책임을 진다.

도덕선택 및 사회 신분관계에서의 실제적인 자기 위상에 대한 태도에 있어서 그 책임문제는 단지 도덕적 요건 자체에 의해서만 제한된다. 즉, 노예는 그가 노예가 된 것에 대해서는 책임이 없다는 것이나 노예로서 자신의 위치에 대한 그의 태도에 대해서는 책임이 있다. 모든 사람들의 책임 정도는 객관적으로 주어지는 기회 및 구체적인 역사상황이 요구하는 사회적 행동의 수준에 달려 있는 것이다. 그 책임 정도는 일반 사람들의 활동 및 의식의 발달, 즉 생활 전 영역에 있어서 갖는 사람들의 주도성 및 창의성 발달 정도와 더불어 증대되고 있다. 책임은 권리와 책무의 유기적 통일이란 견지에서 다루어져야 하며 사회 내 인간관계 체계 내에서 개인 및 집단이 차지하고 있는 위치에 합당한 고려가 수반되어야 한다. 개인의 책임은 그 개인의 사회적 권능 및 실제 능력 정도에 비례해야 한다. 책임의 문제는 결국 도덕적 자유의 문제이다. 이것은 여타 사람들의 자유에 의존하는 것이며 모든 개인의 전면적인 발달이 주어질 때만이 구현된다(http://www.kyungsung. ac.kr/~jhpark/diction/ch-2.htm).

2 과학기술 발전에 따른 공학과 생활양식의 변화

과학연구환경의 급격한 변화(경쟁심화·상업주의 확산 · 계층화 심화 등)는 기초과학 분야의 침체를 가져왔고 이는 학문의 근간을 흔들어 놓고 있다. 즉, 사회 전체가 무한경쟁의 시장경제원리에 따라 유지될 때 흔히 발생하는 일이며 현재 우리나라에서도 동일한 원리가 작용하고 있다. 이러한 연구환경의 변화는 필연적으로 전통윤리규범의 변질을 가져오게

▌그림 5.1▌ 연구환경의 변화에 따른 전통윤리규범의 변질

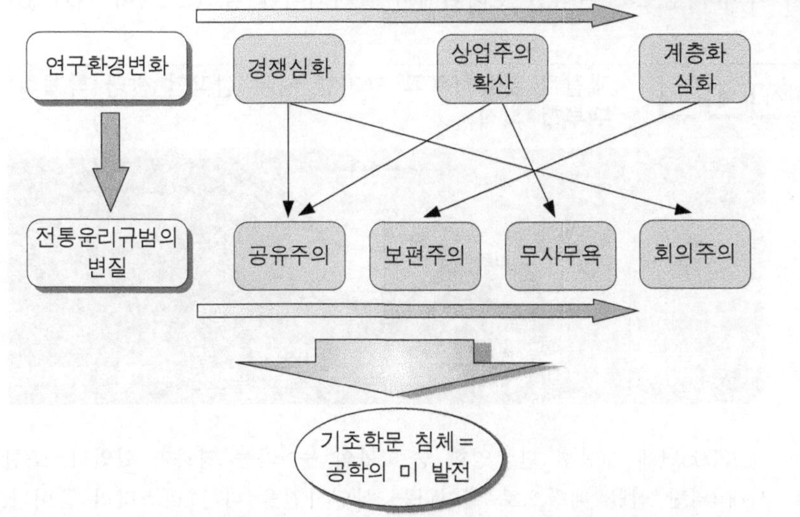

출처 : 임영모·고유상(2006), 과학 분야의 연구윤리, 삼성경제연구소, p. 15를 수정

되었는데 공유주의(데이터와 연구결과를 서로 공개하고 공유) 상실, 보편주의(누구나 자유로이 과학연구에 종사할 수 있으며 정치·사회적 요인이 아닌 과학적 성취만으로 평가) 상실, 무사무욕(과학자는 오직 진리추구에만 관심을 두며, 개인적 또는 정치적 이해관계를 추구하는 않음) 상실, 조직화된 회의주의(높은 기준의 엄밀성과 증명을 추구하며 명확한 증거 없이는 어떤 믿음도 받아들이지 않음) 상실 등을 가져오게 되었다.

위와 같은 일련의 변화들은 기초과학 분야의 침체를 야기하는 원인으로 지적되고 있다. 그럼에도 불구하고 기초학문의 정립 없이는 결코 공학이 발달할 수 없으며 사회가 유지될 수도 없다. 이것은 과학과 공학의 관계 때문이다. 공학은 과학의 성과를 기반으로 자연 또는 사회를 인위적으로 조작하는 기술에 관한 학문이다. 즉, 공학은 기초과학의 성과를 실생활에 활용할 수 있도록 응용하는 기술을 개발하는 학문이므로 기초과학의 안정적 발전 없이는 공학의 발전도 기대할 수 없다. 또한 공학의 발전에는 늘 새로운 사회적 쟁점이나 문제점들이 수반되므로 인문과학의 안정적 발전 없이는 문제해결을 기대하기가 어렵다. 따라서 학문은 서로 상이한 것이 아니라 상호 보완적인 토대위에서 발전되어야 할 필요성이 여기 있다.

사례 1 개인의 일탈이라고 하기엔 너무 심각한 한국 학계의 연구부정 의식

2005년에 개봉한 한국영화 중 <혈의 누>라는 영화가 있었다. 조선시대 외딴 섬을 배경으로 일어나는 살인사건을 다룬 미스터리 물이다. 황우석 사태가 일어난 그 해에 개봉한 영화로 살인범에 대한 반전과 함께, 섬 사람들의 집단 행동이 황우석 사태와 그것과 비슷하여 많은 것을 말해주었다. 2014년 한국의 학계엔 어김없이(?) 크고 작은 연구부정사건들이 발생하였다. 대표적인 국외 사례로는 일본 이화학연구소(RIKEN)에서 발생한 'STAP 세포' 논문조작 사건이 있었다. 오보카타 하루코(小保方 晴子)씨는 네이처에 두 편의 논문을 개제하며 일약 스타가 되었고, 논문이 조작된 것이 밝혀지면서 단번에 몰락했다. 줄기세포라는 아이템 때문이었을까? 또 추락이 닮아서 그랬을까? 여러모로 2005년 한국에서 일어난 '황우석 스캔들' 연상시켰다. 한편, 국내에서도 굵직한 사건이 줄을 이었다. 그 중 단연 최고의 연구부정사건은 국내 유일의 국립 체육대학교인 한국체육대학교에서 벌어졌다. 큰 사회적 이슈가 되진 못했지만, 그 규모와 부정행위방식의 진부함은 뒤지지 않았다.

<한국 학계의 연구부정의식, 개인의 일탈이라고 말하기엔 너무나 거대하다>

2015년은 '황우석 스캔들'이 일어난 지 만 10년 되는 해다. 시간이 다소 지났기 때문인지, 법원의 판결이 완결되면서, 그간 들추어 내기 꺼려왔던 사건에 대한 정리가 학계를 중심으로 시작되고 있다. 2014년 10월, 서울대학교 관악캠퍼스에서 열린 <국제연구윤리심포지엄>에서

는 연구윤리의 측면에서 황우석 사태를 정면으로 다루었고, 2014년 12월 연건캠퍼스에서 열린 <한국생명윤리학회>에서도 미흡하지만 생명윤리의 측면에서 복기가 시도되었다. "한국의 학계는 변했는가?"라는 공통적인 질문에 안타깝게도 국내외 학자들의 대답은 "아니다"였다.

'학자 또는 연구자'가 일반 사회 구성원과 구별되는 점이 있다면, 그것은 '진실'에 대한 입장이다. '진리탐구'가 주업인 '학자'는 연구에서 얻은 '사실'과 '추론'의 서술과 발표에 있어 '진실성(Integrity)'을 유지해야 한다. 이 'Integrity'라는 단어는 한글로 해석하기 어려운 의미를 지니고 있다. 좁은 의미에서는 '진실성'이라고 말할 수 있지만 그것으론 부족하다. 어떻게 보면 '학자 그 사람 자체'라고 할 수 있다. 다시 말하면, 그 사람을 믿을 수 있어야 한다. 그러므로 학자의 마음과 행위에 문제가 생기면 연구부정행위로 이어지고, 그 행위는 '진실성'을 소중히 여기는 학자 사회에서의 마땅히 퇴출을 의미해야 한다. 그러나 한국의 학계는 그렇지 못했고, '황우석 스캔들'이라는 큰 사건을 겪었지만, 지금도 변한 것이 없다는 사실은 우리를 당황스럽게 만든다. 몇 가지 최근 통계자료는 이를 분명하게 확인시켜주고 있다. '서울대 저널' 조사에 따르면, 서울대학교 이공계 학부생의 63%가 실험데이터를 조작한 경험이 있고, 다른 학생이 데이터를 조작한 것을 봤거나 조작했다는 이야기를 들었다는 응답도 84%에 달했다. 교수는 어떨까? 한국연구재단 자료에 따르면, 교수 45.1%가 연구부정행위를 경험하거나 목격했다고 답했다.

'STAP세포' 논문조작 사건이 일어났을 때 서울대학교 모 교수는 이렇게 논평했다. "개인의 연구윤리 부정 문제이다. 성실히 연구하는 다수의 과학자들까지 거짓말쟁이처럼 비쳐지는 것 같아 안타깝다." 온전히 틀린 얘기는 아니었다.

하지만 한국의 학계의 모습은 그렇지 않다는 것을 말해주는 통계 조사결과는 더 있다. 연구의 결과물인 논문의 부정행위 조사결과에서 수치로 확인한 조사결과를 보자. 한국연구재단 <2007-2012년 적발된 연구 부정행위 조사>와 <국내연구윤리 활동 실태 조사연구, 2013>에 따르면, 국내 대학 논문 부정 행위 43%가 표절로 확인되었고, 사회과학•공학•인문학•예술•체육학 등의 순서로 연구부정행위의 발생빈도가 높았다. 그렇다. 한국의 학계는 일반사회의 수준과 별반 틀리지 않는, 만연된 인식의 저급함과 거대함에 기반을 두고 있다는 것을 알 수 있다.

문제는 이런 부정의 거대함이 '연구진실성'을 위반하면 학계에서 퇴출된다는 기본 논리를 약화시켰고 처벌에 대한 강한 한계로 이어져 학계의 자정능력을 심각하게 훼손하고 있다는 데 있다. 한국체육대학교에서 발생한 연구부정을 들여다보면 이런 사실은 더욱 명확해 진다. 한국체대 교수 95명이 1993년부터 각종 학회지에 게재한 논문 251편 가운데 절반 가까운 120편이 제자들의 학위논문을 공저자나 인용없이 재활용하였다. 또 어떤 교수는 장기간 학생들을 상대로 생체조직검사 등 실험을 하였으며, 심지어 신경손상 등 부작용을 호소하는 학생도 발생하였다. 이후 감사원과 국회 국정감사도 이루어졌지만, 그 거대한 때문이었는지 유야무야 얼버무려 버렸다. 국정감사장에서 해당 교수는 반성하느냐는 국회의원의 질문에 "지금도 잘못됐다고 생각하진 않는다"고 답하며 그 이유는 당시 관련법을 몰랐기 때문이라고 말했다.

<깨끗한 교실에는 담배꽁초를 함부로 버리긴 어렵다>

'학계의 광장'을 깨끗하게 유지하는 몇 가지 중요한 요소들이 있다. 즉 연구자 개인의 도덕성, 소속 기관의 분위기, 연구윤리 교육의 노력, 논문 피어 리뷰 등 조작 적발 시스템, 다양한 부정행위 감시자들, 책임 있는 기관들의 처벌의지 등이 그것이다. 올 한해도 이런 중요한 요소들 각각에 대한 지속적인 발전은 있었다. 연구재단, 미래부, 복지부 등 해당 부처들은 연구윤리의 교육에 많은 노력했다. 또 <네이처>와 <사이언스> 같은 과학지는 오보카타 사건을 계기로 상호 논문리뷰 시스템 공조도 맺었다. 논문 표절을 찾아내는 프로그램도 더욱 발전되었고, 논문조작을 찾아내는 연구자들의 자율활동 커뮤니티 등도 활기가 있었다.

하지만 앞서 확인한 바와 같이, 한국 학계는 기본적인 곳에 더 관심을 두어야 한다. 개인의 일탈이나 일부의 문제로 치부하는 문제인식의 전환부터 시작해야 한다. 나이가 많고 힘있는 교수님들 중에는 과거 관행으로 해도 되던 일이 지금의 잣대로 문제가 되니 당황스럽다고 느끼는 분이 많고 그 저항도 강하다. 하지만 자라나는 후배들과 학생들의 미래를 생각한다면 저항보다는 협조가 용기 있는 선택을 해주실 것을 바란다. 그리고 젊은 학자들은 시대의 분위기에 편승하여 부정을 따르지 말고, 배운바 데로 깨끗한 학계를 만드는데 동참해야 할 것이다. 학자로서의 정체적을 돌이켜 보며, 각자 맡은 자리에서 할 수 있는 일을 하는 '용기'가 필요할 때이다. 과거의 행동에 반성하지 않고 현재의 부정에 침묵한다면, 영화 <혈의 누>에서 보인 섬사람들의 암묵적 동조와 다를 바 없을 것이다.

[출처 : The Huffington post. 2015. 1. 14]

기초학문의 동기는 지적 호기심이며 자연과 사회 그리고 인간의 행태 등에 대한 과학적 탐색은 사실에 대한 실험적 탐구를 통해 일정한 법칙을 발견하고 이를 토대로 이론을 구성하는 것으로 종료된다. 따라서 그 연구 결과의 실용성이 그다지 문제가 되지 않는다. 그러나 공학은 과학적 성과를 토대로 인간의 욕망을 충족시킬 수 있는 결과물을 인공적으로 산출하는 기술을 개발하는 것이 목적이며, 기초과학의 연구를 토대로 효용가치를 현실적으로 창출하는 기능을 갖는다. 따라서 자연이나 사회를 인위적으로 조작하여 새로운 결과물을 산출하는 공학의 궁극적인 목적을 인류복지에 기여하는 것이라고 할 수 있다.

공학의 발전은 사회구조와 생활양식도 함께 변화시켰다. 불과 몇 년 전만 해도 걸어다니면서 통화를 한다는 것은 생각지도 못했지만 모바일폰의 발전과 진화를 통해 언제 어디서나 통화가 가능하고 방송까지도 시청할 수 있는 기술을 제공하였다. 또한 공학의 발전은 유통망을 단축시켜 원하는 제품을 선택하기만 하면 1~2일 이내에 배달되는 최적의 배송시스템을 가능하게 해주었고, IT의 눈부신 발전은 인터넷을 등장시켜 지구촌을 하나의 거대한 마을로 형성하는 데 큰 역할을 담당하였다.

가정에서 사용하는 가전제품은 가히 공학의 선물이라고 해도 지나치지 않을 정도로 혁명적인 가전 시스템의 진화를 가져왔으며 기업에서도 종이로 주고받는 결재시스템을 전자결재나 화상시스템을 이용하여 신속히 처리함으로써 업무의 효율성을 제고시켜 주고 있다. 또한 공학의 발전은 엔터테인먼트에도 영향을 미쳐 영화를 비롯한 게임·방송영상 등에 획기적인 제작시스템을 선물하게 되었다.

공학의 발전에 따른 변화 사례들은 수없이 많다. 특히, IT공학의 발전은 시간과 공간 및 그 비용을 현저히 절감시키는 결과를 가져왔으며 생활양식의 변화에도 영향을 끼쳤다. 그리고 사람들에게는 남는 시간을 활용해야 하는 과제를 남겨주었다. 주 5일 근무제의 도입으로 여가시간이 증가하였고 이 여가시간의 활용을 돕기 위해 정부를 비롯한 많은 지방자치단체 등에서 체험형 엔터테인먼트 수단을 공학의 힘과 인문과학의 힘을 빌려 건설하기 시작하였다. 이와 같은 공학의 진보를 변화된 생활양식에 맞춰 어떻게 살아가야 하는 것인가? 결코 쉽지 않은 이 주제를 공학만으로 해결이 가능할까? 이러한 물음에 대한 대안으로서 인문과학과의 융합이 절실히 필요하다는 것을 인지하게 된다. 학문은 상호 보완적이라 앞서 말하였다. 학문뿐만 아니라 실생활에 적용되는 모든 내용들은 공학이나 인문과학 혼자 해결할 수 있는 것이 아니다. 그러므로 공학의 발전에 따라 인문과학자들도 공학의 현실적인 물음에 진지하게 준비하는 자세가 절대적으로 필요하다.

3 공학과 공학 외부환경 요인과의 관계

공학의 기원을 정확히 확인하기는 쉽지 않다. 인간의 필요에 의해 자연의 재료와 힘을 응용하여 그의 재능을 사용한 것을 그 기원으로 할 수 있을 것이다. 짐승을 잡기 위해 화살촉을 만들었고, 음식을 보관하기 위해 즐문토기를 만들었으며, 비와 바람을 비하기 위해 움막을 짓고, 강을 건너기 위해 다리로 사용할 목적으로 나무를 쳐서 넘어뜨린 것도 공학이 시작된 기원이라 할 수 있을 것이다.

기원전 2800년, 이집트의 상형문자는 일련의 공학·건축학 그리고 계약관계로 이루어진 것으로 생각할 수 있는 조직적인 업무에 일차적인 책임과 의무를 가진 개인을 직업의 거장(chief of work)으로 기록하고 있다. 거의 모든 형태의 공학이 이집트 · 중국 · 페르시아 · 바빌론 · 아시리아 · 포에니시아 · 팔레스틴 · 모압 · 페루를 포함한 고대문명에서 발견된다. 그들은 해협 · 공공저수지 · 갑판 · 항구 · 등대 · 다리 · 도로, 그리고 거대한 구조물들을 건설하였다. 그들은 다리건설 재료의 강도를 테스트했고 요새설계, 공격무기의 디자인, 무거운 물건과 시스템을 옮기는 운송방법의 고안 및 야금학 기술을 개발·발전시켜 지금에 이르렀다.

이와 같은 선인들의 공학에 대한 기반으로 오늘날 공학이 더욱 발전하는 계기를 가져왔는데, 위의 내용을 살펴보면 공학의 개념은 공학 자체만으로 존재하는 것이 아니라 외부환경 요인 간의 관계가 매우 밀접함을 알 수 있다. 즉, 공학이 현존하는 지식을 사용하고 새로운 지식을 생산하며 사회의 이익을 도모하는 데 필요한 것이므로 외부환경 요인과의 접목은 필수적이었다.

현재의 일부 엔지니어들은 공학이론이나 기술 자체의 가치보다는 지금 당장 실용화될 수 없는 이론이나 기술은 공학적으로 실패한 것이라고 한다. 지금은 자동변속기 자동차가 일반화되어 있지만 1940년대의 개발 당시에는 큰 환영을 받지 못하고 창고신세를 질 수밖에 없었다. 소비자들이 가진 습관과 처음 사용함에 따른 위험을 감수해야 한다는 생각과 기업은 소비자가 원하지 않는 자동변속기가 장착된 자동차를 굳이 생산할 필요가 없었기 때문이었다. 초기에 라이트 형제가 사람도 날 수 있다고 하면서 비행기를 제작했을 때만 해도 많은 사람들이 비웃었으나 오늘날 비행기는 글로벌화를 구축하는 데 있어서 절대적으로 필요한 운송수단이 되었다.

이런 점에서 공학의 존립과 지속적인 발달은 시장경제에 의존하는 경향이 강하다. 그 당시 자동변속기나 비행기가 소비자에게 외면당하였다고 해서 이론과 기술이 실패한 것은 아니다. 아직 사회구조와 소비자의 습관이 자동변속기나 비행기를 받아들일 수 있는 환경이 구축되어 있지 않았기 때문이다. 이와 같이 공학은 외부 환경적 요소와 매우 밀접한 관계를 보이고 있음을 알 수 있다.

2006년 7월 전국은 엄청난 비로 인해 많은 농경지가 유실되고 다리가 끊기고, 도로가 물에 잠기고, 산사태와 더불어 많은 사망자와 이재민을 만들어 냈다. 이에 정부 및 전문가와 수해지역 주민들은 댐 건설이 필요하다고 지적하고 댐 건설을 위한 여론조성에 착수하였다. 그러나 환경단체들은 댐 건설만이 수해를 막을 수 있는 방법이 아니라고 하면서 댐 건설 자체를 극렬 반대하고 있다. 사실 댐 건설은 건설 자체만으로 중요한 것이 아니라 댐 건설 시 소요되는 자재·필요인력의 고용효과 등 이루 말할 수 없는 가치를 창출한다. 물론 환경단체의 주장도 일리가 있으며, 관광지로서의 역할도 충분히 감당할 수 있음을 인지하고 있다. 위의 사례에서 보듯이 댐을 건설하는 댐 공학에서도 정치·경제·사회적인 영향을 받는 것을 알 수 있다.

그렇지만 여기서 논의하고자 하는 것은 공학의 고유목적과 기능이 시장경제나 국내외 사회 · 정치 · 경제와 같은 영향으로부터 왜곡되어서는 안 된다는 것이다. 예를 들어, 공학이 시장기능에 아무리 강한 영향을 받는다고 하더라도 시장상황은 항상 변하게 마련이다. 자동변속기와 비행기가 그 대표적인 예이다. 현재 우리가 사용하고 있는 모든 공학은 초기에 개발되었을 때 당장 필요치 않았을 것이다. 그러나 시장상황이 변화되고 글로벌화가 진전되면서 적용가능한 곳이 증가하면서 지속적인 공학의 발전을 가져오게 된 것이다. 따라서 공학의 목적은 과학기술을 토대로 인간의 욕구를 충족시키는 데 그치는 것이 아니라 삶의 질을 향상시키는 것이므로 외부환경요인 간의 관계에 보다 더 적극적으로 대응할 필요성이 있다.

4 전문가적 엔지니어의 사회적 책임

거듭 언급되는 것이지만 엔지니어의 의사결정에 따른 결과의 영향은 엔지니어나 그가 속한 조직에만 국한되는 것이 아니다. 엔지니어는 체계적 교육을 통해 고도의 이론학습과 기술훈련으로 자격을 취득하고 사회의 안전이나 복지를 위해 업무를 수행하는 전문직이다. 왜 엔지니어는 이처럼 복잡한 과정을 거쳐야 하는가? 그것은 현재의 모든 공학적 결정에는 반드시 전문가적 견해가 뒷받침되어야 하며 그 의사결정은 수많은 사람들에게 영향을 미치기 때문이다.

다시 댐 건설의 예를 들어 보자. 쟁점이 되는 환경문제나 홍수피해에 대해서는 일반상식으로는 도저히 판단할 수 없다. 사안(事案)의 외적 규모 때문일 수도 있지만, 그보다는 적절한 환경평가나 홍수조절능력평가를 위해서는 고도의 전문지식과 기술이 필요하기 때문이다. 물론 환경영향평가나 혹은 홍수조절능력평가만으로는 댐 건설 여부를 결정할 수는 없다. 지역 간의 균형개발, 매년 되풀이 되는 수해 등 또 다른 판단요소가 개입되어 있기 때문이다.

예를 들어, 환경단체의 극심한 반대에도 불구하고 지역민들의 적극적인 건설지지와 지역민의 정서를 감안한 정치적 판단으로 댐 건설을 실행에 옮길 수도 있다. 후자의 경우 사후에 발생하는 환경문제에 대해 의사결정권자가 전적으로 법률적 책임까지 부담해야 한다는 점에서 쉽지 않다. 그리고 전자의 경우 댐 건설이 어느 정도 부적절하다는 환경단체의 결론이 나오더라도 공학적 관리를 통해 환경피해를 최소화하고 균형 있는 지역경제와 수해피해 최소화를 위해 댐 건설을 시작할 수도 있다. 따라서 "댐 건설을 위해서는 단순히 수해를 줄이기 위한 최적의 방법"이라든가 "댐을 건설할 경우 환경파괴는 명약관화하다"라는 정성적인 방법이 기준이 될 수는 없다. 이 문제는 기초과학에 대한 훈련을 토대로 관련 분야에 대한 전문적인 수련을 쌓은 전문가들만이 할 수 있는 영역이다.

그런데 이와 같은 전문가의 영역을 오·남용하여 자신의 사적 이익을 도모할 경우 비전문가들로서는 속수무책으로 당할 수밖에 없다. 엔지니어들이 사적 이익을 위해 자신의 지식을 오·남용하더라도 일반인들로서는 미리 알 수 있는 방법이 없다. 오·남용한 결과 사회적인 피해로 드러나야 비로소 해당 사안에 대한 조사를 시작할 수 있지만 이마저도 해당 분야의 전문가가 아니면 문제점을 정확히 조사할 수 없으므로 사회적 피해가 은폐되기 쉽다.

또 다른 예를 들어 엔지니어의 사회적 책임에 대해 알아보자. 2006년 7월의 호우로 인해 서울 영등포구 양평 2동 일대가 물에 잠기는 수해를 당하였다. 원인은 집중호우 탓도 있겠지만 건설중인 지하철 9호선과 맞닿은 안양천 외벽에서 물이 스며들면서 지하철 공사장이 붕괴되어 발생한 사건이다. 이 일로 인해 양평 2동 주민들이 긴급히 몸만 간신히 대피하는 상황이 발생하였고 가재도구 등 생활에 필요한 물건들이 모두 수몰당하는 일이 서울 한복판에서 이루어졌다. 주민들은 이 수해를 인재로 간주, 집단

소송을 하였다. 서울지하철공사는 사고에 대비해 철저하게 작업을 했으며 이번 호우는 천재지변에 준하는 것이기 때문이라고 말할 수 있다. 비로 인해 외벽이 무너질 것이라는 가능성은 생각조차 하지 않았을 것이다. 지하철 설계부터 시공과정에서 엔지니어들이 어느 정도의 역할을 했는지는 알 수 없지만 공학적으로 모든 면에서 문제가 많았을 것이며, 앞으로도 동일한 사고가 언제든지 재발할 가능성은 현존한다.

수해가 발생하기 전까지 양평 2동 주민들은 자신들의 동네에 지하철 9호선이 연결된다는 들뜬 마음과 자부심을 가지고 있었을 것이다. 그러나 수해 후에는 문제가 있음을 직감할 수 있지만 여전히 그 해결방법은 엔지니어들에게 의존할 수밖에 없다. 지하철 공사장 붕괴는 불행 중 다행히 완성되지 않았기 때문에 수많은 인명손실을 내지는 않았지만 수많은 이재민과 수많은 재산상의 손실을 가져왔고 이로 인한 사회적 충격뿐만 아니라 피해복구에 투입되는 추가 건설비용 및 집단소송에 패할 경우 수많은 보상금을 지급해야 하는 등 막대한 사회적 비용이 추가로 지출하게 되었다. 이는 결국 서울시민이 고스란히 부담하게 되는 것이다.

지하철 건설에 참여한 엔지니어들에게 일부 책임이 있다고 하더라도 사후에 발생되는 엄청난 피해는 당사자들이 감당할 수 없는 규모이므로 이 부담은 모두 서울시민 전체가 질 수밖에 없다. 따라서 이와 같은 사고를 예방하는 것이 최선의 대안이며 사고를 예방하기 위해서는 관련 엔지니어들의 책임의식이 절실하게 요구된다. 또한 안전한 사회를 위해서는 공학적 지식이 필요한 모든 사안에 대해 엔지니어들의 의견을 적극적으로 반영해야 하고 엔지니어들의 의견과 상충된 결정으로 업무가 진행되어 사고가 발생할 경우 의사결정권자에 대해 철저히 책임을 묻는 제도가 필요하다.

이처럼 엔지니어의 사회적 책임은 막중하다. 엔지니어들의 의사결정은 수많은 인명을 앗아가고 수백~수천 억 원의 막대한 사회비용이 추가로 지출되고 국가 신인도에 악영향을 미칠 수 있음을 기억해야 한다. 전문직에 종사하는 사람들도 인간이고 어떤 직업에서 어떤 지위에 종사하든 대부분의 인간은 이기적 욕망을 완전히 떨쳐버릴 수는 없으므로 전문직에게 요구되는 윤리적 지침이 절대적으로 필요한 것이다. 이는 전문직의 의사결정의 영향력에 따른 사회적 책임이 생각보다 크기 때문이다.

| part 3 |

열린 미래를 위한 공학윤리의 역할

6 인터넷윤리

영화로 먼저 읽어보기

매트릭스 *Matrix*

2199년, 인공두뇌를 가진 컴퓨터(AI : Artificial Intelligence)가 지배하는 세계. 인간들은 태어나자마자 그들이 만들어낸 인공자궁 안에 갇혀 AI의 생명연장을 위한 에너지로 사용되고 AI에 의해 뇌세포에 매트릭스라는 프로그램을 입력 당한다. 그 내용은 1999년의 가상현실. 인간들은 매트릭스의 프로그램에 따라 평생 1999년의 가상현실을 살아간다.

프로그램 안에 있는 동안 인간의 뇌는 AI의 철저한 통제를 받는다. 인간이 보고 느끼는 것들은 항상 그들의 검색엔진에 노출되어 있고, 인간의 기억 또한 그들에 의해 입력되고 삭제된다.

가상현실 속에서 진정한 현실을 인식할 수 있는 인간은 없다.

매트릭스 밖 …… 가상현실의 꿈에서 깨어난 유일한 인간들이 생존해 있는 곳. 그곳에는 AI에게 인류 역사상 가장 위험한 인간으로 알려진 모피어스와 그와 더불어 AI에 맞서 싸우는 동료들이 있다. 그들은 광케이블을 통해 매트릭스에 침투하고 매트릭스 프로그램을 응용해 자신들의 뇌 세포에 각종 데이터를 입력한다. 그들의 당면 목표는 인류를 구원할 영웅을 찾아내는 것. 그들은 AI 통제요원들의 삼엄한 검색망을 뚫고 매트릭스 안에 들어가 드디어 오랫동안 찾아 헤매던 '그'를 발견한다.

'그'는 유능한 컴퓨터 프로그래머, 토머스 앤더슨. 낮에는 평범한 회사원으로 살아가지만, 밤마다 '네오'라는 이름으로 컴퓨터 해킹에 나서는 '그'는 모피어스로부터 조심스레 매트릭스에 대한 단서를 얻는다.

알 수 없는 두려움 속에서 실체를 추적해 나가는 네오. 어느 날, 매혹적인 여인 트리니티의 안내로 또 다른 숨겨진 세계 — 매트릭스 밖의 우주를 만나게 된 네오. 꿈에서 깨어나 AI에게 양육되고 있는 인간의 비참한 현실을 확인하고 매트릭스를 탈출한다.

한편, 사이퍼는 끊임없는 기계들의 위협과 공격으로 인한 두려움을 견디지 못하고, 다시 매트릭스 안의 가상현실로 들어가기 위해 동료들을 배신하다. 네오와 모피어스 일행이 매트릭스 안에 잠입한 사이, 사이퍼는 광케이블을 교란시켜 그들이 매트릭스에서 빠져나올 출구를 봉쇄해 버리자, 네오 일행은 엄청난 괴력을 지닌 해커 제거반과 사투를 벌인다.

Summary

컴퓨터기술과 전자네트워크기술의 결합으로 탄생한 인터넷공간은 지금까지 우리 인간이 지녀왔던 공간의 개념을 새로운 차원으로 확대시키고 있다. 인터넷윤리는 인터넷공간에서 이루어지는 이러한 행위들이 갖는 사회·윤리적 의미와 그것이 사회와 인간의 가치에 대해 미치는 영향력에 대해 연구하는 학문이다.

인터넷공간에서 이루어지는 커뮤니케이션은 일반적으로 현실공간에서 이루어지는 커뮤니케이션에 비해 미치는 영향력의 범위와 유연성의 정도, 그리고 익명성의 차원에서 상당히 다른 특성을 지닌다. 인터넷공간의 이러한 특성으로 인해 현실공간에서 이루어지는 행위에 근거한 이론으로 인터넷공간에서 이루어지는 행위를 설명하려는 노력은 한계에 부딪히게 된다. 그러므로 특정한 이론에 선행하여 다차원적이고 학제적인 접근을 강조하는 탐색적 접근방식은 인터넷윤리가 지향해야 할 새로운 방법론의 방향을 제시해주고 있다고 할 수 있다.

전자네트워크를 통해 이루어지는 인터넷 커뮤니케이션을 둘러싼 가장 기본적인 논쟁 중의 하나가 바로 인터넷 커뮤니케이션을 가능하게 한 정보통신기술과 가치의 상관관계에 대한 논쟁이다. 이는 비단 정보통신기술에만 국한되는 논쟁이 아니라 모든 과학기술에 적용되는 논쟁이다. 이러한 논쟁의 토대에는 기술이 가치로부터 독립되어 있는 것인지 아니면 기술은 가치와 분리될 수 없는가에 관한 보다 근본적인 논쟁이 자리 잡고 있다.

일반적으로 인터넷공간에서 이루어지는 행위들은 다양한 차원의 윤리적 문제를 제기할 뿐만 아니라 그 성격상 다양한 분야의 지식을 토대로 한 협동적 해결방안을 필요로 한다. 그러므로 인터넷공간에서의 행위들이 지니는 사회·윤리적 논제들을 다루는 인터넷윤리는 다차원적이고 학제적인 접근방식을 필요로 한다.

인터넷공간은 이제까지 인간이 경험해보지 못한 새로운 공간개념을 제시해 주고 있을 뿐만 아니라 동시에 이러한 공간을 가능하게 한 기술 자체는 지금도 계속적으로 발전하고 있다. 이는 곧 현재의 인터넷공간은 계속되는 진화의 과정에 놓여 있으며, 이로 인해 그 공간 안에서 이루어지고 있는 다양한 행위들이 지니는 의미와 영향력 또한 계속적으로 변화하고 있다고 할 수 있다. 다시 말해 인터넷공간의 복합성이 지속적으로 증대하고 있는 것이다.

그러므로 기존의 특정한 이론이나 접근방식으로는 지속적으로 변화하는 인터넷공간의 역동성을 제대로 설명하기가 매우 어렵다. 이런 측면에서 볼 때, 특정한 이론에 선행하여 다차원적이고 학제적인 접근을 강조하는 탐색적 접근방식은 인터넷윤리가 지향해야 할 새로운 방법론의 방향을 제시해주고 있다고 할 수 있다.

Key Words 인터넷윤리, 인터넷 커뮤니케이션, 인터넷윤리의 미래

컴퓨터와 정보통신기술의 혁명적 발전은 기존의 사회구조는 물론이고 인간의 사고와 행위방식의 거의 모든 부분에 근본적인 변화를 초래하고 있다. 이와 더불어 급속도로 낮아지고 있는 정보통신기술비용으로 인해서 정보통신혁명은 사람들이 현재 생각하고 있는 것보다 훨씬 빠른 속도로 전 세계의 모든 부문에 영향을 미치고 있다. 컴퓨터기술과 전자네트워크기술의 결합으로 탄생한 인터넷공간은 지금까지 우리 인간이 지녀왔던 공간의 개념을 새로운 차원으로 확대시키고 있다.

물리적 실체가 존재하지 않으면서도 현실공간에서의 실체들이 가상적으로 존재하는 공간인 인터넷공간에서 이루어지는 다양한 행위들은 현실공간에서 이루어지는 동일한 성격의 행위들과는 전혀 다른 도덕적 의미를 지니고 있다. 인터넷공간에서 이루어지는 이러한 행위들이 갖는 사회·윤리적 의미와 그것이 사회와 인간의 가치에 대해 미치는 영향력에 대해 연구하는 학문이 바로 인터넷윤리라고 할 수 있다. 이런 점에서 인터넷윤리는 기존 윤리학 분야와는 다른 새롭고 독특한 분야라고 할 수 있다.

제6장에서는 인터넷공간에서 제기되는 다양한 문제들에 대해 어떻게 접근할 것인가에 대해 초점을 두고 있다. 이를 위해 먼저 인터넷윤리에 대한 개념의 정의와 인터넷윤리가 기존의 윤리학 분야와는 다른 독특한 성격을 지니는 이유에 대한 분석에서 출발한다. 이러한 논의를 기초로 인터넷공간에서 이루어지는 커뮤니케이션이 지니는 특성과 인터넷 커뮤니케이션을 둘러싸고 제기되는 논제들 중에서, 특히 가치와 기술의 상관성, 민주주의와의 상관성, 그리고 익명성과 신뢰를 둘러싼 논쟁들을 살펴보고 있다. 마지막으로 인터넷윤리에 있어서 기존 접근방식이 갖는 한계점을 지적하고 인터넷윤리가 필요로 하는 새로운 방법론의 이론적 토대를 모색

하고자 한다.

1 인터넷윤리의 개념

많은 사람들이 현재 인터넷윤리(cyber ethics)라고 부르기 시작한 이 분야는 컴퓨터와 인터넷 기술들과 관련된 윤리적 논제들을 다루고 있으며, 최근까지도 보다 일반적인 명칭인 컴퓨터윤리로 불려왔다. 컴퓨터윤리에 대한 개념은 많은 학자들에 의해 이루어져 왔다. 인터넷윤리는 주로 정보통신기술과 이로 인해 가능해진 전자커뮤니케이션 네트워크를 통해 형성된 공간 즉, 인터넷공간에서 제기되는 윤리적 논제들에 관심을 기울이고 있다. 인터넷공간이란 일반적으로 '컴퓨터기술을 매개로 사회적인 만남과 상호작용이 이루어지는 커뮤니케이션 공간'을 의미한다.

인터넷공간을 바라보는 관점은 크게 인터넷공간은 현실공간과 별개의 공간이며 전혀 다른 가치체계와 논리에 따라 움직인다는 관점(인터넷공간 독립론)과 인터넷공간은 현실공간을 떠나서는 존재할 수 없다는 관점(인터넷공간 연계론)으로 구분된다. 그러나 인터넷공간에서 제기되는 모든 논제들은 기본적으로 현실공간에 근거한 개인들의 행위로 인해 야기된다는 점에서 후자의 관점이 지지를 받고 있다.

장소와 물질에 바탕을 둔 현실세계와는 달리 컴퓨터 네트워크 속에 존재하는 공간인 인터넷공간에서의 다양한 행위들은 기본적으로 컴퓨터를 매개로 하여 이루어지고 있기 때문에 인터넷윤리는 컴퓨터기술과 관련되는 윤리적 논제들을 도외시하지는 않는다. 이런 점에서 볼 때 인터넷윤리는 기존의 컴퓨터윤리를 포괄하는 개념이라고 할 수 있으며 지속적으로 발전하고 있는 정보통신기술 그 자체가 지니는 사회·윤리적 의미와 그러한 기술로 탄생한 인터넷공간에서의 다양한 행위들이 사회와 인간의 가치에 대해 미치는 영향력에 대해 연구하는 학문이라고 할 수 있겠다.

인터넷윤리는 과연 기존 윤리학 분야와는 다른 새롭고 독특한 분야인가? 인터넷공간에서 이루어지는 다양한 행위들로 인해 제기되는 윤리적 문제들은 현실공간에서 제기되는 윤리적 문제들과 아무런 문제와 아무런 차이가 없으며 따라서 별도의 인터넷윤리는 필요하지 않다고 주장할 수도 있다. 그러나 컴퓨터와 정보통신기술의 혁명적 발전으로 인해 현실 공간에서 이루어지던 행위들이 새롭게 변형되었을 뿐만 아니라 과거의 문제들 또한 전혀 새로운 성격을 지니게 되었다.

컴퓨터기술과 정보통신기술, 그리고 이러한 기술들의 결합으로 탄생한 인터넷공간에서 제기되는 윤리적 문제들은 기존의 윤리적 문제들과는 성격이 다른 새로운 문제들이다. 물론 인터넷공간에서 이루어지는 행위들 그 자체가 인간행위의 새로운 범주에 속하는 것은 아니다. 그러나 인터넷 공간의 특성상 그러한 행위들은 그 핵심은 변하지 않았다 하더라도 새롭게 변형되어 특수한 성격을 지니게 되는 것이다.

다시 말해 인터넷공간에서 제기되는 윤리적 논제들은 기존의 윤리적 논제들의 새로운 종(種)이라고 할 수 있다. 인터넷윤리는 인터넷공간에서의 다양한 행위들과 관련된 논제들을 다루고 있으며, 인터넷공간이 갖는 새로운 특성들로 인해 논제 자체가 새로운 성격으로 변화되었기 때문에 이를 다루는 인터넷윤리 또한 새롭고 독특한 것이라고 할 수 있다.

2 인터넷 커뮤니케이션을 둘러싼 논제들

1) 인터넷 커뮤니케이션의 특징

인터넷공간에서 이루어지는 커뮤니케이션은 일반적으로 현실공간에서 이루어지는 커뮤니케이션에 비해 전 세계적인 영향력, 뛰어난 유연성, 그리고 고도의 익명성이라는 특징을 지니고 있다. 무엇보다도 먼저 컴퓨터와 인터넷 기술로 대표되는 정보통신기술의 혁명적 발전으로 가능해진 전자 네트워크의 출현과 이를 통해 이루어지는 인터넷 커뮤니케이션은 전 세계적으로 엄청난 영향력을 미치고 있을 뿐만 아니라 전 세계의 수많은 사람들을 하나의 전자화된 공동체(혹은 인터넷공간) 속으로 통합시켜가고 있다. 전자네트워크를 통해 커뮤니케이션을 하고 있는 개인들은 오프라인(off line)에 비해 훨씬 광범위하게 서로 상호작용을 할 수 있다. 기존의 통신매체를 통한 커뮤니케이션과는 달리 전자네트워크를 통해 인터넷공간에서 이루어지는 인터넷 커뮤니케이션은 비동시성, 다수 대 다수의 통신을 통한 상호작용, 분할통신, 그리고 고도의 신축성이라는 특성을 지닌다.

전자네트워크를 통한 인터넷 커뮤니케이션은 메시지를 보내는 사람과 받는 사람 사이에 시간적 일치가 필요 없으며 다수의 이용자가 다수의 다른 이용자들과 상호작용할 수 있다. 또한 정보를 다발의 형태로 나누어 송신하기 때문에 이용자 스스로가 정보의 흐름을 통제한다. 그리고 전자네트워크는 새로운 기술을 매우 신축적으로 받아들일 수 있기 때문에 네트워크의 확장이나 축소가 용이하며 이로 인해 전 세계적인 접속과 참여를 촉진시키고 있다.

또한 인터넷공간에서 컴퓨터를 매개로 하여 이루어지는 인터넷 커뮤니케이션은 고도의 유연성을 지니고 있다. 무어(James Moor)는 컴퓨터야말로 우리인간이 지닌 도구 중에서 소위 만능도구에 가장 근접한 도구라고 말한다. 즉, 컴퓨터는 그 어떠한 활동도 수행할 수 있도록 만들어지고 변형될 수 있으며, 성능을 증대시키고 전반적인 수행능력을 더 뛰어나게 향상시킬 수 있다는 점에서 매우 유연하며, 이로 인해 컴퓨터기술의 잠재적 응용가능성은 거의 무한하다는 것이다.

컴퓨터는 구문론적으로 그리고 의미론적으로 조작될 수 있다. 구문론적으로는 프로그램을 변경함으로써 컴퓨터의 수행능력을 변화시킬 수 있으며, 의미론적으로는 컴퓨터를 통해 증권의 시세로부터 우주선의 궤도에 이르기까지 자신이 선택한 것을 볼 수 있다. 이것이 바로 컴퓨터가 오늘날 우리 삶의 거의 모든 면에서 사용되는 이유이며, 또한 컴퓨터혁명이 일어나고 있는 이유이기도 하다. 컴퓨터와 인터넷의 결합으로 대표되는 오늘날의 인터넷 커뮤니케이션 네트워크 또한 이러한 특성을 지닌다. 전자네트워크는 새로운 정보통신기술을 수용하는데 있어 매우 유연하며, 이로 인해 전자네트워크를 통한 인터넷 커뮤니케이션은 이제 인간이 원하는 형태의 거의 모든 상호작용을 가능하게 하고 있다.

인터넷 커뮤니케이션은 소위 추적 불가능한 익명성, 즉 원작자가 전혀 확인되지 않는 커뮤니케이션을 가능하게 한다. 전자네트워크상에서 개인들은 가명이나 아이디(ID)를 사용하고 마치 다른 사람인 것처럼 행동하면서 자기 신분을 드러내지 않고 커뮤니케이션을 할 수 있다. 또한 전자네트워크상에서 정보는 본래 가치의 손상 없이 정보의 작성자 혹은 보유자 모르게 재생산될 수 있다. 복제된 프로그램이나 자료들은 완벽하게 사용가능 할 뿐만 아니라 복제가 이루어졌다는 어떠한 증거도 찾을 수 없다. 정보가 재생될 수 있다는 사실은 전자네트워크상의 행위들이 기록되고 관찰될 수 있음을 의미한다. 현실 공간에 있어서 한 개인이 친구에게 어떤 말을 할 경우 내 말을 듣고 이해하며 내가 한 말은 곧 사라지게 된다. 그러나 인터넷공간에서는 그렇지 않다. 한 개인의 메시지는 누군가에 의해 혹은 특정한 사건으로 인해 지워질 때까지 그 곳에 존재한다. 이처럼 인터넷공간의 정보는 재생 가능하기 때문에 항구불변의 가능성, 혹은 최소한 상당히 오래 존재할 가능성을 지니고 있다.

2) 대표적인 사회·윤리적 논제

(1) 기술과 가치의 상관성

인터넷 커뮤니케이션을 둘러싼 가장 기본적인 논쟁 중의 하나가 바로 인터넷 커뮤니케이션을 가능하게 한 정보통신기술과 가치의 상관관계에 대한 논쟁이다. 이는 비단 정보통신기술에만 국한되는 논쟁이 아니라 모든 과학기술에 적용되는 논쟁이다. 이러한 논쟁의 토대에는 기술이 가치로부터 독립되어 있는 것인지 아니면 기술은 가치와 분리될 수 없는가에 관한 보다 근본적인 논쟁이 자리 잡고 있다. 일반적으로 기술과 가치의 상관관계에 대한 관점은 크게 세 가지 시각으로 구분될 수 있다.

첫 번째 관점은 기술은 그 자체의 내재적 발전논리에 따라 자기 준거적(self-referential)으로 발전해 나간다고 보는 기술결정론이다. 여기에서 기술은 그것을 통제하는 인간의 능력을 뛰어넘는 독립적이고 비인간적인 힘으로 간주된다. 엘루는 기술을 인간활동의 모든 분야에서 합리적으로 도달되었고 절대적인 영향력을 지니는 방법들의 총체라고 정의하면서, 이제 기술은 사람들을 압도하는 뛰어넘을 수 없는 하나의 가치가 되었다고 강조한다. 기술은 우리 인간의 통제를 벗어나 있으며 자율성을 갖고 그 자체의 법에 따라 임의적으로 행동하는 세계를 만들어 냈다는 것이다. 베버 또한 철제새장(iron cage)이라는 용어를 통해 기술체계가 우리를 어떤 특정한 존재양식이나 행동양식 속에 가두어버리는 현상을 표현하고 있다. 하이데거는 기술을 단순히 우리가 조작할 수 있는 도구로만 본 것이 아니라 또한 우리가 세계와 관계를 맺는 방식에 깊이 영향을 끼치는 세계 속의 존재방식으로 보고 있다.

두 번째 관점은 기술을 하나의 도구에 지나지 않는 중립적인 힘으로 보는 기술중립론이다. 이 관점에 따르면 기술체계는 편견으로부터 자유로우며 따라서 어떤 행동방식을 다른 행동방식보다 더 촉진시키지는 않는다. 기술은 사회적 영향력으로부터 어느 정도 독립적인 것으로 간주되었다. 따라서 그것은 인간의 자유를 위태롭게 하지도 않고 우리의 운명을 어떤 선택된 방향으로 고정시키지도 않는다. 이 강력한 힘이 좋은 목적을 위하여 사용되는가? 나쁜 목적을 위해 사용되는가? 하는 것은 전적으로 우리 인간 자신에게 달려 있다는 것이다. 예를 들어, 인간을 죽이는 것은 총기가 아니라 바로 그 총기를 사용하는 인간이라는 것이다. 여기에서 총기는 하나의 가치중립적인 도구로 간주되고 있다. 컴퓨터나 인터넷 기술과 같은 정보통신기술 또한 특정 목적을 위해 사용되는 경우에만 가치를 지니는 중립적인 도구로 간주되고 있다. 이러한 관점이 좀더 발전하면 특정 기술체계가 우리의 생활양식과 작업의 여건을 개선해 줌으로써 이상세계를 이루어 줄 것으로 보는 기술 유토피아론으로 나아가게 된다. 즉, 인간성이 기술의 부정적인 효과를 거의 다 근절시키고 이 도구를 인간조건의 개선을 위하여 효과적으로 이용할 수 있다고 보는 것이다.

세 번째 관점은 비록 기술체계가 그 자체의 힘을 가지고 있기는 하지만 정치적 및 사회적 힘으로부터 독립되어 있는 것은 아니라는 입장을 견지하면서 기술결정론과 기술중립론의 중간적인 입장을 취하고 있는 소위 기술실재론이다. 이 관점은 기술이 우리의 정치적 및 사회적 현실을 변화시켜 왔고 인간의 행동에도 영향을 미친다는 사실을 인정하고 있다. 그러나 기술이 우리의 삶과 일의 양식을 어느 정도 결정해 주는 면이 있다 하더라도 우리는 여전히 그 방향을 다시 고쳐 잡거나 또는 필요할 경우 그러한 작용을 억제할 수도 있다는 것이다. 즉, 우리는 어떤 특정한 기술혁신을 촉진시키거나 억제할 수 있는 방법을 고안해 낼 수 있다는 것이다. 이 관점은 가치와 기술은 각기 어느 하나가 일방적으로 다른 하나에 영향을 미치는 관계가 아니라 상호작용하는 관계로 보고 있다는 점에서 상당한 설득력을 지닌다. 다시 말해 가치는 기술을 형성하고 동시에 기술은 가치를 형성한다고 보는 것이 보다 타당할 것이다.

오늘날 대부분의 학자들은 기술은 가치와 불가분의 관계를 지니며 일반적으로 기술이 가치를 내재하고 있다는 점을 널리 수용하고 있다. 기술이 가치를 내재하고 있다는 주장에는 두 가지 견해가 존재하고 있다. 그 하나는 기술은 본래적으로 가치를 지닌다는 견해로 특정한 기술체계의 채택은 불가피하게 그와 함께 그러한 기술체계가 필요로 하는 독특한 사회적 관계들을 수반하게 된다는 것이다. 다른 하나는 어떤 종류의 기술은 특정한 유형의 사회적·정치적 관계들과 매우 잘 조화를 이루고 있지만 전적으로 이를 필요로 하지는 않는다는 것이다.

일반적으로 과학기술의 방향과 내용은 사회적으로 영향을 받으며 특정 기술은 그 기술의 개발을 둘러싼 사회적 맥락 안에서 발전된다. 또한 특정 기술의 이용이나 구매는 궁극적으로 그 기술을 가능하게 한 가치들을 지지하거나 촉진시킨다고 할 수 있다. 가치들은 사회적 맥락에 기초하고 있기 때문에 어떤 기술이 지닌 가치들을 이해하려면 그것이 지닌 사회적 맥락을 이해해야만 한다. 이러한 사회적 맥락은 기술의 사용과 관련되지만 기술은 그 기능과 결과, 그리고 의미에 있어서 다양한 영향력을 지니고 있기 때문에 분명한 목적이나 사용과는 크게 관계없을 수도 있다. 우리가 어떤 물건을 구매하고 사용하는 이유는 우리 문화 속에서 그것이 지닌 상징적 의미 때문이지 단지 그것이 지닌 핵심적 기능 때문만은 아니다.

(2) 익명성과 신뢰

인터넷 커뮤니케이션을 둘러싼 대표적인 윤리적 논쟁 가운데 하나가 바로 익명성에 관한 것이다. 물론 익명을 사용한 커뮤니케이션에 관한 논쟁은 비단 인터넷공간에만 국한되는 것이 아니며 현실공간에서도 동일하게 적용된다. 다만 인터넷 커뮤니케이션의 특성상 오프라인 커뮤니케이션에 비해 좀 더 논란이 되고 있을 뿐이다. 본질적으로 익명성이라는 관념은 개인이 지니는 표현의 자유와 프라이버시 등과 같은 민주주의의 핵심가치와 직접적으로 관련이 되고 있기 때문에 익명성 그 자체는 문제가 되지 않는다. 그러나 익명성이 지니는 영향력, 다시 말해 익명을 사용한 커뮤니케이션이 초래하는 결과에 대해서는 상당한 논쟁이 생겨날 수 있다. 이는 익명의 커뮤니케이션이 긍정적인 측면과 부정적인 측면을 모두 지니고 있기 때문이다. 여기에서는 주로 인터넷 커뮤니케이션과 관련하여 익명을 사용한 인터넷 커뮤니케이션이 갖는 순기능과 역기능을 둘러싼 논쟁에 초점을 두고자 한다.

인터넷공간에 있어서 익명을 사용한 커뮤니케이션을 바라보는 시각은 크게 두 가지 대조적인 관점으로 대변된다.

그 하나는 인터넷 커뮤니케이션에 있어 익명성이 지닌 순기능을 강조하고 있는 반면, 다른 하나는 그것이 지닌 역기능에 초점을 두고 있다. 인터넷공간에서의 익명성을 옹호하는 사람들은 기본적으로 익명을 사용한 인터넷 커뮤니케이션은 보호받을 가치가 있는 일종의 긍정적 선으로 보고 있다. 인종이나 성 또는 신체적 특성 등과 같은 요인들로 인해 공정한 대우를 받지 못하는 경우에 있어서 익명성은 매우 유용한 것일 수 있다. 또한 익명성은 개인들이 어떠한 두려움 없이 자신의 생각을 자유롭게 말하고 특정한 활동에 참여할 수 있는 일종의 보호막 기능을 수행한다. 예를 들어, 익명성이 보장되지 않는 한 내부 고발자들은 중요한 정보의 제공을 꺼리게 될 것이며 또한 설사 표현의 자유를 강조하는 민주사회라 할지라도 익명으로 표현되지 않는 한 정치적 반대의견의 표출은 방해받을 수 있다는 것이다.

반면에 익명을 사용한 커뮤니케이션에 대해 부정적인 견해를 갖고 있는 사람들은 기본적으로 인터넷공간에서의 익명성은 개인들에게 있어 긍정적 보호막이 아닌 추악한 가면으로 기능하고 있음을 강조한다. 이들에게 있어 익명성은 사사건건 문제를 일으키는 단순한 문제아로부터 흉악한 살인자와 폭군에 이르기까지 대부분의 악당들이 자신들이 비방한 사람들에게 발견되거나 보복당할 염려 없이 해악을 끼치기 위해 숨어 들어가는 암흑의 세계로 비춰지고 있다.

또한 이들은 익명성으로 인해 인터넷공간에서의 신뢰가 손상되고 결과적으로 심각한 신뢰부재현상이 초래되고 있음을 우려하고 있다. 많은 사람들이 인터넷공간상의 정보나 개인들을 신뢰하지 못한다. 신뢰는 공동체 내에서 다른 구성원들도 정상적이고 정직하게 그리고 협조적으로 행동할 것이라는 기대이다. 신뢰는 지속적으로 충족되는 기대들이 점차 발전하면서 형성되는 것이다. 신뢰와 불신은 각기 자기 강화적(self-enforcing) 경향을 지니고 있기 때문에 신뢰는 더 높은 신뢰를 가능케 하는 선(善)순환을 일으키는 반면에 불신은 불신을 더욱 가중시키는 악순환을 재생산한다. 인터넷 커뮤니케이션에 있어서 신뢰의 부재를 당연한 것으로 받아들일 수는 없으며 또한 보다 높은 신뢰를 형성하는 데 필요한 조건들을 조성하지 못할 이유가 없다. 인터넷 커뮤니케이션에 있어서 개인들이 항상 익명이어야 할 필요는 없으며, 또한 항상 자신의 신분을 밝혀야 할 필요도 없다. 그러나 인터넷 커뮤니케이션에서 익명성을 완전히 제거할 필요까지는 없다 하더라도 신뢰의 구축을 위해서는 어느 정도의 제한이 필요하다.

3 인터넷윤리의 새로운 방법론

일반적으로 인터넷공간에서 이루어지는 행위들은 다양한 차원의 윤리적 문제를 제기할 뿐만 아니라 그 성격상 다양한 분야의 지식을 토대로 한 협동적 해결 방안을 필요로 한다. 그러므로 인터넷공간에서의 행위들이 지니는 사회·윤리적 논제들을 다루는 인터넷윤리는 다차원적이고 학제적인 접근방식을 필요로 한다.

이에 비해 기존의 컴퓨터윤리에서 사용하는 일반적인 접근방식은 대개 다음과 같은 과정을 통해 이루어진다. 먼저 도덕적으로 논쟁이 되고 있는 문제를 확인한 후 개념적 분석과 사실 수집을 통해 기술적인 용어로 서술·분석하여 문제를 명료화시킨 다음 궁극적으로 도덕적 판단과 직관에 따른 도덕원리들이 제시되고 이를 적용하여 도덕적인 평가와 이에 따른 일련의 정책수정안의 제시로 종결된다.

이에 대해 브레이(Philip Brey)는 기존의 이러한 접근법들은 대개 도덕적으로 논쟁이 되는 주제에만 초점을 두고 있으며 기술시스템과 관행에 내재되어 있는 규범성은 간과한 채 아직도 도덕이론의 구성과 적용에만 주된 관심을 보이고 있음을 비판하였다. 또한 기존의 접근방법과는 다른 컴퓨터시스템과 그것의 응용 및 실행에 있어 어떤 내재된 가치들과 규범들을 판독할 수 있는 탐색적(disclosive) 접근법이라는 하나의 대안적 접근법을 제시하고 있다. 브레이가 제시하는 탐색적 접근방식은 다양한 수준에서 연구가 이루어질 수 있다는 점에서 다차원적이며, 또한 연구대상이 되는 기술시스템이나 실제 이루어지는 행위가 갖는 기술적인 측면에 대한 포괄적인 지식을 필요로 한다는 점에서 학제적인 특성을 지닌다. 여기에서는 브레이가 제시하는 접근법을 중심으로 기존의 접근방식이 지니는 한계점과 탐색적 접근법이 지니는 방법론적 의미를 살펴보고 이를 기초로 인터넷윤리에 있어 새로운 방법론의 가능성을 모색해보고자 한다.

1) 기존 접근법의 한계

기존의 컴퓨터윤리 연구에서 사용하고 있는 접근방식은 대개 다음과 같은 특성을 지니고 있다.

첫째, 기존의 도덕적 논쟁, 즉 많은 사람들이 도덕적으로 문제가 있다고 인식하고 있는 주제들에 초점을 두고 있다. 둘째, 실제 이루어지고 있는 관행 즉, 사람들의 개별적 또는 집단적 행위에 초점을 두고 이에 대한 평가와 정책의 고안에 중점을 둔다. 셋째, 무어(James Moor)가 강조한 바와 같이 컴퓨터 기술의 설계나 주지가 아닌 컴퓨터 기술의 사용에 초점을 맞추고 있다.

이러한 특성과 관련하여 기존 접근방식의 첫 번째 한계는 바로 도덕적으로 논쟁이 되는 관행에 대한 분석에만 관심을 지닐 뿐 현재의 정책부재상태에 대해서는 별다른 관심을 갖지 않고 있다는 것이다. 브레이는 아직 도덕적으로 논쟁이 되고 있지는 않지만 도덕적 중요성을 지니고 있는 컴퓨터 관련 문제들(도덕적으로 불투명한 혹은 불명료한 문제들)은 어떻게 할 것인가에 대해 묻고 있다. 브레이에 따르면 아직 알려지지 않았거나 혹은 겉보기에는 도덕과는 무관해 보일 경우, 또는 특정한 관행에 대해 친숙함을 갖고 있지만 그 자체가 실제로 지니는 도덕적 함의를 인식하지 못할 경우에 컴퓨터와 관련된 문제들은 도덕적으로 불명료할 수도 있다. 그는 컴퓨터윤리 분야에서 일정 부분의 연구들은 반드시 도덕적으로 불투명한 문제들을 확인하고 연구하는 데 할애되어야만 하며, 또한 이것이 컴퓨터윤리의 주요한 기능의 일부가 되어야 함을 강조하고 있다.

기존의 접근방식이 갖는 두 번째 한계는 바로 이러한 접근방식들이 실제 이루어지는 행위가 갖는 도덕성에 초점을 맞추고 있다는 점이다. 특히, 컴퓨터기술의 사용에만 관심을 기울일 뿐 현재 사용되고 있는 기술이 지니는 도덕적 역할에 대해서는 대개 논의과정에서 간과되거나 혹은 철저하게 배제되고 있다. 이는 기본적으로 기술을 도덕적 행위와 비도덕적 행위가 모두 이루어질 수 있는 일종의 가치중립적 도구로 간주하고 있기 때문이다. 그러나 오늘날에 있어서는 기술이 결코 가치중립적이지 않으며 또한 종종 스스로의 환경을 만들어나가는 데 적극적인 역할을 수행하고 있다는 점이 널리 받아들여지고 있다. 이러한 관점에서는 기술 혹은 기술체계는 그 사용방식과는 별개로 그 자체가 도덕적 탐색의 대상이 된다고 보고 있다.

기술이 그 자체로서 의미 있는 도덕적 분석의 대상이 된다는 생각은, 특히 컴퓨터기술에 있어 타당하다. 왜냐하면 컴퓨터시스템은 그것이 지닌 정보처리능력으로 인해 인간의 많은 의사결정과정, 행위 그리고 사회관계에 있어서 중요한 결정요소가 되고 있기 때문이다. 컴퓨터시스템은 종종 사회를 형성하는 데 있어서 도움이 되는 이면적 기술로서보다는 오히려 적극적인 구성요소로서 기능하는 경우가 더 많다. 컴퓨터시스템의 이러한 적극적인 역할 때문에 그것의 사용과는 관계없이 하나의 도덕적 분석의 대상으로서 컴퓨터시스템의 설계에 관해 관심을 기울일 필요가 있는 것이다.

2) 새로운 접근법의 모색

일반적으로 탐색적 접근법을 사용하는 연구는 특정한 형태의 기술을 관련되는 도덕적 가치의 관점에서 분석하는 단계인 탐색적 수준, 도덕이론이 개발되고 정의되는 단계인 이론적 수준, 그리고 탐색적 수준에서 이루어진 연구결과에 대해 다양한 차원의 구체성과 특수성에 근거하여 도덕이론을 적용하는 단계인 응용적 수준이라는 세 가지 차원의 연구를 구별한다. 이론적 수준에서의 연구는 단지 철학적 전문지식을 필요로 하고 또한 철학자에 의해 수행되지만 탐색적 수준과 응용적 수준에서의 연구는 그렇지 않다. 탐색적 수준에서의 연구는 종종 연구대상이 되는 시스템이나 실제 이루어지는 행위가 갖는 기술적 측면에 대한 포괄적인 지식을 필요로 하며 또한 시스템의 기능이 인간의 행동, 규칙 그리고 제도에 따라 달라지는 방식을 분석하기 위해서는 사회과학적 전문지식을 필요로 한다.

따라서 탐색적 수준에서의 연구는 컴퓨터과학자, 사회과학자 그리고 철학자들 간의 일종의 협동적 연구가 되어야 하거나 혹은 최소한 적절한 학제적 배경지식을 지닌 연구자에 의해 수행되어야만 한다. 또한 도덕적 심사숙고가 이루어지는 단계인 응용적 수준에서는 기존의 도덕규칙들을 단순히 적용하는 것이 아니라 도덕이론, 도덕적 판단이나 직관, 그리고 배후 사실이나 이론에 대한 종합적인 고려가 이루어진다. 도덕적 판단에 필요한 도덕원리에 대한 신중한 고려와 같은 도덕이론의 응용은 대부분 철학적 전문지식에 의존하고 있기 때문에 응용적 수준의 연구는 철학자의 몫이라고 말할 수도 있을 것이다.

그러나 설사 도덕적 판단과 경험적 사실, 과학적 주장, 그리고 기타 적절한 정보에 부합되는 도덕이론을 적용하는 것이 대부분 철학적 전문지식에 근거하는 행동이라고 할지라도 이러한 과제에 있어 처리되어야만 하는 정보의 상당부분은 비철학적인 종류의 것이다. 그러므로 이러한 행동에 참여하고 있는 철학자들은 도덕적 판단을 내려야하는 기술이나 관행이 지닌 사회적, 법적, 그리고 기술적 측면에 대하여 보다 확실하게 이해하고 있거나 또는 이 분야의 전문가들과 함께 연구해야만 한다.

탐색적 접근방식은 이론에 선행한 연구와 이론에 기초한 연구 모두에 적용될 수 있지만 기본적으로 이론에 선행하는 연구방식을 선택하고 있다. 이론에 기초한 연구는 특정한 윤리이론이 받아들여질 때에만 탐색적 분석을 받아들이는 경향이 있다. 또한 이론에 근거한 도덕적 가치들에 대한 정의와 그러한 가치에 관한 완전한 윤리이론(자유론 혹은 정의론) 사이에는 여전히 엄청난 차이가 존재하고 있다. 윤리이론은 오랫동안 제도와 규칙을 강조해 오고 있다. 이러한 규칙들은 어떤 가상적인 윤리적으로 완벽한 세계로부터 추출되었지만 이상적인 규칙들은(이상적이지 않은) 현실에 있어서는 매우 다르게 작동할 수 있다. 그러한 이론은 필연적으로 단순한 정의 이상의 보다 많은 이론적 가정들을 내포하고 있으며, 이에 따라 보다 이론적인 분석으로 나아가게 된다. 탐색적 분석에 있어 가치에 대한 정의는 단지 잠재적으로 도덕적 논쟁이 될 만한 컴퓨터시스템과 그

작동방식의 특성들을 확인하는 도구로서의 기능을 한다.

그러므로 탐색적 분석의 초점은 잠재적으로 도덕적 논쟁이 될 수 있는 컴퓨터 특성과 작동양식을 보다 구체화하는 것이다. 이러한 것들이 실제로 도덕적으로 잘못된 것인지는 그리고 만일 그렇다면 어떻게 잘못된 것인지는, 나중에 이론적 분석을 통해 확인하는 것이다. 이에 비해 이론에 기초한 접근법은 관찰 가능한 현상에 대한 분석에 있어 매우 이론적인 용어를 사용하고 있으며, 이는 특정한 가정들을 내포할 수 있기 때문에 현재 조사되고 있는 기술이나 관행에 대한 선입관을 지니게 될 가능성이 있다. 따라서 보다 중립적인 서술이 필요한 시점에서 그러한 선입관들에 기초한 관찰이 생겨날 수도 있는 것이다.

탐색적 접근방식을 사용하고 있는 연구들은 도덕적 논제들을 포괄하고 있을 뿐만 아니라 정보와 커뮤니케이션 기술의 전 영역을 포괄하고 있다. 기술과 그것의 실제 운영에 대해 서술함으로써 기술이 지닌 도덕적 중요성을 밝혀내기 위해서는 먼저 도덕적으로 중요한 것과 그렇지 않은 것을 구별할 수 있어야 할 뿐만 아니라 그에 따라 분석이 이루어지기 전에 먼저 적절한 도덕적 가치들이 형성되어 있어야만 한다. 그러나 이것이 탐색적 분석을 시작하기 전에 먼저 도덕이론으로 무장하고 있어야만 한다는 것을 의미하는 것은 아니다. 그러므로 탐색적 연구는 기본적으로 이론에 선행하는 것이며 보다 정교한 도덕적 평가는 탐색적 분석이 끝난 후에 이루어질 수 있는 것이다.

4 인터넷윤리의 미래

인터넷윤리는 주로 정보통신기술과 이로 인해 가능해진 전자커뮤니케이션 네트워크를 통해 형성된 공간, 즉 인터넷공간에서 제기되는 윤리적 논제들에 관심을 기울이고 있다. 인터넷공간에서의 다양한 행위들은 기본적으로 컴퓨터를 매개로 하여 이루어지고 있기 때문에 인터넷윤리는 컴퓨터기술과 관련되는 윤리적 논제들을 도외시하시는 않는다.

이런 점에서 볼 때 인터넷윤리는 기존의 컴퓨터윤리를 포괄하는 개념이라고 할 수 있으며, 지속적으로 발전하고 있는 정보통신기술 그 자체가 지니는 사회·윤리적 의미와 그러한 기술로 탄생한 인터넷공간에서의 다양한 행위들이 사회와 인간의 가치에 대해 미치는 영향력에 대해 연구하는 학문이라고 할 수 있다. 인터넷공간에서 이루어지는 행위들 그 자체가 인간행위의 새로운 범주에 속하는 것은 아니지만 인터넷공간의 특성상 그러한 행위들은 새롭게 변형되어 특수한 성격을 지니게 된다. 다루어지는 논제 자체가 새로운 성격으로 변화되었기 때문에 인터넷윤리 또한 새롭고 독특한 것이라고 할 수 있다.

인터넷공간에서 이루어지는 커뮤니케이션은 일반적으로 현실공간에서 이루어지는 커뮤니케이션에 비해 미치는 영향력의 범위와 유연성의 정도, 그리고 익명성의 차원에서 상당히 다른 특성을 지닌다. 이러한 특성들로 인해 기술과 가치의 상관성, 민주주의와의 상관성, 익명성과 신뢰의 문제를 둘러싼 논쟁이 야기되고 있다. 이와 관련하여 기술은 사회적 맥락 속에서 이해되어야만 하며, 인터넷 커뮤니케이션은 전통적인 민주주의의 개념을 증진시키는 측면과 위협하는 측면을 동시에 지니고 있다. 또한 인터넷공간에서의 익명성은 인터넷공간의 신뢰의 문제와 직결되기 때문에 어느 정도의 제한이 필요하다.

비어러(Frans Birrer)에 따르면 정보기술에 대하여 윤리적·도덕적 개념과 이론을 적용할 경우 다음과 같은 세 가지 조건들이 충족되어야 한다. 첫째, 그러한 개념과 이론들이 어떤 성격의 문제들에 적용될 수 있으며 또한 어떤 문제들에 적용될 수 없는지를 알아야만 한다. 둘째, 구체적인 개념과 이론들이 지니고 있는 한계점들을 알고 있어야 할 뿐만 아니라 그러한 한계점들을 극복할 수 있는 방법을 알아야만 한다. 마지막으로 그와 같은 개념과 이론들을 적용시키고자 하는 분야에 대한 구체적인 지식을 충분히 지니고 있어야만 한다. 이는 인터넷공간의 경우에도 마찬가지이다.

인터넷공간은 이제까지 인간이 경험해보지 못한 새로운 공간개념을 제시해 주고 있을 뿐만 아니라 동시에 이러한 공간을 가능하게 한 기술 자체는 지금도 계속적으로 발전하고 있다. 이는 곧 현재의 인터넷공간은 계속되는 진화의 과정에 놓여 있으며, 이로 인해 그 공간 안에서 이루어지고 있는 다양한 행위들이 지니는 의미와 영향력 또한 계속적으로 변화하고 있다고 할 수 있다. 다시 말해 인터넷공간의 복합성이 지속적으로 증대하고 있는 것이다. 그러므로 기존의 특정한 이론이나 접근방식으로는 지속적으로 변화하는 인터넷공간의 역동성을 제대로 설명하기가 매우 어렵다. 이런 측면에서 볼 때 특정한 이론에 선행하여 다차원적이고 학제적인 접근을 강조하는 탐색적 접근방식은 인터넷윤리가 지향해야할 새로운 방법론의 방향을 제시해주고 있다고 할 수 있다.

5 인터넷윤리 확립을 위한 네티켓의 10가지 기본원칙

네티켓의 10가지 기본원칙은 가상공간상에서 우리가 갖춰야 할 행동양식에 대한 원칙들로 버지니아 셰어(Virginia Shea)가 제시한 'The Core Rules of Netiquette'에 기초를 두고 있다. 현재 국내외적으로 네티켓을 위해 특별히 정해진 원칙이 있는 것은 아니며 우리가 나름대로 일정한 논리를 가지고 원칙들을 마련해 나감으로써 건전한 통신이용 환경을 조성해 나가려는 노력을 해야 할 것이다.

원칙 1 상대방도 나와 같은 인간이다

가상공간에서 우리가 명심해야 할 가장 기본적인 태도는 상대방이 나와 같은 생각을 하는 실제 인간이라는 점이다. 많은 사람들이 전자적으로 대화할 때 보이는 것은 컴퓨터 스크린뿐이므로 상대방이 인간임을 간과하는 경우가 있다. 피차 서로 대면하지 않고도 의사를 전달할 수 있다는 매체의 특성과 익명성을 악용해 때론 음란하고 무례한 행동을 하기도 하고 실생활에서는 할 수 없는 부분까지도 허용될 것이라는 착각을 하는 경우가 있다. 따라서 통신상에서 글을 게재하거나 메일을 띄울 때, "나는 지금 사람의 얼굴을 마주하고 이야기하고 있는가?"라는 질문을 스스로에게 던져볼 필요가 있다. 다시 말해 가상공간에는 보이지 않는 실제 사람들이 존재함을 명심해야 한다.

원칙 2 실제생활과 똑같은 기준과 행동을 고수하라

실생활에서 대부분의 사람들은 처분을 받거나 적발될 수 있다는 두려움 때문에 그런대로 법을 준수하지만 가상공간상에서는 윤리기준이나 인간적인 행동규범의 적용을 덜 받는다고 생각하기도 한다. 이로 인한 혼란은 이해가 가지만 이러한 생각 자체는 잘못된 것이다. 인터넷공간상에서의 행동기준은 다소 차이가 있지만 실생활보다 적은 규제를 받는 것은 아니다. 인터넷공간에서의 윤리적인 딜레마에 빠질 경우, 실생활의 규범을 참고해 적절한 해결책을 찾는 것이 바람직하다.

원칙 3 현재 자신이 어떤 곳에 접속해 있는지 알고, 그곳 문화에 어울리게 행동하라

네티켓은 해당 영역마다 다양하다. 어떤 영역에서는 이상적으로 허용되는 것이 타 영역에서는 몹시 무례한 것으로 보일 수 있다. 이처럼 서로 다른 영역에서는 네티켓 또한 다르기 때문에 당신이 어느 곳에 접속해 있는지 아는 것은 매우 중요하다. 따라서 가상공간에 새롭게 참여하고자 할 때에는 그 환경을 잘 파악해야 한다. 채팅하는 것을 들여다보거나 게재된 글을 읽어보는 등의 준비를 통해 그곳에 소속된 사람들과 그들의 생각을 파악하고 난 후 참여하도록 한다.

원칙 4 다른 사람의 시간을 존중하라

메일을 보내거나 토론 그룹에 글을 띄울 때, 다른 사람들의 시간에 대해 충분히 배려하자. 즉, 글을 읽게 되는 다른 사람들이 시간을 허비하지 않도록 하는 것은 글을 올리는 사람 각자의 책임이다. 특히, 시간과 대역폭(인터넷공간상에서 모든 사람들이 통신회선과 채널을 통해 정보를 가져오는데 소요되는 시간이나 저장용량)을 잘 감안해야 한다. 따라서 어떠한 글을 올리기 전에 다른 사람들이 진정 그것을 알고 싶어 하는지 따져봐야 하며, 만일 다른 사람들이 원하지 않는 정보라면 그들의 시간을 빼앗지 않도록 해야 할 것이다.

원칙 5 온라인상의 스스로를 근사하게 만들어라

온라인상에서는 익명성이라는 특성으로 인해 자신의 외양이나 행동보다는 그 사람이 쓴 글의 수준에 따라 평가받게 된다. 따라서 글의 내용에 주의를 기울이고 당신이 무엇에 대해 이야기하는가를 명확히 하는 것이 중요하다. 단락별로 철자나 문법의 오류 없이 완벽하게 글을 쓰는 것은 가능하겠지만, 아무리 그렇더라도 의미가 명확하지 않을 수 있다. 따라서 당신이 쓴 글을 명확하고 논리적으로 만들려는 노력을 해야 한다. 또한 공격적인 언어사용을 자제하고, 기분 좋고 정중한 표현을 사용해야 한다.

원칙 6 전문적인 지식을 공유하라

가상공간의 힘은 바로 그 수에 있다. 온라인상에서 질문을 하면 수많은 지식을 보유한 사람들이 그 질문을 읽게 되고 그들 중 일부만이 재치 있는 답변을 하게 되더라도 세계의 지식을 모두 모아놓은 듯한 효과를 얻을 수 있다. 내가 아는 무언가를 공유하고자 할 때, 남에게 큰 도움이 되지 않을지 모른다고 두려워 할 필요는 없다. 특히, 내가 질문한 내용의 결과를 공유하는 것은 예의바른 태도라고 할 수 있다. 당신이 지닌 지식을 공유하는 것은 즐거운 일이다. 이는 네트워크상의 오랜 전통이며 세상을 좀더 좋게 만들어 주는 역할을 한다.

원 칙 7 논쟁은 감정을 절제하고 행하라

논쟁은 어떠한 격렬한 감정을 절제하지 않고 강하게 표현할 때 생겨난다. 논쟁은 오랜 동안 지속돼온 관행이며, 많은 흥미를 유발시킬 수 있는 요소로 네티켓에서는 이를 허용하고 있다. 하지만 논쟁을 지속하는 것은 금한다. 논쟁의 시작단계에서는 많은 사람들의 흥미를 끌 수 있으나, 격렬한 논쟁이 지속될 경우 이에 끼어들고 싶지 않는 사람들은 곧 싫증을 내게 된다. 따라서 지속적인 논쟁은 토론그룹의 분위기를 지배하거나 그룹원 간 우애를 깨뜨릴 수 있으므로 유의해야 한다.

원 칙 8 다른 사람의 사생활을 존중하라

아무리 가상공간에서 이뤄지는 부분이지만 다른 사람의 사생활을 존중하는 마음이 없다는 것은 "네티켓이 안 좋다"는 평가만으로 그치지 않는다. 그것은 또한 자신의 일에도 피해를 주게 되므로 전자우편을 비롯한 상대방의 정보를 훔쳐보거나 허가 없이 복사해 배포하는 등, 타인의 사적인 영역을 함부로 침범해서는 안 된다.

원 칙 9 당신의 권력을 남용하지 말라

인터넷공간에서 어떤 사람들은 다른 사람들보다 더 많은 권한을 가진다. 일상 사무에 능하거나 모든 시스템을 관리하는 사람처럼 이 공간에서도 재능을 보이는 사람이 있다. 다른 사람들보다 좀더 잘 안다거나 그들이 하는 일보다 더 많은 권한을 지닌다고 해서 그들을 이용할 수 있는 권리를 주는 것은 아니라는 것에 주의하여야 한다.

원 칙 10 다른 사람의 실수를 용서하라

누구나 처음에는 네트워크 초보자였다. 따라서 누군가 실수를 할 때에도 친절을 베풀 줄 알아야 한다. 그것이 아주 사소한 실수라면 그냥 넘기도록 하고, 비록 크다고 해도 정중하게 지적만 하도록 한다. 타인의 실수를 지적할 때도 신중하게 다시 한 번 생각하고 공개적으로 드러내지 않고 개인 메일을 보내도록 한다. 피차 의심이 가는 부분들에 대해서는 당사자가 "더 좋은 무언가를 알지 못했다"고 가정하고 좋게 해석하도록 한다.

그림 6.1 네티켓의 10가지 기본원칙

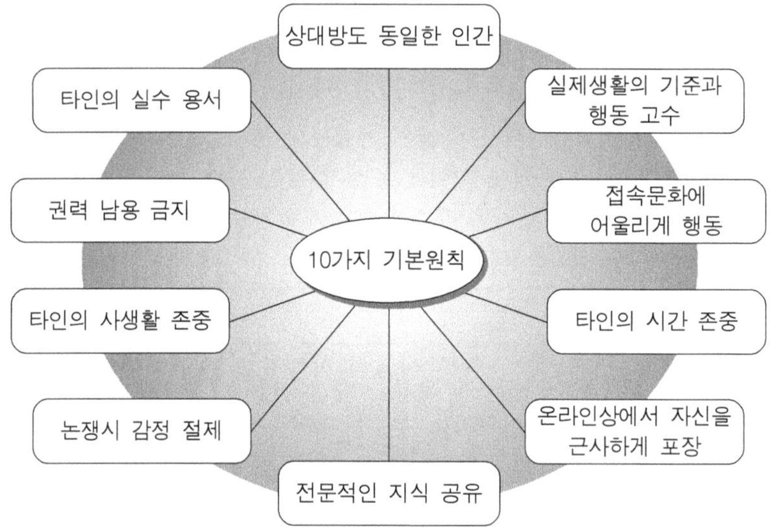

7 환경윤리

영화로 먼저 읽어보기 1

투모로우 *Tomorrow*

기후학자인 미국의 잭 홀 박사는 남극에서 빙하 코어를 탐사하던 중 지구에 이상변화가 일어날 것을 감지하고 얼마 후 국제회의에서 지구의 기온하락에 관한 연구발표를 하게 된다. 급격한 지구온난화로 인해 남극, 북극의 빙하가 녹고 바닷물이 차가워지면서 해류의 흐름이 바뀌게 되어 결국 지구 전체가 빙하로 뒤덮이는 거대한 재앙이 올 것이라고 경고한다. 그러나 그의 주장은 비웃음만 당하고 상사와의 갈등만 일으키게 된다. 잭은 상사와의 논쟁으로 퀴즈대회 참가를 위해 뉴욕으로 가는 아들 샘을 데려다 주는 것을 잊어버리고 만다. 얼마 후 아들이 탄 비행기가 이상난기류를 겪게 되고 일본에서는 우박으로 인한 피해가 TV를 통해 보도되는 등 지구 곳곳에 이상기후 증세가 나타나게 된다. 잭은 해양 온도가 13도나 떨어졌다는 소식을 듣게 되고 자신이 예견했던 빙하시대가 곧 닥칠 것이라는 두려움에 떨게 된다. 잭은 앞으로 일어날 재앙으로부터 아들을 구하러 가려던 중 백악관으로부터 연락을 받는다. 잭은 브리핑을 통해 현재 인류의 생존을 위해서는 지구 북부에 위치한 사람들은 이동하기 너무 늦었으므로 포기하고 우선 중부지역부터 최대한 사람들을 멕시코 국경 아래인 남쪽으로 이동시켜야 한다는 과감한 주장을 하면서 또 다시 관료들과 갈등을 겪게 된다. 이동을 시작한 사람들은 일대 혼란에 휩싸이게 되고 그럼에도 불구하고 잭은 아들이 있는 북쪽 뉴욕으로 향한다.

인류를 구조할 방법을 제시한 채 아들을 구하기 위해 역진하는 잭의 운명은 어떻게 될 것인가? 또, 인류는 지구의 대재앙을 극복할 수 있을 것인가?

영화로 먼저 읽어보기 2

에린브로코비치 *Erin Brockovich*

에린은 두 번의 이혼 경력과 16달러의 은행잔고가 가진 것의 전부인 여자이다. 일자리도 없어 당장의 생계를 걱정해야 하는 상황이다. 직업소개소에도 가보고, 직접 찾아가거나 전화를 해보지만 고졸에다 뚜렷한 자격증도, 경력도 없는 그녀를 오라는 곳은 없었다. 절망에 빠진 에린은 차 사고로 알게 된 변호사 에드를 무턱대고 찾아가 어떤 일이라도 닥치는 대로 하겠다며 눌러 앉는다.

맘 좋은 에드는 할 수 없이 에린에게 장부정리 일을 시키지만 학벌도, 배경도 없는 그녀의 버릇없고 거친 태도와 속옷이 다 드러나는 차림새가 동료 변호사들의 눈에 거슬린 건 당연한 일이다.

하지만 에린은 남들의 시선일랑 무시한 채 당당하게 자신의 일에 몰두한다. 그러던 어느 날, 에린은 수북하게 쌓인 서류 중에서 이상한 의학기록들을 발견한다. 그 일에 흥미를 느낀 에린은 진상을 조사하며 엄청난 사실을 발견하는데, 바로 그 마을에 들어서 있는 대기업 PG&E의 공장에서 유출되는 크롬성분이 마을 사람들을 병들게 하고 있었던 것이다. 에린은 에드의 도움을 받아 거대기업을 상대로 한 미국 역사상 최대의 전쟁을 시작하게 되는데 …….

PREVIEW

기후변화, 인류 존망을 뒤흔든다

인간 건강과 생태계에 막대한 영향 초래

지구가 기후변화로 몸살을 앓고 있다. 한파와 폭염, 폭설, 폭우, 가뭄 같은 이상기후가 전 지구적으로 나타나며 땅과 하늘, 바다는 물론 모든 생물체의 생존을 위협하고 있다.

인간 역시 기후변화의 영향을 고스란히 받는다. 어찌 보면 인간은 자신의 생존에 필요한 것보다 더 많은 것을 영위하기에 동 · 식물, 대기와 대지, 해양보다 더 큰 영향을 받는다고 볼 수 있다.

잦은 기상이변, 질병 유발 부추겨

지난 12일 출근길 아침부터 전국에 기습적으로 한파가 찾아와 기침, 감기 환자 발생을 부추겼다.

강원 영서 지방은 미세먼지가 일시적으로 나쁨 단계까지 올라 호흡기질환을 유발했다. 이날 겨울철 미세먼지로 독감 진료 환자가 30% 이상 늘었다는 보도도 나왔다.

앞서 지난해 6월 케냐 나이로비에서 열린 세계 첫 유엔환경총회에서는 인류의 건강에 가장 많은 영향을 미치는 '환경과 보건'을 주제로 선정한 바 있다. 이 같은 사례는 기후변화로 기상이변이 잦아지면서 인간의 질병도 덩달아 증가하고 있음을 방증하는 대목이다.

김재범 유엔환경계획(UNEP) 한국위원회 사무총장은 지난달 지구환경포럼을 통해 "지구상에서 발생하는 전체 질병 가운데 약 24%는 환경적 요인에 의해 직접적으로 발병한다"며 "대기오염과 환경유해인자, 기후변화로 인한 인류 건강 피해를 최소화하기 위해 더 많은 관심과 노력이 필요하다"고 밝혔다.

새정치민주연합 한정애 국회의원은 "환경 문제는 우리 삶의 터전과 직결된 더 이상 미룰 수 없는 문제다. 또한 우리 세대뿐 아니라, 미래 세대에도 영향을 미치는 주요한 과제"라며 "화석연료 사용으로 인한 기후변화 문제, 개발 등으로 인한 환경문제, 유해물질로 인한 환경보건 문제 등에 대한 대응 방안과 대책이 충분히 검토되길 바란다"고 말했다.

온열·환경성 질환, 전염병 야기

기후변화는 생태계, 건강 분야 등 사회 전반에 많은 영향을 초래한다. 기온상승과 강수량 증가와 같은 기상패턴 변화로 물, 공기, 생태계 등의 변화가 초래돼 농산물 수확이 감소한다. 전염병 · 폭염에 의한 질병 부담과 홍수 · 산사태와 같은 재해도 증가한다

수자원 부족도 예측된다. ‘기후변화에 관한 정부 간 협의체(IPCC)’ 5차 평가보고서는 아시아 지역의 홍수로 인한 기반시설 피해와 전염병·폭염 관련 사망, 물과 식량 부족을 기후변화 위험 요인으로 전망한 바 있다. 실제 우리나라에서는 기후변화로 인한 모기나 진드기의 증가로 말라리아나 쯔쯔가무시증 같은 전염병이 증가했다. 말라리아의 경우 2004년 826명에서 2007년 2192명으로 증가했다. 쯔쯔가무시증은 2003년 1,415명에서 2007년 5,981명으로 껑충 뛰었다. 전라남북도와 경남도의 해안과 내륙지방이 특히 취약했다. 말라리아의 경우 기온이 1℃ 오를 때마다 환자 발생 위험이 증가하는 것으로 나타났다. 여름 폭염으로 2011년부터 2013년까지 온열환자가 2,622명 발생했으며, 이 가운데 35명이 숨졌다.

기후변화로 기온이 상승하면 폭염, 대기오염 악화, 오존 감소 등도 일어난다. 폭염은 체열조절 능력을 감소시켜 온열질환을 유발, 사망률을 증가시킨다.

대기오염이 악화하면 천식, 알레르기, 호흡기 질환 등 환경성 질환을 증가시킨다. 오존 량이 줄어들면 접촉 자외선이 늘어나 피부암이나 호흡기 장애를 일으킨다.

강수량 변화는 집중호우, 가뭄, 기상재해로 나타난다. 집중호우는 수인성 질병을 불러온다. 가뭄은 기아나 사망·정신장애 등을 야기한다. 기상재해는 사회보건기반시설에 막대한 손상을 가져온다.

생태계 변화는 개화시기 변화, 매개곤충 활동 변화, 야생동물 서식 변화와 직결된다. 개화 시기가 변하면 소아천식이나 알레르기가 늘어난다. 매개곤충의 활동이 변화하면 말라리아 등 매개체 전염병이 창궐한다. 야생동물 서식의 변화는 조류인플루엔자(AI), 에볼라와 같은 신규 전염병을 야기한다.

기후변화는 또 화학물질의 노출량과 노출 경로, 독성을 변화시켜 위해성을 높인다. 위해성은 노출에 독성을 곱한 값으로 산출한다. 국립환경과학원 관계자는 "소득 증가에 따른 생활양식 변화로 화학물질의 생산과 유통이 증가하고 있다. 그리고 생활 속 유해화학물질 노출 증가와 이에 따른 환경성 질환 발생이 증가할 우려가 있다"고 전했다. 실제로 초등학생의 아토피피부염 유병률은 2000년 12.8%에서 2010년 20.6%로 두 배 이상 증가했다. 만 19세 이상의 알레르기성 비염 유병률도 2001년 2.7%에서 2012년 16.8%로 급증했다.

반사회성, 비인간성의 표출 '환경문제'

한편 환경문제에 대한 기본 시각은 세 갈래다. 환경문제는 단지 자연환경의 기능 고장에 불과하며, 자연과학에 의한 환경의 치유 및 오염 처리로 문제를 해결할 수 있다는 자연과학적 접근과 환경오염 및 환경자원의 고갈 정도와 양태는 경제 활동의 규모와 양식에 의해 결정되고 이에 따라 해결된다는 경제학적 접근이 있다.

환경문제는 인간의 반사회성, 비인간성의 표출이며 인간 중심적인 사고방식에서 연유하므로 환경윤리의 고취 및 교육을 통한 문제 해결이 가능하다는 환경 윤리적 접근도 있다.

류재근 환경학술단체연합회 회장은 "지금 인류는 공기, 물, 토양의 오염에 책임이 있으며 이는 곧 인류와 생태계에 심각한 위해를 가한다" 고 말했다.

[출처 : 에너지경제, 2015. 1. 13]

Summary

환경을 오염시키고 자연을 훼손하는 것도 인간의 기술이지만 자연에 대한 인간의 책임을 요청하고 생태학적 의식을 고양시키는 것도 역시 인간의 기술행위이다. 기술을 배제하고서는 우리는 결코 환경윤리를 생각할 수 없다. 그런데 환경윤리를 둘러싸고 벌어지고 있는 '인간 중심주의' 대 '생명 중심주의'의 이원론적 논쟁은 기술의 이중성을 간과하고 있는 것처럼 보인다. 자연에 대한 인간의 특권적 지위를 지나치게 절대화하면 인간 중심적 기술문명은 인간 이외의 자연환경을 황폐화시켜 결국은 인간의 생존 자체를 위협하는 결과를 초래한다. 반면, 인간 자체를 인간을 포괄하는 자연 전체의 한 부분으로 보는 생명 중심주의는 인간의 실존 자체에 아무런 존재론적 의미도 부여하지 않는다.

우리가 자연에 관심을 가지고 환경오염과 생태학적 위기에 적극 대처하려는 것도 사실은 우리의 생존 때문이다. 인간이 실존해야 한다는 것은 지금 그리고 여기서 살고 있는 사람들이 인간답게 살아야 한다는 것만이 아니라 인류가 계속 보존되어야 한다는 것을 의미한다.

인간은 근본적으로 기술의 덕택으로 실존한다. 그러나 인간은 동시에 기술이 인간에게 불행을 가져오지 않도록 이를 통제할 수 있는 윤리를 발전시켜야 한다. 어떤 사람들은 우리가 환경오염을 유발하는 현대기술 없이도 살아갈 수 있다고 생각할지 모르지만 우리는 기술 없이는 한순간도 생존할 수 없다. 유기체가 외부 세계와 물질을 교환하는 것이 바로 신진대사라는 점을 상기한다면 우리 자신이 환경세계와 관계를 맺는 매개수단인 기술은 인간의 생존과 실존에 필연적인 것이다. 우리가 살아가기 위해 어쩔 수 없이 발전시킬 수밖에 없는 기술이 인간의 실존을 위협하지 않도록 스스로 통제하는 것이 바로 환경윤리이다. 기술과 윤리가 인간 실존이라는 동전의 양면을 이루듯이 환경윤리의 이면은 바로 기술윤리이다.

환경오염과 관련하여 우리가 직면하고 있는 딜레마는 기술의 이중성에서 기인한다. 우리가 생존을 위해 필요로 하는 기술은 동시에 우리의 삶과 삶의 터전을 파괴할 수 있으며, 또 환경파괴를 극복하기 위해서는 그 원인이라고 할 수 있는 과학적 기술을 요청한다.

이에 앞서 우리는 우선 인간의 한계를 인식해야 한다. 인류의 종말을 가져올 수 있는 생태학적 위기에 직면해 있으면서도 우리는 지금 과학과 기술의 폐해를 극복할 수 있는 새로운 과학과 기술을 발전시킬 수 있다고 믿고 있는지도 모른다. 우리는 이제 모든 것을 알 수 있고 또 할 수 있다는 기술적 세계관으로부터 벗어나야 한다. 이러한 해방을 실현하기 위하여 필요한 것이 바로(과학적 지식과는 다른) 윤리적 지식이다. 윤리적 지식은 인간의 지식과 행위에 '한계'를 설정함으로써 인간의 내면에 있는 자연을 회복케 하고 우리를 둘러싸고 있는 바깥의 자연환경을 보전하는 길을 보여주는 역할을 담당하고 있다.

Key Words 인간중심주의, 생명중심주의, 환경윤리, 인간의 한계

위기의 인간 1

"이제까지 전혀 알려지지 않았던 힘을 과학을 통해 부여받고 경제를 통해 끊임없는 충동을 부여받아 마침내 사슬로부터 풀려난 프로메테우스※는 자신의 권력이 인간에게 불행이 되지 않도록 자발적인 통제를 통해 자신의 권력을 제어할 수 있는 하나의 윤리학을 요청한다." 자연에 대한 인간의 책임을 강조한 한스 요나스의 이 말은 이제는 하나의 상식으로 굳어진 생태학적 의식의 근원을 분명히 말해주고 있다. 건강할 때에는 느끼지 못하던 심장의 박동 소리가 들리면 그것이 바로 병적 이상의 징후이듯이 우리가 지나치게 자연에 관심을 기울인다는 것은 이미 인간과 자연의 관계가 정상적이지 않다는 것을 말해주는 것은 아닐까? 요나스는 이러

※ 그리스신화에 나오는 티탄신족(神族)인 이아페토스와 바다의 요정 클리메네 사이에 태어난 아들. 신(神)과 사람에 관한 미래 지식의 소유자로 되어 있다. 하늘을 떠받치고 있는 거인 아틀라스와 에피메테우스의 형제이다. 제우스가 인간에게서 불을 빼앗아버렸을 때 제우스를 속여 불을 훔쳐서 인류에게 주었으며, 희생으로 바친 소를 신과 인간이 분배할 때 계략을 써서 신들이 기름덩이를 가지도록 하였다. 그 밖에도 그는 인간생활에 필요한 여러 가지 지혜와 기술을 가르쳐준 인류문화의 은인이었다. 그러나 제우스는 이를 벌하기 위해 인류 최초의 여성인 판도라를 만들어 프로메테우스의 아우 에피메테우스에게 보내었는데 에피메테우스가 형의 만류에도 불구하고 그녀를 아내로 삼음으로써 '판도라의 상자' 사건이 일어나 인간은 여러 가지 고통을 받게 되었다고 한다. 또한 그는 제우스의 장래에 관한 비밀을 제우스에게 알려주지 않아 제우스는 그를 코카서스의 큰 바위에 묶어 놓고 독수리로 하여금 간(肝)을 쪼게 하였으나 밤이 되면 그 간이 다시 회복되어 다음날이면 똑같은 고통을 당해야만 하였다. 오랜 세월 끝에 헤라클레스가 독수리를 죽여 구원을 받았고 제우스와도 화해하였다.

[출처 : 야후 백과사전]

한 병리현상이 인간의 과도한 힘과 권력에서 기인한다고 간단히 진단한다.

프로메테우스는 자연을 정복함으로써 인간의 행복을 실현하고자 하는 인류문명을 상징한다. 그런데 오늘날 다양한 형태로 전개되고 있는 환경운동과 우리의 잠재의식에까지 침윤되어 있는 생태학적 의식은 바로 인류문명과 기술진보가 한계에 부딪혔다는 인식에서 출발한다. 한계는 근본적으로 제한되어 있다는 것을 뜻한다. 우리가 사용하는 자원이 제한되어 있고 우리가 살고 있는 이 땅이 제한되어 있다. 이러한 사실을 가장 극명하게 보여준 것은 발전된 과학과 기술 덕택에 지구의 바깥 우주에서 찍은 이 지구의 사진이다. 파란색으로 빛나는 둥근 땅 덩어리 지구, 그것이 아름다운 것은 분명 지구가 살아 있기 때문일 것이다. 환경윤리와 생태학적 의식은 일차적으로는 이 지구가 병들어가고 있다는 인식에서 출발한다.

그런데 우리는 지구가 병들어가고 있다는 사실을 어떻게 알았을까? 그것은 두말할 나위도 없이 발전된 과학적 지식의 덕택이다. 환경오염을 유발하고 또 인간의 거주공간인 생태계를 회복할 수 없을 정도로 망가뜨리는 인간의 과학과 기술이 거꾸로 기술행위의 병리현상을 진단하고 예측할 수 있도록 해준다는 것은 분명 역설이다. 그러나 그것은 인간의 생존문제와 직결되어 있는 환경윤리를 생산적으로 발전시키려면 반드시 고려해야 할 전제조건이다.

환경을 오염시키고 자연을 훼손하는 것도 인간의 기술이지만 자연에 대한 인간의 책임을 요청하고 생태학적 의식을 고양시키는 것도 역시 인간의 기술행위이다. 기술을 배제하고서는 우리는 결코 환경윤리를 생각할 수 없다. 그렇기 때문에 모든 환경윤리는 근본적으로 기술윤리인 것이다. 한스 요나스는 프로메테우스라는 신화적 상징을 통해 이 점을 강조하고 있는 것이다. 만약 우리가 인간에게 복이 될 수도 있고 동시에 화를 가져올 수도 있는 기술의 이중성을 고려하지 않는다면 환경윤리는 자칫 자연을 신비화함으로써 본래의 의도와는 다르게 자연에 대한 인간의 기술행위를 규제할 수 없을지도 모른다.

그런데 환경윤리를 둘러싸고 벌어지고 있는 '인간 중심주의' 대 '생명 중심주의'의 이원론적 논쟁은 기술의 이중성을 간과하고 있는 것처럼 보인다. 자연에 대한 인간의 특권적 지위를 지나치게 절대화하면, 인간 중심적 기술문명은 인간 이외의 자연환경을 황폐화시켜 결국은 인간의 생존 자체를 위협하는 결과를 초래한다. 반면, 인간 자체를 인간을 포괄하는 자연 전체의 한 부분으로 보는 생명 중심주의는 인간의 실존 자체에 아무런 존재론적 의미도 부여하지 않는다. 왜냐하면 이러한 관점에서 보면 자연의 모든 생명체(의식이 없는 식물이든 의식을 가진 인간이든 관계없이)는 평등하기 때문이다.

절대화된 인간 중심주의가 인간의 생존을 실제로, 즉 '존재적'으로 위협한다면 탄력적이지 못한 생명 중심주의는 인간의 실존을 '존재론적'으로 위협하고 있는 것이다. 인간만을 중요시하면 인간 이외의 자연환경은 결국 황폐화되어 인간이 살아갈 수 있는 터전을 잃게 되고 생명만을 중요시한다면 자연은 인간이 없이도 계속 살아남을 수 있는 까닭에 인간이 실존해야 할 의미는 타당성을 상실하게 된다. 이런 관점에서 보면 위기에 처해 있는 것은 자연이 아니라 인간이다.

우리가 자연에 관심을 가지고 환경오염과 생태학적 위기에 적극 대처하려는 것도 사실은 우리의 생존 때문이다. 우주적인 관점에서 보면 우습기만 한 "인간은 존재해야 한다"는 당위가 당연한 것으로 전제되지 않는다면 자연환경에 대한 인간의 간섭을 윤리적으로 규제하려는 어떤 사상도 타당성을 획득할 수 없다. 인간이 실존해야 한다는 것은 지금 그리고 여기서 살고 있는 사람들이 인간답게 살아야 한다는 것만이 아니라 인류가 계속 보존되어야 한다는 것을 의미한다. 만약 그렇지 않다면 우리는 후손의 삶은 상관하지 않고 우리 자신의 복지를 위해 자연자원을 무제한적으로 착취할 수도 있지 않겠는가.

따라서 "인간은 존재해야 한다"는 인간 실존의 이념은 미래 세대 역시 인간다운 삶을 살 수 있도록 해야 한다는 도덕적 의무를 함축하고 있는 것이다. 이러한 의무는 우리가 이 땅에 태어나기 이전에, 즉 우리가 실존하기 이전부터 타당한 가장 근본적인 의무이다. 만약 자연을 보호하지 않으면 인간은 자연과 함께 몰락할 것이라고 경고하고 있는 생태계의 위기는 우리로 하여금 "인간은 왜 존재해야만 하는가?"라는 물음을 진지하게 생각하게 만든다. 예전에는 당연한 것으로 전제되어 문제시되지 않았던 이 물음이 이제는 생태계의 파괴와 함께 우리 의식의 표면으로 떠오른 것이다. 위기에 처해 있는 것은 바로 존재해야 하는 인간의 이념이기 때문이다.

2 환경문제를 바라보는 두 시각

1) 인간 중심주의적(기술주의적) 환경론

근대 이후 인간은 인간의 의지대로 능력에 따라 환경을 변화시킬 수 있으며 이를 위한 기술의 진보와 인류의 진보는 조화를 이룰 수 있으리라는 낙관적인 신념을 갖고 있었다. 인간 중심주의적 환경론은 이러한 신념에 바탕을 두고 환경문제의 해결책을 찾으려 한다. 물론 인간 중심주의적 환경론이라고 해서 환경문제를 무시하거나 환경오염을 정당화하는 것은 아니다. 이들도 마찬가지로 환경이라는 인간의 보금자리를 망치지 않도록 주의해야 한다고 보고 있다. 다만 환경문제는 경제성장의 과정에서 환경문제를 적절하게 고려하지 않은 까닭에 이러한 분야의 과학기술이 상대적으로 발달하지 못한 데 그 원인이 있다고 보는 것이다.

이처럼 인간 중심주의적 환경론은 과학기술의 발달이 오늘날의 환경문제를 낳았다고 해도 그것은 과학기술의 포기가 아니라 과학기술을 더욱 발전시키고 폭넓게 사용함으로써 극복할 수 있다며 환경문제의 해결에 낙관적인 태도를 보이고 있다. 곧 과학기술 그 자체는 환경파괴와 아무런 직접적인 관련이 없으며 인간은 환경오염을 기술의 발달을 통해 얼마든지 해결해 나갈 수 있다는 것이다. 예를 들어, 화석연료 대신 태양에너지나

수소에너지 혹은 연료전지와 같은 새로운 에너지원을 개발하면 대기오염을 줄일 수 있고 방사성 폐기물 등 산업폐기물의 처리는 우주산업이 발달하면 지구 밖으로 실어 보냄으로써 해결할 수 있으며 유전공학의 발달로 미생물을 개발하면 오염물질을 화학적으로 처리할 수 있다는 것이다. 결국 환경오염을 근본적으로 일으키지 않는 과학기술, 그리고 이미 발생한 오염물질을 처리할 수 있는 과학기술을 더욱 발달시키기만 한다면 인간은 자신의 목적에 따라 자연을 적절히 조절해 나갈 수 있다는 것이다.

이러한 인간 중심주의적 환경론은 과학기술의 발달과 경제성장은 인류가 포기할 수 없는 지향이라는 믿음에 뿌리를 두고 있다. 곧 경제성장은 앞으로도 얼마든지 가능할 뿐 아니라 환경문제의 해결을 위해서도 계속해서 경제성장을 이루어야 한다는 것이다. 자연고갈이 문제가 될 때 자원을 절약할 수 있는 기술이나 폐자원을 재활용하는 기술을 발달시켜 문제를 해결해 왔듯이 환경문제 또한 과학기술의 발달로 해결할 수 있다는 것이다. 또 경제성장이 환경을 오염시킨다는 측면만을 강조하는 것은 일면적이며, 오히려 이러한 경제성장을 통해 환경을 개선하는 방안을 찾아야 한다는 것이 이들의 주장이다. 그러나 이러한 인간 중심주의적 환경론은 과학기술의 미래를 지나치게 낙관하고 있으며 오늘날 인류가 맞이하고 있는 환경문제의 심각함을 제대로 인식하지 못하고 있다는 비판을 받고 있다.

그 비판의 내용을 살펴보면 과학기술의 발달로 지금까지 나타난 환경문제를 극복할 수 있다고 해도 그것이 예상하지 못했던 또 다른 문제를 일으킬 수도 있다는 것이다. 예를 들어, 오염된 하천을 정화하기 위해 염소(cl)가 쓰이는데, 염소로 소독한 물에는 발암물질인 유기염소 화합물 트리할로메탄(THM)이 있다는 사실이 밝혀졌으며, 또 오존층 파괴의 주원인인 프레온 가스를 다른 물질로 대체한다고 해서 새로운 물질이 예상치 못한 또 다른 환경의 오염원이 되지 않으리라는 보장도 없다는 것이다.

그리고 과학기술이 가치중립적이며 초월적이라는 주장은 "누가 왜, 무슨 목적을 가지고 과학기술을 쓰는가?"라는 문제가 매우 중요하게 나타나고 있는 현실에 비추어 올바르지 않다는 것이다. 곧 과학기술을 소유하고,

그 내용을 규정하고 있는 사회체제의 문제를 빠뜨리고는 환경문제의 해결책을 제대로 찾을 수 없다는 것이다. 예컨대, 아무리 오염방지 시설이 완벽하다 하더라도 이윤의 극대화를 목표로 하는 기업들은 오염방지 비용의 부담을 피하려 할 것이고 많은 기업들은 오염물질을 배출해도 처벌보다 이익이 많으면 차라리 처벌을 무릅쓸 것이라는 지적이다. 또한 새로운 기술개발이 또 다른 환경오염을 불러일으켜도 그것이 법으로 규제되지 않은 상황에서는 얼마든지 환경을 오염시키도록 유혹받게 될 것이며, 따라서 환경문제는 결코 기술적인 방법으로는 해결할 수 없다는 것이다.

2) 생명 중심주의적 환경론

인간 중심주의(기술주의적) 환경론과는 반대로 현재의 환경문제가 전적으로 과학기술의 전개에서 비롯되었다는 주장도 있다. 가령 생태계의 입장에서 볼 때, 과학기술은 그 이용방식 및 발전방향은 물론이고 그 내용까지도 파괴적이고 따라서 반 생태적이라는 것이다. 이런 주장을 생태주의라고 한다. 생태주의는 인간을 생태계의 일부로서 생태계의 법칙에 종속된 존재로 보는 사고방식을 가리키다. 이에 따르면 인간이 자연에 필수적인 존재가 아님에 반해 자연은 인간에게 필수적인 존재라는 것이다.

만약 인간이 자연의 일부로서의 위치를 잊고 자연의 지배자로 군림하려 한다면 인간은 자연과 분리된 존재가 아니므로 그 과정에서 자연에 입힌 상처 때문에 인간도 상처를 입게 된다는 것이다. 곧 인간이 자연 생태계에 직·간접으로 미친 영향은 반드시 자신에게 돌아온다는 것이다. 따라서 인간은 더 이상 자신의 편리함을 위해서 자연을 학대해서는 안 되며 인간은 자연의 지배자가 아니라 자연을 돌보는 하인이어야 한다는 것이다. 이러한 생명 중심에 입각한 환경론자들은 과학기술이 선사한 경제성장과 물질풍요를 신뢰하지 않으며, 오히려 과학기술이 오늘날 환경파괴의 주범이며 결국은 인간의 소외와 정신적 빈곤을 불러일으킨다고 보고 있다. 곧 과도한 기술성장이 육체적 · 정신적으로 건강하지 못한 생활환경을 만들어 냈고, 오염된 대기와 자극적인 소음, 교통 혼잡 등 수많은 육체적 심리적 스트레스를 우리의 일상생활에 불러오고 있다는 것이다.

그래서 이들은 환경문제가 기술진보의 우연한 부산물이 아니라 생산성을 늘리기 위해 고도의 기술을 지속적으로 강화하는 성장과 확대에 사로잡힌 경제 조직의 본연의 양태로 보는 것이다. 따라서 생명 중심주의적 환경론은 철저히 반 인간 중심주의적 성격을 갖는다. 따라서 생명 중심주의적 환경론은 인간 중심적 환경론과는 달리 성장의 제한, 곧 생산력 발전의 생태학적 한계를 부각시키면서 생태학적 탈산업화를 주장하고 있다. 곧 생명 중심주의자들은 오늘날의 환경문제는 산업화와 과학기술 그 자체에 원인이 있다고 보고 있다. 지금까지 과학기술의 발전을 바탕으로 이룩한 경제개발은 환경을 지속적으로 악화시킨 반 생태적 성장이었으며, 그것은 물질 만능주의를 조장하면서 환경을 더욱 파괴하는 방향으로 나아가고 있다는 것이다. 따라서 생명 중심주의자들은 환경문제를 해결하기 위해서는 경제성장보다는 자연 생태계의 보존과 회복에 중점을 두어야 하고, 이를 위해 물질주의적 가치관을 수정해야 한다고 주장한다.

경제성장은 우리에게 물질적 풍요를 가져다주지만 인간의 삶을 영위하는 데 필요한 기본적인 물질 이외의 대다수는 꼭 필요해서 만든 것이라기보다는 인위적으로 조장된 쓸데없는 욕망 때문에 만들어진 것이며, 경제성장은 이 같은 인간의 욕망을 충족시키기 위한 것으로 엄청난 환경파괴로 오히려 인간에게 더 큰 고통을 주고 있을 뿐이라는 것이다

이러한 생명 중심주의는 1960년대 서구에서 인간 중심주의 환경론의 한계가 뚜렷해지자 1970년대 초에 생태문제 이론가 및 철학자들이 그러한 한계를 넘어서려는 노력을 통해 생겨났다. 그리고 이러한 생명 중심주의적 환경론은 오늘날 서구 사회에서 '녹색당'과 같은 정당에 의해 강력히 제기되고 있다. 이들은 환경문제의 해결을 위해서는 무엇보다도 자본주의 산업경제체제를 개혁해야 한다는 것을 강조하고 있다. 성장만을 추구하는 자본주의적 산업경제체제는 자연환경과 인간 노동력의 무한한 착취, 자원과 에너지의 낭비, 제3세계에 대한 선진국의 착취로 인해 파국에 이를 것

이라고 경고하고 있다.※ 이처럼 생명 중심주의는 자원고갈이나 환경오염과 같은 문제뿐 아니라 지배와 불평등의 문제, 자유와 참여의 원리에 대해서도 깊은 관심을 가진 근본적인 변화의 이념이다.

그러나 생명 중심주의적 환경론은 생태계의 조화와 질서를 강조한다는 점에서는 큰 의의가 있지만 과학기술에 대한 지나친 혐오감에 근거한 나머지 신비주의와 이상주의에 빠지고 있다는 비판을 받고 있다. 과학기술이 환경문제와 관련을 갖고 있다는 점을 인정한다 해도 거기에서 곧바로 현대의 과학기술 자체를 폐기하고 탈산업화 사회를 지향해야 한다는 주장이 성립하는 것은 아니라는 것이다.

곧 과학기술이 환경파괴의 주요인이라는 점을 인정한다고 해도 과학기술이 환경문제의 해결에 긍정적으로 작용할 수 있는 현실적 가능성을 찾아 개발하는 것은 중요한 일이라 할 수 있다는 것이다. 게다가 이미 자연과학의 눈부신 발달을 이루어 기술문명의 혜택을 받고 있는 사람들에게 지금까지의 생활방식을 바꾸도록 요구한다는 점에서 현실성이 희박한 이상적인 대안에 지나지 않는다는 비판도 받고 있다. 더구나 이 지구상에는 아직도 굶주림 때문에 죽어 가는 사람들이 많이 있으며 산업화를 제일의 과제로 삼아야만 할 가난한 나라들도 많이 있다. 이렇게 경제가 뒤떨어진 개발도상국들은 환경보존보다는 빈곤의 척결이 더욱 절실한 문제이기 때문이다.

※ 녹색당이란 환경운동에 참여하던 사람들이 생태의 균형, 사회 정의. 풀뿌리 민주주의, 비폭력 등을 강령으로 내세우며 세운 독일의 정당을 말한다. 이들은 지방과 연방 수준의 각종 선거에 참여, 1993년 연방의회까지 진출하였다.

사례 1 환경론 대립보다 환경관 정립부터

요즘 환경정책 당국자들의 입에서 '녹색과 녹색의 충돌' 때문에 고민이라는 말이 자주 나온다. 백두대간에 풍력발전 단지를 허용해야 하는가, 가로림만에 조력발전소 건설은 괜찮은가, 상수원으로 쓰이는 댐의 수면에 수상 태양광을 설치하도록 해야 하나 등 간단히 답하기 어려운 난제들이 허다하기 때문이다.

녹색사업이라 할 수 있는 신재생에너지가 대세인 지금, 전통적 환경보전의 관점에서 평가하고 판단하기란 여간 난감한 일이 아닐 것이다. 이런 문제에 부닥칠 때마다 우리는 목소리 큰 사람이 이기는 게임을 반복해 온 경험이 많다. 환경관에 대한 사회적 합의가 미흡한 데 따른 후진적 모습이라 할 수 있다.

환경과 인간의 관계에 대한 시각, 즉 인간의 환경관은 인류의 역사와 함께 변화를 거듭해왔다. 환경관의 변화는 환경에 대한 인간의 태도에 영향을 미침으로써 궁극적으로는 자연 환경 혹은 생태계에 엄청난 결과를 초래할 수 있다. 그래서 오늘날 당면하고 있는 여러 가지 환경 문제는 바로 우리의 잘못된 환경관에서 비롯됐다고 볼 수 있다. 일상생활이나 산업 활동을 통해 자연의 자기정화 능력을 초과하는 오염물질을 배출하거나 천연자원의 유한성을 위협하는 수준의 생산·소비 활동을 영위하는 것 등은 바로 자연을 대하는 인간의 시각에 심각한 문제가 있음을 단적으로 보여주는 사례이다.

환경에 대한 인간의 생각에는 무척 다양한 스펙트럼이 존재할 수 있다. 학습이나 경험을 통해 얻어지는 이해도가 제각기 다르기 때문이다. 녹색에 대한 논리적 접근을 먼저 시도해 온 서구사회에서 조차도 이 주제를 본격적으로 논의한 역사가 40여년에 불과해 아직까지 자연의 권리를 중심으로 하는 녹색사상이 제대로 정립되었다고 보긴 어렵다. 어느 정도 일반화된 분류에 따르면 현대적 환경관은 크게 인간중심주의와 생태중심주의로 나뉜다. 인간중심주의는 다시 성장론과 조화론으로, 생태중심주의는 환경보호론과 절대환경론으로 구분된다.

자연 생태계의 절대적 보전을 주창하는 절대환경론자들은 자연을 개발 대상으로 보지 않고 자연 자체의 내재적 가치를 존중하는 다소 이상주의적 입장을 견지하고 있다. 이에 반해 성장론자들은 개발을 통해 인간의 효용 증진에 필요한 경제성장을 지속적으로 추구하면서 시장경제 원리로 환경문제를 해결하고자 한다.이처럼 인간과 자연생태계를 중심으로 극단적인 입장을 취하게 되면 서로의 합의를 이끌어내기가 사실상 불가능하다. 환경관이 다르다는 것을 흔히 종교적 신념의 차이에 비유하는 이유가 그것이다.

하지만 조화론과 환경보호론의 등장으로 간극이 많이 좁혀지고 있다. 환경보호와 경제성장의 조화를 추구하는 조화론자들은 과학기술과 시장경제 원리에 대한 맹목적 의존에 비판적 입장을 취하면서 환경권에 대한 세대간의 형평성을 고려하는 등 한층 전향적 입장을 취하고 있다. 또 개발을 위한 자연환경의 파괴를 경계하는 환경보호론자들 역시 자연의 자기정화 능력을 고려한 개발을 용인하면서 환경문제에 대한 대중의 적극적 참여를 유도하고 있다.

우리가 경험해 온 바와 같이 산업화 초기에는 경제성장에 매진하면서 인간의 능력과 기술 진보로 환경 문제는 해결할 수 있다는 성장론이 지배적인 분위기였다. 한편으론 환경의 중요성을 조기에 인식한 환경론자들이 환경단체를 중심으로 환경적 부작용을 지적하거나 극렬하게 저항하면서 사회적 갈등을 고조시키기도 했다. 하지만 1990년대 초 리우회의를 전후하여 지속가능발전에 대한 전 지구적 공감대가 형성되면서 성장론은 조화론으로, 절대환경론은 환경보호론으로 서로가 조금씩 가까이 다가가는 여건이 조성되기 시작했다.

그렇다고 해서 그들의 생각이 같아지기를 기대할 수는 없는 일이다. 아직도 양측의 환경관은 상당한 차이를 보이고 있기 때문이다. 하지만 이제 서로 이해하고 합의를 도출해 낼 가능성은 훨씬 높아지고 있다는 긍정적 전망을 하고 싶다. 녹색과 녹색이 충돌하는 상황에서도 우리는 조금씩 해답을 찾아내는 경험을 쌓아가고 있기 때문이다. 이제 극단적인 성장 제일주의나 무조건 개발 불가를 외치는 절대 환경주의는 지양할 때가 되었다. 대신 조화론과 환경보호론의 관점에서 분석하고 대화와 타협으로 결론을 도출해 나가는 성숙한 자세가 필요하다.

우리가 당면하고 있는 환경 문제가 아무리 심각하다고 주장하더라도 사람들의 환경관이 자연스럽게 인간중심주의에서 생태중심주의로 진화하기는 어렵다. 기존의 산업사회에 익숙해진 우리의 생각이 자연생태계 우선의 사고로 바뀌려면 그야말로 획기적인 변화가 필요하기 때문이다. 따라서 조화론이나 환경보호론에 입각한 수준의 환경관을 정립하고 자연생태계에 지나친 상처를 입혀 회복하기 어려운 상태로 만든 뒤 나중에 후회하는 일이 없도록 하는 선에서 서로가 접점을 찾아나간다면 지속가능발전의 길도 불가능하지 않을 것이다.

[출처 : 에너지경제, 2015. 1. 14]

환경에 대한 인간의 책임 3

인간은 근본적으로 기술의 덕택으로 실존한다. 그러나 인간은 동시에 기술이 인간에게 불행을 가져오지 않도록 이를 통제할 수 있는 윤리를 발전시켜야 한다. 인간에 의한 자연의 착취가 인간의 삶에 아무런 영향을 미치지 않았을 뿐만 아니라 자연 자체에도 커다란 흔적을 남기지 않았을 때 윤리는 단지 인간 상호 간의 행위에만 국한되었다. "거짓말 하지 말라", "강간하지 말라", "살인을 하지 말라"와 같은 윤리적 규범들은 모두 그 결과를 직접 경험할 수 있는 인간 상호 간의 행위에 적용되었다. 그 결과를 쉽게 예측할 수 없을 뿐만 아니라 지금 그리고 여기서 같이 살아가고 있는 다른 사람들에게 직접적 폐해를 야기하지 않는 인간의 기술행위는 결코 윤리의 대상이 아니었다. 기술적 행위가 야기할 수 있는 환경영향을 평가하고 예측할 수 있는 과학적 지식이 발전되지 않은 탓도 있겠지만, 전통윤리가 기술을 윤리의 대상으로 삼지 않은 가장 커다란 이유는 아마 기술이 인간 생존의 가장 기초적인 전제 조건이기 때문일 것이다.

어떤 사람들은 우리가 환경오염을 유발하는 현대기술 없이도 살아갈 수 있다고 생각할지 모르지만 우리는 기술 없이는 한순간도 생존할 수 없다. 우리는 살려면 먹어야 하고 먹으려면 노동을 통해 자연자원을 이용해야 한다. 어디 그뿐인가? 우리는 실제로 끊임없이 계속되는 환경세계와의 신진대사를 통해서만 생존할 수 있다. 유기체가 외부 세계와 물질을 교환하는 것이 바로 신진대사라는 점을 상기한다면 우리 자신이 환경세계와 관계를 맺는 매개수단인 기술은 인간의 생존과 실존에 필연적인 것이다. 농경사회에서는 지게와 쟁기를 매개수단으로 자연과 관계를 맺었다면 이러한 매개수단이 현대 산업사회에서는 자동차와 트랙터로 변화하였을 뿐이다.

이런 관점에서 보면 기술 전체가 문제인 것이 아니라 '특정한 유형'의 기술이 문제인 것이다. 어떤 기술은 당장은 인간의 삶에 편리한 것처럼 보이지만 그 폐해가 다음 세대 또는 몇 세대 후의 후손들에게 나타날 수도 있으며, 또 어떤 기술은 그것이 가져올 수 있는 이익보다는 손실이 더 커다랄 수도 있다. 인간의 삶에 대한 어떤 기술의 이익과 혜택(원자력 또는 생명공학의 경우에서처럼)이 아무리 크다고 할지라도 잘못되면 그 결과가 인간의 파국을 초래할 수 있다면, 우리는 과연 이러한 기술을 무조건 발전시켜야 하는 것인가?

만약 우리가 인간의 실존 자체를 기술진보라는 노름의 담보로 잡힐 수 없다면 우리는 어떤 기술이 인간의 삶을 더욱 인간답게 만들 수 있으며, 또 어떤 기술은 인간의 실존을 심각하게 위협하는가를 진지하게 성찰하고 논의해야 한다. 여기서 우리는 인간 실존의 두 번째 전제조건과 만나게 된다. 그것은 바로 '윤리'이다. 인간 실존의 첫 번째 전제 조건인 기술이 자연에 대한 인간의 통제라고 한다면, 두 번째 전제 조건인 윤리는 인간의 자신에 대한 통제이다. 우리가 살아가기 위해 어쩔 수 없이 발전시킬 수밖에 없는 기술이 인간의 실존을 위협하지 않도록 스스로 통제하는 것이 바로 환경윤리인 것이다. 기술과 윤리가 인간 실존이라는 동전의 양면을 이루듯이 환경윤리의 이면은 바로 기술윤리이다.

그런데 많은 사람들은 환경윤리를 자연에 대한 인간의 책임 정도로 생각하는 경향이 있다. 그렇게 틀린 말은 아니지만 사태의 본질로부터는 조금 비켜나 있다. 인간이 '자연에 대해 무엇을' 책임진다는 말인가? 환경에 대한 인간의 책임을 강조하는 환경윤리의 수사학이 선명하면 할수록 더욱더 풀기 어려운 질문들이 이 물음의 꼬리를 문다. 자연은 과연 우리에게 손해배상을 청구할 수 있는 권리의 주체인가? 우리는 자연이 심각하게 훼손되었다는 것을 어떻게 알 수 있으며 회복되고 보상되어야 할 손해의 양을 어떻게 정할 수 있는가? 우리는 자연을 얼마만큼 침해할 수 있으며 인간의 기술행위가 정당화될 수 있는 한계는 무엇인가?

엄격히 말해서 자연은 도덕적 의무의 고려 대상일 뿐 권리의 주체는 아니다. 자연환경이 문제되는 것은 항상 인간의 실존과 직접적 관련이 있을 때뿐이다. 그것이 태풍 · 지진 · 화산 폭발과 같은 천재지변의 경우처럼 예측할 수 없는 물리적 힘이든 아니면 환경오염, 오존층의 파괴, 산성비,

생태계의 파괴처럼 인간의 삶을 열악하게 만들기 때문에 보호되어야 하는 대상이든, 자연은 인간과의 관계에서만 항상 문제가 되었던 것이다. 어느 경우이든 도덕적 행위의 주체는 여전히 '인간 자신'이며, 자연은 항상 도덕적 '고려의 대상'일 뿐이다. 만약 우리가 자연에 도덕적 주체의 지위를 부여한다면, 그것은 자연을 신비화하여 인간의 기술행위를 무조건적으로 죄악시하는 결과를 초래할 수도 있다.

그렇다면 우리는 자연에 대해 무엇을 책임져야 하는 것인가? 우리는 흔히 어떤 하천의 오염이 특정한 한계를 넘으면 자정능력을 잃는다고 말한다. 그뿐만 아니라 우리는 어떤 생물의 개체군이 특정한 지역에서 한계를 넘어 너무 성장하면 그곳의 생태학적 균형이 붕괴되어 종국에는 멸종한다는 사실을 알고 있다. 환경윤리는 종종 지구 및 생태계가 감당할 수 있는 한계가 있으며 이 한계를 넘어서면 파국을 초래할 수 있다는 '적재량'의 수사학을 사용한다. 예를 들면, 50만 명의 인구를 감당할 수 있는 자원을 가지고 있는 지역에 100만 명의 인구가 산다면 결국에는 이곳의 자연자원이 고갈되고 환경자체가 파괴되어 50만 명은 커녕 한 사람도 살 수 없는 황무지로 변할 수 있다는 것이다.

그러나 어떤 사람은 과학과 기술을 획기적으로 발전시키면 기하급수적으로 늘어나는 인구의 생존을 보장할 수 있다고 주장할 수도 있을 것이다. 여기서 우리는 복원되고 회복되어야 하는 것이 특정한 상태의 자연환경이 아님을 간파할 수 있다. 우리가 말하는 자연의 자정능력은 자연에 대한 인간의 기술적 간섭을 감당할 수 있는 '자연의 한계'를 의미한다. 그것은 근본적으로 '기술'의 유형과 발전 정도에 따라 변화한다. 후진국의 자연환경은 인구가 많지 않음에도 불구하고 회복할 수 없을 정도로 파괴된 반면 선진 산업국가의 자연환경은 환경친화적 기술 덕택으로 높은 자정능력을 유지하고 있다는 사실은 이를 잘 말해준다. 기술이 본질적으로 인간과 환경을 연결시키는 매개수단이라는 점을 다시 한 번 상기하면, 자연이 자연스럽게 남아 있을 수 있는 한계는 결국 인간과 자연이 조화롭게 균형을 이룰 수 있는 한계인 것이다.

이런 맥락에서 보면 인간이 자연에 대해 책임을 진다는 것은 결국 인간이 자신의 기술행위에 대해 책임을 진다는 것을 말한다. 책임의 주체도 인간이며 책임의 대상도 결국은(자연에 심각한 영향을 미치는) 인간의 기술행위이다. 따라서 환경과 자연이 윤리적으로 문제되는 것은 자연에 대한 인간의 힘과 권력이 증대되었다는 것을 의미한다. 예전에는 고개를 돌리면 눈에 들어왔던 녹색 들판이 오늘날에는 글자 그대로 하루아침이면 황색 공장 지대로 변하지 않는가. 어제는 굽이마다 생명이 흘렀던 강에 댐이 가로막고, 빼곡한 나무 사이로 삶의 기억을 간직하였던 동산에는 눈을 뜨고 나면 흉물스런 아파트 단지가 들어서지 않는가. 우리가 자연을 책임져야 하는 까닭은 환경을 마음대로 바꿀 수 있는 인간의 기술적 힘이 그만큼 증대하였기 때문이다. 도덕적 의무의 필요성은 이처럼 인간의 권력과 비례하여 증대하는 것이다.

그러나 권력은 타락하고 절대적 권력은 절대적으로 타락한다는 말이 있지 않은가. 자연을 인간의 의지대로 조작하고, 통제하고, 또는 보호할 수 있다는 인간의 믿음이 부풀어지면 질수록 우리는 어쩌면 과학과 기술의 성공에 눈이 멀어 환경오염의 심각성을 제대로 보지 못할지도 모른다. 역설적으로 들릴지 모르지만 환경윤리의 필요성은 과학과 기술의 실패에서가 아니라 지나친 성공에서 기인하는 것이다. 책임은 권력에 비례한다면 과학과 기술이 발전하면 할수록 우리는 그것이 자연환경에 미칠 수 있는 영향에 대해서도 도덕적 감수성과 책임의식을 가져야 한다.

4 환경에 대한 책임과 인간의 한계

환경오염과 관련하여 우리가 직면하고 있는 딜레마는 기술의 이중성에서 기인한다. 우리가 생존을 위해 필요로 하는 기술은 동시에 우리의 삶과 삶의 터전을 파괴할 수 있으며, 또 환경파괴를 극복하기 위해서는 그 원인이라고 할 수 있는 과학적 기술을 요청한다. 만약 우리가 생존과 기술의 모순적 관계를 서술하는 이 이중성을 시야에서 놓쳐버린다면 이 두 요소들 중의 어느 하나만을 절대화하는 환경 숙명론은 언제라도 우리의 의식 속에 둥지를 틀 수 있다.

인간과 자연의 바람직한 관계를 구축할 수 있는 새로운 유형의 기술과 지식을 발전시키는 대신에 살아남으려면 '어쩔 수 없이' 기술의 진보를 계속 추진하거나 아니면 기술을 포기하고 거대한 자연의 질서에 자신을 내맡길 수밖에 없다고 만약 우리가 생각한다면 그것은 우리 자신의 의지와는 관계없이 독자적으로 굴러가는 기술권력에 스스로를 예속시키는 숙명론이 아니고 무엇이겠는가?

그러나 인간은 자신의 삶을 스스로 만들어갈 수 있는 자유의 존재이다. 인간만이 우리에게 알려진 여러 생명체 중에서 책임을 질 수 있는 유일한 존재인 까닭도 사실은 인간이 자유의 존재이기 때문이다. 만약 우리가 인간을 거대한 생명질서의 한 부분으로 파악함으로써 기술행위를 거부한다면, 그것은 인간에게 고유한 자유와 책임을 부정하는 것과 다를 바 없다. 이와 마찬가지로 자동적으로 굴러가는 기술의 발전에 스스로를 내맡기고 인간다운 삶의 방향에서 기술의 유형을 자율적으로 통제하지 않는다면, 그것 역시 인간의 자유를 포기하는 것과 매한가지이다. 우리가 인간답게 살아가기 위하여 필요한 것은 예나 지금이나 특정한 종류의 '지식'과 '기술'이다. 그것이 인류를 파국으로 몰아가고 있는 종류의 과학적 지식과 공학적 기술과는 다른 것이어야 한다는 것은 명약관화하다. 우리가 필요로 하는 환경윤리는 바로 이 점에서 출발해야 한다.

그렇다면 우리는 어떤 종류의 지식과 기술을 필요로 하는가? 이 물음에 답하려면 우리는 우선 환경문제와 연관된 과학적 지식의 특징을 직시해야 한다. 왜 우리는 현대 과학과 기술의 폐해를 알고 있으면서도 이로부터 벗어날 수 없는 것인가? 어떤 사람들은 현대인들이 과학과 기술이 약속하는 행복과 복지에 취하여 기술문명의 파국적 효과를 감지하지 못하고 있다고 비난할 수도 있을 것이다. 이런 맥락에서 그들은 주로 생태학적 의식을 고취시킴으로써 과학과 기술의 일방통행으로부터 벗어나려고 시도할 것이다. 그러나 모든 것을 환경파괴에 관한 생태학적 '무지'의 탓으로만 돌린다면 우리는 현대적 과학기술의 본성을 올바로 인식하지 못한다. 현재 우리가 직면하고 있는 생태학적 위기는 오히려 무지보다는 지식, 그것도 성공 지향적인 과학적 지식에서 기인하기 때문이다.

우리가 두려워하는 생태학적 파국의 원인으로 지목되고 있는 과학과 기술은 동시에 그것을 미연에 방지할 수 있는 유일한 수단으로 인식되고 있다. 왜냐하면 환경오염을 해결하고 또 생태계의 파괴를 방지하려면 기술에 엄청난 힘과 권력을 부여하였던 바로 그 과학적 지식이 제공되어야 하기 때문이다. 현대적 과학기술의 부작용을 극복하려고 애쓰면 애쓸수록 우리는 역설적이게도 과학과 기술을 강화하는 것이다. 부정적 결과를 해결하려는 노력이 오히려 그 원인을 강화하는 꼴이라고나 할까. 한때는 인간에게 힘과 자신감, 쾌락과 행복의 감정을 산출하였던 동일한 과학과 기술이 이제는 공포와 불안을 야기하고 있는 것이다. 우리의 삶을 인간답게 만들기 위한 단순한 도구와 수단에 불과하였던 것이 이제는 우리의 주인 행세를 하고 있는 것이다. 우리는 과학과 기술을 다시 인간적 삶의 수단으로 만들어야 한다. 그것은 우리의 손에서 벗어난 과학과 기술에 대한 통제를 다시 회복해야 한다는 것을 의미한다.

그러기 위해서는 우리는 우선 인간의 한계를 인식해야 한다. 사실, 우리가 과학과 기술로부터 벗어나지 못하는 가장 커다란 이유(그동안 너무나 성공적이었던)는 과학적 지식에 대한 과도한 믿음 때문이다. 인류의 종말을 가져올 수 있는 생태학적 위기에 직면해 있으면서도, 우리는 지금 과학과 기술의 폐해를 극복할 수 있는 새로운 과학과 기술을 발전시킬 수 있다고 믿고 있는지도 모른다. 그것이 자신의 결함과 약점을 스스로 보완해서 종국에는 완전해질 수 있다고 생각하는 인간의 오만과 독선이 아니고 무엇이겠는가?

인간은 죽을 수밖에 없는 유한한 존재이며 또 죽으면 결국 흙으로 돌아갈 신체를 가진 감각적 존재임에도 불구하고, 우리는 지나치게 성공적인 기술문명에 도취되어 실수도 하지 않는 영원한 존재라고 착각하고 있는 것은 아닐까? 이런 관점에서 보면 환경위기의 가장 커다란 원인은 신의 자리에 인간을 세워놓는 형이상학적 인간관이라고 할 수 있다. 이러한 인간관이 바로 과학과 기술의 심층부에 뿌리 깊게 놓여 있는 것이다. 우리가 할 수 있는 것은 모두 할 수 있으며, 할 수 없는 것은 할 수 있도록 만들 수 있다는 기계적 인간관이 바로 환경위기의 원인이다.

우리는 이제 모든 것을 알 수 있고 또 할 수 있다는 기술적 세계관으로부터 벗어나야 한다. 이러한 해방을 실현하기 위하여 필요한 것이 바로 (과학적 지식과는 다른) 윤리적 지식이다. 과학적 지식이 인간다운 사람을 실현하기 위한 효율적 수단과 도구에 관한 지식이라고 한다면, 윤리적 지식은 바로 "무엇이 인간다운 것인가?"라는 근원적 물음에 관한 지식이다. 과학적 지식이 무한한 진보를 추구한다면, 윤리적 지식은 이 진보를 궁극적 목적과 연관시켜 생각함으로써 인간의 지식과 행위에 '한계'를 설정한다.

우리는 앞으로도 끊임없이 행복과 생활수준의 향상을 추구할 것이다. 그러나 환경오염과 생태학적 위기가 분명하게 증명하고 있는 한 가지 사실은 "제한된 지구와 무한한 성장은 결코 양립할 수 없다"는 점이다. 인간은 유한하고, 인간의 삶의 터전인 지구 역시 제한되어 있다. 우리가 생태학적 파국을 회피하고 또 우리의 후손을 위해 그것을 조금이라도 지연시키고자 한다면, 우리는 이 사실을 직시해야 한다. 그것이(모든 것을 통제하고 있다는 기술적 인간의 자기 착각에도 불구하고) 인간의 의지와는 상관없이 저절로 굴러가고 있는 것같이 보이는 과학과 기술의 지배로부터 인간을 구원할 수 있는 유일한 길이다. 자연은 실상 인간이 자신에게 어떤 의미를 부여하든 관심이 없다는 사실을 감안한다면, 인간은 결국 자신의 행위에 대해 자율적으로 책임짐으로써 스스로를 구원해야 한다. 그것은 어쩌면 인간의 내면에 있는 자연을 회복함으로써 우리를 둘러싸고 있는 바깥의 자연환경을 보전하는 길일 것이다.

[자료] 환경윤리에 관한 서울선언문

1. 전 문

현대 산업문명은 눈부신 과학기술의 진보와 경제성장으로 경이로운 물질적 풍요를 창출함으로써, 인류에게 일찍이 유례없는 문명의 혜택을 안겨 주었다. 그러나 그 과정에서의 심각한 지구환경 파괴와 오염으로 인해 오히려 삶의 질의 악화를 염려해야 하는 모순적인 상황을 맞고 있다. 또한 절대빈곤과 열악한 생활환경으로 고통 받는 사람들이 많다는 현실도 극복되지 못하고 있다. 날로 심화되고 있는 이들 지구촌의 환경문제는 21세기 인류의 앞날에 어두운 그림자를 드리우고 있어, 그 근본적인 해결을 위해 우리는 삶의 터전인 지구와의 관계를 다시 정립해야 하는 처지에 놓였다.

지구환경의 위기는 인간의 무절제한 욕망과 과도한 물질주의의 추구에서 그 뿌리를 찾을 수 있다. 뿐만 아니라, 과학기술이 환경문제의 모든 것을 해결할 수 있다는 믿음은 이미 그 한계를 드러내고 있다. 이러한 우리의 왜곡된 가치관과 허구적 믿음을 버리지 못한다면, 지구환경은 급격히 악화될 것이고, 결국에는 생명계를 떠받치는 자연(自然)의 파멸에 직면하게 될 것이다. 따라서 지속가능한 발전을 위해서는 자연의 수용능력 안에서 지구환경을 이용하고 그 혜택을 골고루 나눌 수 있도록 우리의 사고와 행동의 틀을 바꾸어야 한다.

이에 우리는 생태계의 파멸을 피하고 삶의 질을 높이기 위해 생명(生命)에 대한 새로운 인식으로부터 새로운 환경윤리(環境倫理)가 모색되어야 함을 밝히고자 한다. 자연과 인간은 서로 떨어져서는 존재할 수 없으며, 보다 큰 '온 생명체계'의 일부로서 존재한다. 인간에게 자연은 단순한 이용의 대상이 아니라 더불어 삶을 영위해야 하는 공동운명체이다. 그리고 인간사회 또한 다양한 문화·민족·국가·세대로 이루어진 유기적(有機的) 공동체로서, 그 존립과 안녕은 이들 구성요소의 온전함에 의존한다. 따라서 환경위기를 극복하기 위한 새로운 패러다임은 자연과 인간, 그리고 인간과 인간에 대한 '온 생명체계'의 생태론적 관점에 바탕을 두어야 한다.

이러한 환경윤리의 구현을 위해서는 생명에 대한 외경심을 바탕으로 숭고한 정신문화를 창달하고, 형평성과 다양성을 존중하는 환경정의(環境正義)를 반드시 실현시켜야 한다. 또한 과학기술의 환경친화성을 더욱 증진시키고 모든 차원에서의 상호협력을 극대화함으로써, 지구환경을 살리기 위한 비상(非常)한 노력을 기울여야 한다.

이에 뜻을 모아, 스톡홀름 선언의 25주년과 리우 선언의 5주년을 맞이하는 뜻 깊은 해 1997년, 6월 5일 오늘, 대한민국의 수도 서울에 모인 우리는 온 누리의 삶을 위한 이 선언의 이상과 내용이 계속 다듬어지기를 기대하면서 "환경윤리에 관한 서울선언"을 공포한다.

2. 원 칙

인간을 비롯한 지구상의 모든 생물과 자연적 요소, 그리고 물리적 힘은 서로 뗄 수 없는 의존관계를 맺고 있으며, 이 유기적 총체는 '온 생명체계'를 이루고 있다. '온 생명체계'가 온전하게 보전되기 위해서는 그 구성요소 각각의 생존과 그들 사이의 조화로운 상호작용이 필수적이다. 마찬가지로 각 구성요소의 존립과 안녕은 '온 생명체계'의 온전함에 달려있다. 인간의 무분별한 자연이용은 '온 생명체계'의 온전성을 해치고, 결국 인간 자체의 파멸을 초래하게 될 것이므로, 더 늦기 전에 바로 잡혀야 한다. 이를 위해 국가의 발전전략으로부터 개인의 일상생활에 이르기까지 인간의 모든 활동은 온 생명체계의 안녕과 온전성을 전제로 계획되고 추진되어야 한다.

1) 물질만능주의의 극복과 정신문화의 창달

산업문명의 발전은 인류에게 일찍이 유례없는 물질적 풍요를 선사했다. 그러나 다른 한편으로는 물질만능주의를 비롯한 가치관의 전도를 낳았고, 생명경시를 비롯한 갖가지 사회병리현상을 빚고 있다. 그리고 그 심각성은 더 이상 방치할 수 없는 상황에 이르렀다. 이제 우리는 모든 생명을 어울러 감싸는 정신문화를 일으켜야 한다. 그리하여 물질적 풍요에 대한 욕구와 절제 사이에 슬기로운 균형을 이루는 윤리규범을 세우고, 그로부터 삶의 방식을 바꾸는 일을 해내야 한다.

이를 위해서는 동서양 문화권의 전통적 가치관과 다양한 종교사상을 현대적 맥락에서 재해석하고, 그 지혜와 경험을 우리 삶의 한 부분으로 융화시키려는 노력이 그 어느 때보다 중요하다. 또한 세계 곳곳의 원주민 사회는 수천년 동안 나름대로 자연과 더불어 사는 윤리적 삶을 이어 왔으므로, 이들 향토문화의 가치를 재조명하는 것도 필요하다.

2) 환경정의의 추구

지구는 인간을 비롯한 모든 생명체의 삶의 터전이다. 따라서 지구환경을 이용함으로써 얻어지는 혜택과 그에 따르는 책임은 지구 공동체의 모든 구성원에게 공평하게 나누어져야 한다. 특히, 국제사회는 개발로 얻어지는 사회적·경제적 이익을 국가와 민족, 그리고 세대 간에 최대한 공평하게 분배하고, 그에 따르는 부담이 편중되지 않도록 더욱 노력해야 한다.

환경윤리의 모색에서, 우리는 어느 누구에게나 온전한 환경을 누릴 권리와 번영을 추구할 권리가 있음을 인정하고 이를 존중하여야 한다. 아울러 환경오염의 영향은 누적적이고 장기적임에 비추어, 철저한 사전예방조치로 미래세대의 환경권을 보호해야 할 의무를 지고 있다.

3) 과학기술의 환경친화성 증진

과학기술의 발전은 기념비적 인류문명의 원동력이었고, 그 역할은 날이 갈수록 중요해지고 있다. 그러나 과학기술의 개발과 이용은 환경문제를 비롯한 갖가지 부작용을 낳고 있어, 그 밝음과 어두움의 양면성을 정확히 평가하여 올바른 발전방향을 정립해야 한다.

과학기술의 환경친화성을 증진시키기 위해서는, 자원의 유한성과 자연의 자체정화능력의 한계성을 인식하고, '온 생명체계'의 모든 요소 사이에 밀접한 상호 관련성이 있음을 받아들이는 환경친화적 과학관이 정립되어야 한다. 이를 바탕으로 환경친화적 과학기술의 개발과 정보의 보급에 힘써야 한다. 그리고 과학기술의 계획과 이용에서 야기될 수 있는 돌이킬 수 없는 환경피해를 원천적으로 막을 수 있도록 엄격한 사전평가와 사후평가를 수행해야 한다.

4) 책임분담과 협력 극대화

우리 모두는 '온 생명체계'의 온전성을 지키고 가꾸어야 할 책임과 의무를 나누어지고 있다. 그 책임과 의무는 우리 모두의 일상생활의 작은 일로부터 국가경영에까지 확대되어야 한다. 개인차원의 노력은 보다 조직화되어 시민단체와 산업계는 물론 정부에까지 확산되고 환경파수꾼의 협력체제로 발전되어야 한다. 이를 통해 나라 안팎으로 모든 부문의 협력을 극대화함으로써 환경을 살리려는 다양한 노력이 결실을 거두어야 한다.

3. 실천강령

1) 정 부

(1) [정책의 조정] 환경과 개발에 관련되는 모든 정책은 온 생명체계의 온전성이 유지되도록 수립되고 집행되어야 한다. 이를 위해 정부와 모든 관련기관은 상호 협조와 조정에 최대한 노력한다.

(2) [사전예방의 강화] 모든 개발계획은 철저한 환경영향평가를 거쳐 수립되고 집행되어야 한다. 그리고 적절한 사전예방조치와 다양한 대안의 검토가 반드시 선행되어야 한다. 리우선언에서 지적된 바와 같이, 돌이킬 수 없는 심각한 환경위험이 우려되는 경우에는 확실한 과학적 증거가 부족하다는 이유로 예방조치를 지연시켜서는 안 된다.

(3) [정책의 공정성과 투명성] 환경과 개발에 관한 정책의 수립과 집행에는 모든 이해당사자의 의견이 공정하게 반영되어야 한다. 이

를 위해 환경과 개발에 관련된 정보를 일반에게 조기에 공개하고, 충분한 의견수렴과정을 거쳐야 한다.

(4) [환경친화적 기술의 지원] 정부는 환경친화적 기술의 개발을 적극 지원하고 그 이용을 장려해야 한다. 이를 위해 환경기술의 연구개발과 이용할 수 있는 유인책을 강화하고 여건조성에 힘쓰며, 필요한 재원확보를 위해 적극 노력한다.

(5) [형평성] 정부는 환경과 개발에 관련된 정책에서 파생되는 편익과 부담이 형평성 있게 배분되도록 노력해야 한다. 특히, 여성, 아동, 노인, 소수민족, 원주민, 장애인 등 소외계층에 대해 배려하고 이들의 정책 결정과정에의 참여를 촉진할 수 있는 여건을 조성한다.

(6) [환경교육] 환경위기를 극복하기 위해서는 시민의 의식과 생활방식이 바뀌어야 하며, 이는 교육, 특히 유년기의 환경교육에 의해 크게 영향 받는다. 따라서 정부는 환경문제와 환경윤리에 관한 교육을 더욱 강화해야 한다. 나아가서 사회 모든 부문의 환경교육 활성화를 위해 재정지원을 비롯한 다양한 지원시책을 마련한다.

(7) [국제협력] 모든 국가는 지구공동체의 일원으로서 지구환경을 지켜야 할 책임을 지고 있다. 따라서 각국은 국제협약을 성실히 준수하고 환경친화적인 정책의 공동개발과 실시에 적극 동참해야 한다. 또한 정책경험의 공유는 물론 새로운 환경과학정보의 신속한 교환을 통해 지구환경보호를 위한 국제협력을 활성화하고, 환경위험에 대한 조기경보체제를 구축한다.

2) 시 민

(1) [환경친화적 생활양식] 지구촌의 사람들은 지구자원의 유한성을 인식하여 과욕과 과소비에서 벗어나 절제를 미덕으로 삼는 삶의 방식을 추구해야 한다. 이러한 개인의 노력은 사회를 변화시키는 원동력이자, 우리의 후손에게 온전한 삶의 터전을 물려 줄 수 있는 길이므로, 소비행태의 개선은 반드시 이루어져야 한다.

(2) [적극적 참여의식] 시민은 다양한 형태로 정책 결정과정에 참여하여 정부의 환경정책이 올바르게 시행될 수 있도록 노력함으로써, 정부정책의 공평성과 균형성이 제고되도록 기여해야 한다.

(3) [박애정신] 모든 개인은 환경적, 경제적, 사회적으로 어려움에 처한 소외계층을 돕고, 나아가서 모든 생명체를 포함하는 보다 큰 지구공동체 의식이 함양되고 전파되도록 노력한다.

3) 종교단체

(1) [영적 자연관] 오늘날의 환경문제는 과학적 차원뿐만 아니라 종교적 차원에서도 새롭게 인식되어야 할 시점에 이르러, 종교계의 환경보전을 위한 노력이 어느 때보다 중요하다. 종교적, 영적(靈的) 지도자들은 환경보전과 환경정의의 구현을 위해 보다 투철한 사명감을 갖고 기여해야 한다.

4) 환경단체

(1) [환경의식의 고취] 환경단체는 사회환경교육과 홍보를 통해 일반시민의 환경의식을 제고한다. 이를 위해 사회 각계각층을 대상으로 다양하고 체계적인 교육과 훈련을 확대함으로써 온 생명체계의 이념이 널리 확산되도록 노력한다. 또한 미래세대에게 쾌적한 자연환경을 물려주기 위한 환경보전 활동에 앞장선다.

(2) [감시와 조정] 환경단체는 환경과 개발에 관한 정책을 평가하고 대안을 제시할 수 있도록 역량을 키우며, 환경행정의 감시자로서의 기능을 수행한다. 또한 정부와 민간부문은 물론 국가 간의 다양한 이해당사자 사이에서 대화를 촉진하는 다리의 역할을 충실히 수행한다.

(3) [전문성 확보와 상호 협력] 환경단체는 날로 다양해지고 복잡해지는 환경문제에 대응할 수 있도록 전문성을 확보하고 공조체제를 확립하여 시민환경운동을 효율적으로 추진해야 한다. 또한, 환경단

체 간의 네트워크를 구축하여 관련정보와 전문지식의 상호 교류를 촉진함으로써 시민환경운동을 활성화한다.

(4) [지역사회 환경운동] 지역환경단체는 지역의 환경과 생태계 보전을 위해 지역주민의 환경운동을 활성화해야 한다. 이를 위해 지역주민과 사회단체 사이의 협력체계를 구축함으로써 지역환경보전활동을 효과적으로 추진할 수 있는 기반을 마련한다.

5) 산업과 기업

(1) [환경친화적 산업활동] 산업계는 에너지를 비롯한 자원의 사용을 효율화하고 오염물질의 배출을 최소화하는 생태효율적 생산방식을 추구해야 한다. 이를 위해 환경친화적 생산기술을 개발·이용하고 자원의 재활용을 극대화한다. 그리고 금융계는 환경친화적 투자활동에 대한 지원을 더욱 확대한다.

(2) [기업책임의 확대] 기업은 원료의 채취로부터 사용된 제품의 폐기에 이르기까지 제품주기 전 과정에 걸친 환경영향에 대하여 책임을 진다는 자세로 환경영향을 최소화하는 제품을 개발하고 생산해야 한다.

(3) [환경경영] 기업은 주기적 감사를 통해 기업의 환경경영 상태를 평가하여 환경오염에 대한 사전예방과 사후처리를 강화해야 한다. 또한, 환경오염의 예방과 처리비용을 생산비용으로 내재화하여 환경친화적 경영을 정착시켜야 한다.

6) 국제기구

(1) [지구환경 감시] 국제기구는 기후변화, 오존층 파괴, 생물다양성 감소를 비롯한 지구환경의 변화를 주기적으로 조사하고, 유해폐기물의 국경 간 이동과 수자원 분쟁의 국제현안에 대해서도 모니터링을 강화한다.

(2) [정책대안의 개발] 국제기구는 전 지구적 환경문제와 국가 간 환

경문제의 실상을 파악하여, 그 해결을 위한 다양한 정책대안을 개발하고 그 시행을 촉진한다.

(3) [갈등조정] 국제기구는 환경분쟁의 예방과 해결에 앞장서고, 환경정책의 국제공조를 이끌어내는 역할을 해야 한다. 특히, 환경정책과 환경기준 전반에 걸쳐 국가 간의 차이가 서로 존중되고 인정되도록 중재하고 조정함으로써, 분쟁의 소지를 줄이는 기능을 수행한다.

(4) [국제협력 강화] 전 지구적 환경문제의 해결을 위해 지역협력과 국가 간 협조체제를 강화하고, 선진국의 경험과 기술정보가 개발도상국에 신속히 전달될 수 있도록 중추적 역할을 한다.

(5) [개발도상국 지원] 국제기구는 개발도상국, 특히 극빈국가들이 빈곤과 환경악화의 악순환에서 벗어날 수 있도록 선진국과 협력하여 이들 국가에 대한 재정적 기술적 지원을 강화한다.

7) 학계 및 연구기관

(1) [연구개발] 과학기술계는 환경문제의 실체를 이해하고 해결방안을 모색하는 데 있어 견인차 역할을 해야 한다. 이를 위해 학계와 연구기관은 오염방지와 자원절약의 기술개발은 물론 오염원의 위해성 평가를 포함한 환경기초연구에 더욱 힘쓴다. 또한 과학기술계는 새로운 과학적 발견과 신기술이 사회에 미칠 수 있는 잠재적 위험에 대하여 경각심을 갖고, 엄격한 도덕적 기준에 따라 연구를 수행해야 한다.

(2) [학제적 접근] 날로 복합화되고 있는 환경문제의 성격에 비추어, 환경관련 연구는 과학기술 분야뿐만 아니라 철학, 사회학, 경제학을 포함하는 인문사회 분야와의 학제적(學際的) 공동연구로 활성화되어야 한다.

8) 언론과 뉴미디어

(1) [환경문제의 홍보] 대중매체는 환경문제의 실상과 관련정책의 내용을 정확히 알림으로써 올바른 여론형성에 이바지해야 한다. 대중매체와 영상산업은, 특히 주요 환경 관심사와 환경보전 성공사례를 호소력 있게 다룸으로써, 일반의 환경의식을 높이고 일상생활에서 몸소 실천하도록 이끌어야 한다.

(2) [뉴미디어의 활용] 새로운 전자매체는 전 지구적 환경정보의 교류와 환경논의를 활성화하고, 이를 통해 새로운 환경윤리의 패러다임을 모색하는 장으로 활용될 수 있다. 따라서 뉴미디어의 활용으로 세계시민과 연대하여 환경 살리기의 실천강령을 널리 행동에 옮길 수 있도록 노력한다.

8 생명윤리

영화로 먼저 읽어보기

아일랜드*Ireland*

지구상에 일어난 생태적인 재앙으로 인하여 일부만이 살아남은 21세기 중반. 자신들을 지구 종말의 생존자라 믿고 있는 링컨 6-에코와 조던 2-델타는 수백 명의 주민들과 함께 부족한 것이 없는 유토피아에서 빈틈없는 통제를 받으며 살고 있다. 잠자리에서 일어나면서부터 몸 상태를 점검 받고, 먹는 음식과 인간관계까지 격리된 환경 속에서 사는 이들은 모두 지구에서 유일하게 오염되지 않은 희망의 땅 '아일랜드'에 추첨이 되어 뽑혀 가기를 바라고 있다.

최근 들어 매일 같이 똑같은 악몽에 시달리던 링컨은 제한되고 규격화된 이 곳 생활에 의문을 품게 된다. 그리고 곧 자신이 믿고 있던 모든 것들이 거짓이었으며, 자기를 포함한 그곳의 모든 사람들이 사실은 스폰서(인간)에게 장기와 신체부위를 제공할 복제인간이라는 사실을 알게 된다. 결국 '아일랜드'로 뽑혀 간다는 것은 신체부위를 제공하기 위해 무참히 죽음을 맞이하게 되는 것을 의미했던 것이다.

어느 날, 복제된 산모가 아이를 출산한 후 살해되고 장기를 추출 당하며 살고 싶다고 절규하는 동료의 모습을 목격한 링컨은 아일랜드로 떠날 준비를 하던 조던과 탈출을 시도한다. 그간 감춰졌던 비밀, 엄연히 존재하고 있는 외부의 모습을 보게 된 이들은 자신들의 스폰서를 찾아 나서고 오직 살고 싶다는 본능으로 탈주를 계속하는데 ……

Summary

현대 생명과학의 급속한 발달은 인간의 질병퇴치와 생명연장 등에 크게 기여하고 있으며 앞으로 생명과학의 발달 가능성에 따른 혜택은 매우 클 것으로 전망되고 있다. 특히, 유전병이나 난치병, 희귀병 등으로 고생하고 있는 많은 사람들이 현대 생명과학의 발달에 거는 기대는 매우 크다고 하겠다.

생명윤리(bio ethics)는 오늘날 환경윤리, 인터넷윤리에 이어 새롭게 주목받고 있는 응용윤리의 한 분야이다. 최근 유전공학의 발달과 첨단 의료기술의 발달은 과거에는 상상하지 못했던 엄청난 규모의 잠재적 산업과 그에 뒤따르는 여러 가지 윤리적 문제들을 야기하고 있다.

영화 <아일랜드>는 주어진 인간의 수명을 연장하기 위해 배아줄기세포를 통해 복제된 인간을 통해 인간의 손상된 장기를 육성, 주요 고객에게 이식시킴으로써 희귀병, 난치병 등을 치료하여 수명을 연장시키는 내용을 그리고 있다. 인간은 신이 창조한 영역임에도 불구하고 인간이 인간을 창조하고 그 인간을 인간의 의지와는 관계없이 다른 인간에게 장기를 이식시켜 생명의 수명을 연장시키는 아이러니를 보이고 있다.

생명윤리의 핵심은 인간의 질병이나 수명을 연장시키기 위해 필요한 인간개체 복제와 인간 배아복제의 타당성 여부로 집약된다. 인간 복제에 많은 관심들을 가지고 시도되고 있는 근본적인 이유는 관련 산업의 미래시장이 천문학적 규모에 이를 것이라는 관측과 특허 하나만으로도 일확천금을 벌수도 있다는 것이 과학자에게 커다란 유혹으로 작용하기 때문이다.

그러나 문제는 생명과학기술 분야의 국가경쟁력에 더 관심을 갖는 정부와 생명과학 연구에 내포된 엄청난 부가가치를 기대하는 기업의 입장에서 생명윤리 문제가 주로 다루어지다 보니 이에 대한 균형 잡힌 담론도 모두에게 설득력을 갖는 이론도 아직은 기대하기 어려운 것이 우리의 현실이라는 데 있다. 현 시점에서 우리에게 가장 시급한 것은 진정한 의미의 학제적 연구 및 관련 당사자들 간에 공론의 장(場)을 마련하는 일이다. 얼핏 보기에 멀리 돌아가는 것 같아도 이것이야말로 미래에 대처하는 올바른 방법이라고 생각된다.

Key Words 생명윤리, 인간 개체복제, 인간 배아복제

1 생명윤리의 등장배경

현대 생명과학의 급속한 발달은 인간의 질병퇴치와 생명연장 등에 크게 기여하고 있으며 앞으로 생명과학의 발달가능성과 그 혜택은 매우 클 것으로 전망되고 있다. 특히, 유전병이나 난치병, 희귀병 등으로 고생하고 있는 많은 사람들이 현대 생명과학의 발달에 거는 기대는 매우 크다고 하겠다. 그러나 현대 생명과학은 과학기술에 대한 몰가치론(沒價値論)을 내세우는 이른바 과학주의(scientism)에 경도하면서 적지 않은 부작용을 초래하고 있기도 하다. 특히, 현대 생명과학의 기술들을 인간에게까지 적용하기 시작하면서 그리고 인간학 및 윤리학과 단절하면서 오히려 인간을 사물화·대상화하여 인간 생명의 존엄성을 위협하는 부작용을 초래하고 있기도 하다. 인간 생식과 관련된 신기술의 문제, 태내 진단기술의 우생학적 사용, 인간 복제 시도, 인간 배아줄기세포 연구 논란 등 인간 생명의 존엄성을 위협하는 상황이 발생하고 있다.

그러므로 현대 생명과학의 발달이 가져오고 있는 역기능으로부터 인간 생명의 존엄성을 보호하기 위한 생명윤리의 정립이 시급하다. 물론 현대 생명과학도 인간생명의 존엄성 실현을 목적으로 한다고 할 수 있다. 그러나 인간생명의 존엄성이 목적으로 추구되고 실현되어야 할 뿐만 아니라 연구과정에서도 보장되고 실현되어야 할 것이다.

생명윤리의 필요성과 중요성에 대해서 의문을 제기하는 사람들은 이제 거의 없다. 생명과학의 진보에 대한 절대적인 믿음이 이제 사라지고 있으며 기술 연구와 적용에 대해 어떤 제한이 필요하다는 생각이 널리 수용되

고 있다. 이에 따라 다양한 철학적 배경을 가진 생명윤리가 등장하고 있다. 문제는 과연 어떤 철학적 배경을 가진 생명 윤리가 인간생명의 존엄성을 인간 삶의 전(全) 과정에서 보장해 줄 수 있는가이다.

오늘날 인간생명과 관련하여 가장 논란이 되고 있는 생명과학 연구 분야는 인간 배아줄기세포 연구영역이라 할 수 있다. 생명과학자들, 생명 엔지니어들, 그리고 생명공학 관련 기업들은 인간 배아줄기세포 연구의 유용성과 혜택을 강조하면서 이 연구에 심혈을 기울였다. 반면 종교계, 시민단체 등은 인간 배아는 이미 인격 지위를 갖는 인간이므로 배아의 파괴를 가져오는 배아줄기세포 연구는 곧 살인과 다름없다고 반대하고 있다.

> 공상영화에나 등장하던 '복제 인간'이 이제 더 이상 황당하게 들리지 않는다. 배아복제를 통한 복제인간 실현 가능성이 눈앞으로 다가왔기 때문이다. 이제 우리는 머지않아 자신의 유전자와 똑같은 간과 심장을 '맞춤 이식'할 수 있을지도 모른다. 생명과학의 발달은 인간에게 과연 득만 될 것인가? 한 세기 전 기술 복제(複製)시대 예술의 운명처럼 생명과학의 발달로 인간은 존엄성과 아우라(aura·후광)를 잃을 위기에 처한 것은 아닐까?

위의 이야기는 불과 몇 년 전(2002년)에 윤리학자와 생물학자 간의 논의에 앞서 나온 이야기이다. 이후 배아복제 연구는 탄력을 받아 급성장하기에 이르지만 연구진의 인간생명에 대한 윤리의식 부재(난자의 채취과정, 인간의 존엄성 문제 등)로 인해 난관에 봉착하고 급기야는 연구책임자가 구속되고 대학교에서 파면조치를 당하는 일이 발생하게 되었다.

생명윤리의 핵심은 인간의 질병이나 수명을 연장시키기 위한 인간 개체 복제와 인간 배아복제의 타당성 여부로 집약된다. 인간 복제에 앞서 1996년 말 영국에서 복제양 돌리가 탄생한 이후(돌리는 노화를 이유로 2003년 2월 14일 안락사 당하였다) 그간 인간 복제에 관해 다양한 수준의 논의가 있어왔고 그 결과 이 기술을 인간에게 그대로 적용해서는 안 된다는 공감대가 전 세계에 광범위하게 형성되었다. 이러한 배경하에 세계 20

여 개국은 인간 개체 복제를 금지하는 법안을 제정했거나 제정 중에 있으며 유엔은 2002년부터 인간 복제를 금지하는 국제협약 채택을 위한 구체적인 작업에 착수하였다.

사례 1 복제동물 전성시대

얼마 전 과학자들이 멸종에 이른 야생 소를 복제하는 데 성공했다는 소식이 외신을 통해 전해졌다. 인도에 단 한 마리만 남아 있던 종을 국립낙농연구소가 복제함으로써 멸종위기를 넘길 수 있는 희망을 준다는 얘기였다. 그런데 생각보다 별다른 화제가 되지 못했다. 멸종위기란 말도 그렇지만 복제동물은 이제 너무 익숙해져 무관심해진 대상이 된 것 같다. 하지만 복제동물이 우리 생활에 이미 다가와 있다는 사실을 떠올려보면 새삼스럽지만 복제동물이 소비자에게 어떤 영향을 미치는지에 대해 곰곰이 생각해볼 필요가 있다.

1996년 복제양 돌리가 태어났을 때 세상은 무척 떠들썩했다. 인간이 포함된 포유동물이 복제될 수 있다는 사실이 충격이었다. 세간의 관심은 우선 복제기술 자체의 경이로움에 맞춰졌다. 부모의 정자와 난자가 수정하는 과정이 불필요했다, 귀나 머리카락에서 채취한 체세포, 그리고 핵을 제거한 난자만으로 생명체가 만들어질 수 있다는 사실은 대단히 흥미로웠다. 곧이어 복제인간의 출현 가능성을 두고 세계적인 논란이 일어났다. 세계 각국은 서둘러 인간 복제를 금지하는 법안을 마련했다. 이후 20년가량 세월이 지나면서 일반인들은 혹시라도 불법으로 복제인간이 태어나지 않을까 하는 호기심 어린 우려를 갖는 정도로 무덤덤해지는 듯하다. 공상과학 영화에서 복제된 인간이나 동물이 종종 등장하지만 그야말로 영화 속 얘기로 받아들일 수 있다.

그러나 돌리가 태어난 후 복제동물의 종류는 꾸준히 늘어났다. 현재 세계적으로 20종 넘는 동물이 복제됐다. 한편으로 과학자들은 생명 출생의 원리를 탐색하고 인간의 난치병을 치료하는 유용한 도구로 복제기술을 활용하고 있다. 그리고 다른 한편으로 당장 시장 진입에 성공할 수 있도록 여러 응용방법을 모색하고 있다. 그 결과 소비자가 매력을 느끼고 기꺼이 구매할 수 있는 첨단 생명공학 상품이 등장하고 있다. 바로 우리나라 얘기다.

이미 실현된 상품은 복제 애완동물이다. 1억원 정도를 내면 자신이 애지중지 아끼던 동물이 죽어도 복제기술로 다시 태어날 수 있다. 당연히 복제된 애완견이 원래의 애완견과 동일할 수 없다. 다만 원리적으로 99% 이상의 유전자가 서로 동일하기 때문에 외모가 거의 같은 애완견을 얻을 수 있다. 성격도 같기를 기대할 수 있겠지만 알 수 없는 일이다. 그래도 이 정도면 만족스럽다고 느끼며 고가의 비용을 지불하려는 고객은 적지 않은 것 같다.

일반인의 욕구와는 다소 동떨어진 특별 상품으로 마약을 탐지하거나 인명을 구조하는 특수견의 복제 역시 이미 실현됐고 그 규모가 확대되고 있다. 인천국제공항에서 검문대를 통과한 마약 소지자를 찾아낸 개가 사실 복제견이라는 소식이 소개될 날이 머지않았다.

조만간 소비자에게 가장 실감나게 다가올 상품은 복제식품이다. 국내에서는 몇 년 전부터 지자체의 지원 아래 특산 한우의 복제 성공 소식이 계속 전해졌다. 과거 임금님 수라상에 올랐을 만큼 고품질의 한우를 복제하거나, 그 정자나 난자를 이용해 인공수정을 시킴으로써 대량의 소비상품을 저렴하게 공급할 수 있다는 기대감이 담겨 있다. 최근에는 정부의 지원 아래 중국과 공동으로 복제기술의 대규모 실용화 사업이 추진되고 있다. 사업안 가운데 하나는 중국의 소고기 소비시장이 거대해질 것에 대비한 식용 복제소의 개발이었다.

소비자로서는 당연히 복제 소고기를 먹어도 괜찮은지가 궁금하다. 미국에서는 2008년 식품의약국(FDA)이 복제소의 고기와 우유가 안전하다고 밝혔다. 무려 10여년간 과학계, 축산업계, 시민단체 등으로부터 의견을 수렴하는 과정을 거쳤다. 미국의 판단에 대한 입장과 무관하게, 한국도 정부 차원에서 다양한 이해당사자와의 소통을 거치는 과정이 요구된다. 하지만 최근의 추세를 보면 정부가 이미 안전성에 대한 결론을 내린 게 아닐까 의구심이 든다.

복제기술은 돌리의 등장 때부터 현재까지 윤리적인 이유뿐 아니라 기술적인 불안정성으로 인해 많은 논란을 일으키고 있다. 단적으로 한 마리의 복제동물이 '정상'으로 태어나는 과정에서 기형의 '비정상' 개체가 상당수 폐기된다. 복제동물의 생산 과정과 이로부터 파생할 수 있는 사회적 가치를 종합적으로 공개하고 고민하는 자리가 필요하다.

[출처 : 경향신문, 2015. 1. 11]

이처럼 인간 복제를 반대하는 이유는 유일성 또는 개성의 권리의 침해 · 인간존엄성의 침해 · 복제인간의 동의 결여 · 신 노릇 · 복제의 비자연성 · 복제인간의 자유박탈 · 그리고 부모자식 관계의 파괴 · 복제인간과 공여자의 관계문제 · 유전자 풀의 다양성 감소 등에 기인한다. 그러나 가장 큰 문제는 복제기술이 아직 불완전하기 때문에 이 기술을 인간에게 그대로 적용해서는 안 된다는 것이다. 현재의 기술수준은 동물 복제에 있어서 그 성공률이 10% 미만인 점을 감안한다면 인체를 대상으로 하는 인간 복제 실험은 더욱더 그 위험성이 커지게 되며 윤리적으로 많은 문제점을 야기하게 된다.

그럼에도 불구하고 인간 복제에 왜 많은 관심들을 가지고 지금도 시도되고 있을까? 관련 산업의 미래시장이 천문학적 규모에 이를 것이라는 관측과 특허 하나만으로도 일확천금을 벌수도 있다는 것이 과학자에게 커다란 유혹으로 작용할 것이다. 그러나 아마도 과학자에게 있어서는 '세계최초'로 기억되고 싶은 욕망 때문이라는 것이 지배적이다. '줄기세포'를 가장 먼저 발표하기 위해 실험데이터를 조작하여 발표한 '황우석 박사' 사건은 이의 좋은 예이다.

한편, 인간 배아복제는 현재 생명과학계에서 화두로 등장하고 있는데 이 연구가 인류에게 가져다 줄 의학적 이득이 대단하기 때문인 것으로 알려져 있다. 즉, 유전자 치료법으로 파킨슨병 등 난치병 및 불치병 치료가 가능하고 이 기술의 이용으로 이식용 장기들을 대량생산하여 현재 이식용 장기의 극심한 수급 불균형을 완화시킬 수 있다는 것이다.

이와 같은 이유로 현재 인간 복제와 인간 배아에 대한 연구가 생명의 존엄성과 생명윤리적인 차원에서의 반대에도 불구하고 각국에서는 이의 연구가 매우 활발히 진행되고 있다.

생명윤리의 현황과 과제 2

생명윤리(bio ethics)는 오늘날 환경윤리, 인터넷윤리에 이어 새롭게 주목받고 있는 응용윤리의 한 분야이다. 최근 유전공학의 발달과 첨단 의료기술의 발달은 과거에는 상상하지 못했던 엄청난 규모의 잠재적 산업과 그에 뒤따르는 여러 가지 윤리적 문제들을 야기하고 있다. 선진국에서는 이미 그간 축적된 연구와 사례들을 통해 잠정적이나마 어느 정도 통용될 수 있는 생명윤리의 이론들이 나와 있지만 우리나라의 형편은 새롭게 등장하는 문제들을 놓고 의견이 분분한 가운데 이제 겨우 외국의 이론들을 단편적으로 소개하면서 그 적용을 모색하는 단계라고 할 수 있다. 특히, 독특한 문화적 전통 위에 급속한 서구화·산업화 과정을 겪고 있는 우리나라 여건에서는 이 분야의 윤리적 갈등 또한 매우 복잡한 양상으로 전개될 수 있기 때문에 광범위한 설득력을 가질 수 있는 생명윤리의 이론을 제시하는 일은 매우 시급한 과제라 할 수 있다.

여기서는 생명윤리의 문제들을 해결하는 데 최소한의 기준을 제공해 줄 수 있는 이론을 모색하기 위한 단계로서 이 분야에서 우리보다 앞서서 다양한 문제들을 경험하고 그것을 해결하기 위해 이론적 측면에서도 많은 노력을 경주해온 미국의 경우를 살펴봄으로써 우리 실정에 맞는 생명윤리의 이론적 근거를 세우는 데 시사점을 얻고자 한다.

1) 생명윤리의 개념과 특성

'생명윤리'라는 말은 1970년 미국의 종양학자 포터(Van Rensselaer Potter)가 처음 사용했다. 그는 생명윤리를 "생물학 지식과 인간의 가치체계에 관한 지식을 결합하는 새 학문 분야"라고 정의했다. 한편, 1971년 라이히(Warren T. Reich)는 생명윤리를 "의학 및 생명과학의 윤리적 차원에 관한 연구"라고 정의하면서 생명윤리백과사전(the encyclopedia of bioethics)의 편찬에 착수한 바 있다. 우리나라의 박이문에 의하면 "생명윤리학은 일종의 응용윤리학으로서 어떻게 우리가 다 같이 인정하고 있는 윤리적 원칙을 생명의 영역에서 발생하는 특수한 상황에 적용해야 하는가의 기술적 문제를 검토하는 분야" 라고 하였다. 따라서 그것은 의학과 첨단 생물학의 발달로 가능해진 여러 가지 문제들의 윤리적 정당성과 그 한계를 다룬다.

생명윤리학은 1990년대 들어 갑자기 인기학문으로 떠올랐다. 새롭게 등장하는 문제들의 심각성으로 인해 이 분야에 대한 학문적 수요가 증가했기 때문이다. 처음에는 인공심장 · 장기이식 · 낙태 · 안락사 · 인공수정 · 시험관 아기 등의 문제가 거론되었으나 이제는 유전공학 · 유전자 치료 · 유전자 특허 · 유전자 조작 식품 · 인간게놈계획 · 인간 복제 등의 문제가 매스컴을 통해 선정적으로 보도되기에 이르렀다. 그러므로 이제는 일반 대중들도 이러한 문제들과 관련된 기술적·윤리적 차원의 이해 내지는 판단 능력을 필요로 하는 시대가 되었다.

하지만 오늘날 우리는 이러한 문제들이 함축하고 있는 의미를 충분히 이해하지 못하고 있을 뿐만 아니라 또 그로 인해 초래될 위기에 대처할 수 있는 준비도 제대로 갖추고 있지 못한 것처럼 보인다. 사실상 개인의 차원은 물론 사회적 · 국가적 차원에서도 아직까지 생명윤리 분야에서 제기되는 문제들을 어떻게 판단하고 해결하는 것이 바람직한 것인지에 대한 포괄적인 기준이 마련되어 있지 않다고 할 수 있다. 생명윤리학이 아직은 그 요구되는 정도만큼의 역할을 다하지 못하고 있는 것이다.

그래서 보는 관점에 따라서는 생명윤리학이 하나의 독자적인 학문 분과를 이룬다고 말할 수 있는지에 대해서조차 의문이 제기되고 있다. 물론 서구 여러 나라에서 또 최근에는 우리나라에서도 '생명윤리'라는 제목의 강의가 대학에 개설되어 있다는 점에서는 그것이 하나의 학문 분과로 인정받고 있다고 볼 수도 있을 것이다. 그러나 엄격한 의미에서 과연 생명윤리가 일정한 원리와 방법론에 입각하여 이론체계를 형성한 학문적 독자성을 확보하고 있는지에 대해서는 아직 의견이 엇갈린다. 사실상 생명윤리의 이슈는 거론하는 사람들에 따라 다양하고, 탐구대상을 분석하는 유력한 방법론도 아직 제시되어 있지 않다. 그리고 생명윤리 논의의 바탕이 되는 많은 원리들은 철학·사회과학·법학 등에서 빌려온 것들이다. 이런 점에서 생명윤리는 현재 이론형성을 시도하면서 새로운 학문으로서의 태동기에 있다고 말하는 편이 더 적절할 것이다.

앞에서도 언급한 바와 같이 생명윤리학이 다루는 영역은 기술과학·의학·생물학 자체 및 그것의 적용이 우리 삶에 미치는 문제들을 모두 포괄한다. 따라서 생명윤리학의 영역은 어쩔 수 없이 넓을 수밖에 없고, 그것이 다루는 문제들 또한 복잡하고 흥미로운 양상을 띠게 된다. 이는 또한 생명윤리학에서는 사고의 혁명이 요구된다는 것을 의미하기도 한다. 어느 한 분야가 생명의 영역을 독점하고 있는 것이 아니기 때문에 거기에는 많은 전문적 기술 및 학문 분과가 요구된다. 그래서 생명윤리학은 우리에게 진정한 의미의 학제적 사고와 연구의 필요성을 일깨워주고 있다.

이제 생명윤리학의 학문적 특성을 보다 분명히 하기 위해 '생명윤리'라는 복합명사를 구성하고 있는 두 요소인 '생명'과 '윤리'에 각각 주의를 기울여보자.

전자에 주목할 때 우리는 의학·생명과학·심리학 그리고 유전공학 등에서의 흥미롭고 난해하며 때로는 논란에 휘말린 영역을 떠올리게 된다. 그리고 이와 관련된 주제를 다루려면 우리는 우리를 둘러싸고 있어나고 있는 생물학적 혁명을 이해하기 위하여 이러한 분야들을 공부하지 않으면 안 된다.

후자인 '윤리' 또한 이에 못지않게 중요하다. 왜냐하면 우리가 위에서 언급한 발전들은 우리의 가치체계와 그러한 가치체계에 의해 유지되고 있는 문화에 심각하면서도 근본적인 난제들을 던져주고 있기 때문이다. 윤리란 물론 좋은 평판만을 지닌 말은 아니다. 어떤 이들은 윤리를 늘 반대만을 일삼는 것으로 여겨 아예 논의에서 제외하는가 하면 다른 이들은 윤리적 논증을 한낱 의견이나 취향에 불과한 것으로 간주함으로써 그러한 논증이나 갈등을 다루기를 거부한다. 반면 어떤 이들은 다양한 가치들을 검토하고 숨겨진 갈등이나 복잡한 관계들을 찾아내기 위하여 주의 깊게 개발해온 원리와 방법론들을 사용한다.

지금까지 생명윤리에서 윤리적 판단을 내리기 위해 가장 흔하게 사용되는 방법으로는 다음의 두 가지를 들 수 있다.

첫째, 이른바 의무론적 윤리(deontological ethics)이다. 그리스어 'deon'은 의무(duty, obligation) 혹은 원리(principle)를 의미한다. 의무론적 윤리는 '무엇이 나의 의무인가'를 묻는 것으로부터 출발하여 도덕적 판단을 내리는 방법이다. 그러므로 올바른 행위는 행위의 결과와는 상관없이 나의 의무 혹은 원리로 파악된 것을 따르는 것이다. 이 방법은 한편으로는 저돌적인 것으로 보이기도 한다. 왜냐하면 일단 어떤 것이 의무 혹은 원리로 설정되면 타당한 행동이 무엇인지도 이에 따라 분명해지고 그것은 결과나 주위 환경과는 상관없이 무조건 행해져야 하기 때문이다.

두 번째 접근법은 결과주의(consequentialism)이다. 이 방법에 의하면 도덕적 의무는 의무 자체를 평가함에 의해서가 아니라 여러 가지 행동의 결과를 검토함에 의해서 설정된다. 이 방법은 우리가 여러 가지 다른 방식으로 행위 할 경우 어떤 일이 일어날 것인지를 예견하고 이에 따라 달라지는 다양한 결과들을 비교하고자 시도한다. 따라서 무엇이 도덕적이고 올바른 행동인지의 여부는 이러한 평가 과정을 통해 결정된다. 상황윤리(situation ethics)는 아마도 결과주의의 많은 변형들 중 가장 잘 알려진 유형일 것이다. 1960년대 중반 플레처(Joseph Fletcher)에 의해 널리 알려진 상황윤리는 우리로 하여금 우리의 윤리적 신념의 행동화의 결과를 진지하게 숙고해보도록 요구한다.

위의 두 가지 방법론은 잘 알려져 있는 것처럼 각각 장단점을 지니고 있다. 의무론적 윤리는 행위의 옳고 그름의 최종적 기준을 제시해 주기는 하지만 행위의 실질적 결과를 무시한다는 비판을 받고 결과주의는 행위의 현실적 결과를 따지는 데 도움을 주기는 하지만 그것을 평가할 확고한 기준이 없다는 비판을 받는다. 아마도 가장 그럴듯한 전략은 이 두 가지 이론을 창조적으로 절충하는 것, 다시 말해서 원리와 결과를 모두 평가하되 그것을 변증법적 방식으로 조화시킬 수 있는 어떤 방법일 것이다. 그러나 이것은 물론 생각처럼 그리 쉬운 일이 아니다.

2) 생명윤리의 현황과 과제

지금까지 생명윤리의 이론적 근거를 찾기 위한 일종의 준비단계로서 이 분야에서 양적·질적으로 가장 풍부한 경험을 쌓아온 미국의 사례를 살펴보았다. 미국은 다른 과학기술 분야에서와 마찬가지로 생명과학 및 의학에서도 세계 정상을 달리고 있으며 첨단기술이 야기하는 새로운 문제들도 우리보다 앞서 경험했기 때문에 미국의 경험은 일정 부분 그것을 뒤따라 갈 수밖에 없는 우리들에게 훌륭한 시금석이 된다. 물론 미국의 여건이 우리와 반드시 일치한다고 볼 수는 없으므로 우리가 그들의 경험을 그대로 반복하거나 그들의 방법을 그대로 채용할 필요는 없을 것이다. 다만 양자가 지니고 있는 공통점과 차이점을 어느 정도 감안한 후에 그들의 사례를 참고한다면 그것이 우리에게 주는 시사점은 적지 않을 것이다.

미국에서는 1960년대 후반부터 생명공학 및 의학의 발달로 예전에는 경험해보지 못한 생명윤리 문제들이 갑자기 발생하기 시작했다. 그러자 이러한 문제들을 해결하기 위해 새로운 윤리연구소들이 세워졌으며 여기서는 주로 가톨릭·개신교·유대교의 신학자들을 중심으로 연구가 진행되었다. 이들은 처음에는 자신들의 도덕신학에 근거하여 윤리문제에 접근하고자 하였으나 점차 철학적 윤리학(philosophical ethics)에 근거한 일반윤리(secular ethics)를 통해 그 이론적 근거를 모색하게 되었다. 이를 계기로 주로 학문적 영역에 파묻혀서 메타윤리학적 담론이나 일삼고 있던 강단윤리학자들이 대거 응용윤리 분야의 연구에 참여하게 되었고 이로써 일종의 '윤리혁명' 시대가 도래하였다.

그러나 이해관계 내지는 입장 차이에서 발생하는 생명윤리의 복잡한 문제들을 해결하기에는 기존 윤리학자들의 역량이 너무나 부족했다. 그들은 실천적 수준에서 발생하는 의견의 불일치를 이론적 수준에서 그대로 반복했다. 그런 가운데에도 문제해결의 공통적 근거를 찾기 위한 윤리학자들의 시도는 계속되었다.

이들이 제시한 방법론은 가장 기본이 되는 원리 내지 원칙에 호소하여 문제해결을 시도하는 연역주의로부터 현장을 중시하면서 사례 자체의 구체적인 상황에 주목할 것을 강조하는 상황윤리에 이르기까지 매우 다양하였다. 그리고 이러한 방법들 중 어느 것이 더욱 타당한지에 대해서는 아직도 논의가 진행 중이다. 다만 이 문제에 있어 최근의 추세는 성급한 합의를 도출하려고 시도하기보다 목표를 한 단계 낮추어 상대방의 입장을 조금이라도 더 이해하려 노력함으로써 '도덕적으로 서로 이해할 수 있는 관계'(moral acquaintanceship)를 만들어나가자는 과정적 접근법(proceduralism)이 공감을 얻고 있는 분위기이다. "약속을 적게 할수록 이행하기는 더 쉽다(promises less, delivers more)"는 전략인 셈이다.

이제 우리의 상황을 돌아보자. 약 40여 년에 걸친 미국 생명윤리학의 역사와 그 난맥상을 일별해 볼 때 우리는 우리의 앞길 또한 그리 순탄하지는 않으리라는 예상을 하게 된다. 더욱이 각 분야별로 두터운 연구 인력을 지니고 있으며 그들 사이의 학제적 연구 풍토가 조성되어 있는 미국과 비교해 볼 때 우리의 여건은 너무나 열악하다고 말하지 않을 수 없다. 반만년의 역사에 오랜 유교와 불교의 전통이 무색하게도 생명윤리를 둘러싼 우리 학계의 고민의 정도는 실용주의(pragmatism)의 본산인 미국에 비해서도 현저히 뒤지고 유럽에 비해서는 더욱 뒤떨어져 있는 듯하다. 생명윤리 문제가 주로 발생하는 생명과학 및 의료의 현장에는 기술과 효용 중심의 근시안적 관점이 횡행하고 있는데도 윤리학을 비롯한 현재 우리의 인문학적 배경은 너무 약해서 미래의 재앙을 예방할 수 있는 거시적 관점이나 반성적 사고가 힘을 얻지 못하고 있다.

여기에 더하여 생명과학기술 분야의 국가경쟁력에 더 관심을 갖는 정부와 생명과학 연구에 내포된 엄청난 부가가치를 기대하는 기업의 입장에서 생명윤리 문제가 주로 다루어지다 보니 이에 대한 균형 잡힌 담론도 모두에게 설득력을 갖는 이론도 아직은 기대하기 어려운 것이 우리의 현실이다. 현 시점에서 우리에게 가장 시급한 것은 진정한 의미의 학제적 연구 및 관련 당사자들 간 공론의 장(場)을 마련하는 일이다. 얼핏 보기에 멀리 돌아가는 것 같아도 이것이야말로 미래에 대처하는 올바른 방법이라고 생각된다.

우리나라의 생명윤리관 3

줄기세포연구와 관련하여 일각에서 제기되고 있는 윤리적인 논란을 통해 우리나라의 생명윤리관에 대해 논의하도록 하자. 이 논란은 크게 두 가지로 구분된다. 하나는 배아줄기세포 연구 자체에 대한 '생명윤리' 문제이며 또 다른 하나는 연구과정에서 윤리 가이드라인을 지켰는가 하는 일종의 '연구윤리'이다. 미국의 섀튼 교수가 결별을 선언하며 문제 삼은 연구원의 난자기증 논란은 '연구윤리'에 속하며 황 박사의 연구를 도운 모 병원장이 불법 난자매매에 연루된 것으로 추정된다는 논란도 여기에 속한다.

생명윤리 문제는 그동안 종교계에서 가장 명확한 입장을 보였다. '배아' 자체를 생명으로 보는 기독교와 천주교는 오래 전부터 적극적으로 배아줄기세포 연구에 대해 반대입장을 표명했다. 2001년 5월 천주교 생명윤리연구회와 한국기독교 생명윤리위원회가 공동으로 발표한 선언에 의하면 "14일 이전 배아 역시 인간생명체이기에 인간 배아복제 및 인간 배아실험은 인간을 수단화하는 반인류적인 행위"라고 규정하고 있다. 김수환 추기경은 2005년 10월 초 가톨릭신문과의 특별대담에서 "인간 배아는 명백하게 하나의 존엄한 인간생명"이라면서 "배아를 파괴하는 배아줄기세포 연구는 올바르지 않으며 중단돼야 한다"고 단호한 반대입장을 표명했다.

2005년 6월 서울대교구 정진석 대주교와 황 교수가 만났지만 간극을 좁히지 못했다. 천주교 측은 배아를 파괴하지 않으면서 골수나 제대혈 같은 성체줄기세포 연구로도 난치병 치료를 가능하게 할 수 있다는 입장이며, 황 교수 측은 성체줄기로는 난치병 치료에 한계가 있다는 입장을 견지하였다. 천주교 서울대교구는 2005년 10월 초에는 성체줄기세포 연구에 100억 원을 지원한다고 발표했다. 연구지원을 위해 생명위원회도 발족시켰다. 세계 최대규모의 지원금을 성체줄기세포 연구에 쏟아 붓는 것은 배아줄기세포 연구에 대한 간접적인 견제의 뜻이다.

국가생명윤리심의위원회 심의위원인 이동익 신부는 "교황청에서 한국에서 생명윤리 의식을 강화할 필요가 있다는 시각도 있는 것으로 알고 있다"면서 "그 때문에 천주교회가 더욱 적극적으로 나서야 한다"고 말했다.

개신교 측에서는 한국기독교총연합회(한기총)가 가장 적극적으로 황 교수의 연구에 대해 생명윤리적 문제를 제기하고 있다. 한기총은 개신교 차원에서도 성체줄기세포 연구를 위한 기금조성에 나설 뜻을 밝혔다. 반면 진보적 개신교 단체인 한국기독교교회협의회(KNCC)는 조건부 찬성의 입장을 보이고 있으나 여전히 반대쪽에 저울추가 가 있다.

생명윤리와 관련해 가장 관심의 초점이 되고 있는 것은 불교계인데 불자인 황 교수가 전 조계종 총무원장인 법장스님과 각별한 인연을 갖고 있는 것이 부각되면서 불교계 전체가 황 교수팀의 연구에 대해서 적극적인 지지를 보내는 것으로 비추어지고 있다. 황 교수는 2004년 '자랑스런 불자상'을 수상한데다 각종 불교행사에도 모습을 드러냈다. 불교계는 황 교수의 '불교인연'이 강조되는 것에는 곤혹스런 입장을 나타내었다. 조계종 총무원 관계자는 "황 교수의 불교인연과 생명윤리에 대한 불교적 관점은 별개의 문제로 따로 분리해 봐야 한다"고 명확하게 선을 그었다.

2005년 11월 12일 불교학연구회의 추계학술대회에서는 배아줄기세포 연구의 윤리성에 대한 찬반논쟁이 뜨겁게 불붙었다. "착상 이전의 수정란을 생명으로 볼 수 없다"는 입장과 "수정란 자체를 생명으로 봐야 한다"는 의견이 팽팽하게 맞섰다. 조계종은 불교생명윤리정립연구위원회를 통해 생명윤리에 대한 관점을 정리하기 위해 2005년 12월 3일 공개심포지엄을 가졌다. 다음의 글은 이 날 열린 심포지엄에서 배아줄기세포 연구와 관련된 불교계의 입장을 나타낸 기사 전문이다.

사 례 2 지관 총무원장 황우석 교수 지지 선언

"성체줄기세포는 되고 배아줄기세포는 왜 안 되느냐" 일갈

불교조계종 총무원장 지관 스님이 황우석 서울대 석좌교수의 배아줄기세포 연구에 대해 지지 의사를 피력했다. 지관 스님은 2005년 12월 3일 서울 종로구 견지동 한국불교역사문화기념관 국제회의실에서 열린 '불교생명윤리 정립을 위한 공개 심포지엄'에서 치사를 하면서 "부처님은 아픈 사람에게 자신의 팔이든 뭐든 다 내주라고 하셨다"면서, "황 교수 논란에 대해 아무 말도 하지 못한다면 불교는 죽은 존재이며 황 교수의 연구를 불교 교리로 뒷받침해야 할 때"라고 강조했다. 법장 전 총무원장이 열반 전인 2005년 6월 황 교수를 격려 방문하고 최근 불교계 단체들이 황 교수에 대한 지지 의사를 밝힌 가운데 지관 총무원장의 이번 발언은 불교계가 위기에 빠진 황 교수의 '구원투수'로 나서는 데 기폭제가 될 전망이다. 강화도 전등사 신자인 황 교수는 지난해 조계종이 제정한 '자랑스런 불자상'을 수상하고 칩거 중인 최근에는 서울 시내 모 사찰에 머물고 있는 것으로 알려지는 등 불교와 인연이 깊다.

조계종 총무원 사회부와 인드라망 생명공동체 주최로 열린 이날 심포지엄에서 지관 총무원장은 황 교수와 그의 연구에 대한 불자들의 지지를 호소하고 나섰다. 지관 총무원장은 "황 교수가 왜 연구를 하고 있느냐. 중생의 고통을 덜어주려고 하는 것"이라며 "황 교수의 연구에 반대하는 사람들도 지금 만약 자신의 한쪽 팔이 없다면 반대하지 못할 것"이라고 말했다. 지관 총무원장은 이어 "법망경이라는 경전에 따르면 부처님은 배고프고, 헐벗고, 병든 세 가지 고통 가운데 가장 견디기 힘든 것은 아픈 것이라고 말씀하셨다"면서 "아픈 자들을 구하기 위해 부처님의 가르침에 따라 연구한다면 아무 것도 부끄러울 것이 없다"고 말했다.

나아가 황 교수의 배아줄기세포 연구에 반대하는 대신 성체줄기세포 연구 지원에 나서고 있는 특정 종교를 직접 거론하며 강도 높게 비난했다. 그는 "부처님이 자기 몸까지 보시하신 판에 성체줄기세포는 되고 배아줄기세포는 안 된다는 것이 말이 되느냐"고 반문하고는 "엄연히 동양과 서양의 윤리가 다른데 기독교는 서양윤리를 그대로 들여와 우리나라에 적용하려 하고 있다"고 비판했다. 지관 총무원장은 "대승적 입장에서는 땅덩어리도 무생물도 허공도 중생도 모두 부처님의 몸이자 곧 생명이 있는 것"이라며 "배아줄기세포만 생명이라는 그들의 주장을 이해할 수 없다"고 덧붙였다.

하지만 지관 총무원장은 황 교수의 난자 취득과정상 윤리 논란을 의식한 듯 "불교의 자비사상에 입각해 본인이 남에게 주어야 되지, 돈을 주고 사거나 남에게 희생을 강요하면 안 된다"고 덧붙였다. 지관 총무원장은 "생명에 관한 연구는 법적·윤리적·불교 교리적 뒷받침하에서 이루어져야 한다"며 "그러므로 아직 초보적인 단계인 불교 교리를 더욱 발전시켜야 하며 오늘 심포지엄이 그 출발점"이라며 말을 끝맺었다.

약 200명이 모인 가운데 열린 이날 심포지엄은 불교생명윤리정립연구위원회 소속 13명의 연구원들이 지난 2년 여 동안 연구한 결과를 발표하고 대중적인 의견을 수렴하는 자리로 불교의 세계관·인간관·생명관·윤리관 등의 총론과 생명조작·사형·안락사·뇌사·장기이식·낙태 등의 각론에 대한 연구내용이 발표됐다.

[조선닷컴, 2005.12.3. http://www.chosun.com/national/news/200512/200512030072.html]

불교계가 다양한 입장을 견지하면서 황 교수팀이 생명윤리에 관한한 은근히 불교계를 '우군'으로 여기고 기대고 있지 않은가 하는 일부의 시각도 있다. 이와 관련, 최근 황 교수팀의 발언이 주목을 끌고 있다. 황 교수팀의 대변인 격인 안규리 교수(서울대 의대)는 2005년 11월 15일 "우리의 정서와 미국의 정서를 같은 것으로 봐서는 안 된다"고 말했다. 연구원 난자 기증에 대한 직접적인 발언이었지만 가치관·정서 등을 언급한 것은 생명윤리와 연결지어 볼 수 있는 대목이다. 기독교적 윤리관이 강한 서양과는 달리 동양적 윤리관이 차이가 있을 수 있다는 것을 암시한 대목이라 할 수 있다. 이 발언에 대해 이동익 신부는 "윤리라는 것은 국제적으로 차이가 있을 수 없다"면서 "오히려 생명은 하늘이 점지해 준다는 우리나라의 윤리적 의식이 더 강하다"고 강조했다. 미산 스님 역시 "윤리는 보편적인 것으로 세계윤리와 한국윤리를 따로 분리할 필요가 없다"고 말했다.

동·서양의 윤리적 차이에 대해 불교계 일각에서는 기독교가 창조론을 통해 배아를 생명으로 보는 관점과 불교의 연기론적 관점은 다르다는 것을 강조한다. 불교생명윤리정립연구위원회에 참여하고 있는 허남결 교수(동국대 윤리문화학)는 황 교수팀의 연구에 대해 반대하면서도 "신이 아닌 인간이 생명의 문제에 개입하려 한다는 기독교적 시각이 아니라 종교에 있어서 생명존중의 기준은 포괄적이어야 한다는 입장이 옳다"면서 "종교와 윤리는 과학이 과학답도록 딴죽을 걸어 윤리적 정당성을 갖도록 해야 한다"고 주장했다.

한국생명윤리학회도 생명윤리문제를 제기하고 있다. 학회 부회장인 강신익 교수(인제대 의학철학)는 "공개토론을 제의했지만 황 교수팀에서 응하지 않았다"면서 "철학적 · 윤리적 문제를 충분히 토론할 필요가 있다"고 말했다. 하지만 생명윤리학회 내부에서도 "배아연구는 절대로 해서는 안 된다"는 강경한 입장부터 "냉동배아는 허용할 수 있다"는 온건한 입장까지 다양한 스펙트럼을 갖고 있다. 환경운동연합과 시민과학센터 등 시민단체들로 이루어진 생명공학감시연대 역시 윤리적 문제를 적극적으로 제기하고 있다. 김병수 운영위원은 최근의 논란과 관련해 생명윤리보다 '연구윤리'에 초점을 맞추겠다는 입장으로 "일단 엄격하고 투명한 윤리적 검증절차의 문제를 제기하는 것"이라고 말했다.

2003년 말 국회를 통과해 2004년 1월 1일부터 발효된 '생명윤리 및 안전에 관한 법률'에서 배아는 '수정란 및 수정된 때부터 발생학적으로 모든 기관이 형성되는 시기까지의 분열된 세포군'(2조 2항)으로 규정됐다. 생명윤리문제를 제기하고 있는 측은 배아가 세포군이 아닌 인간생명체임을 강조하고 있다. 이 법률은 종교계 등에 의해 2005년 초 위헌소송이 제기된 상태이다. 생명윤리법에 근거해 발족한 국가생명윤리심의위원회의 문제도 지적되고 있다. 이동익 신부는 "21명의 심의위원 중 7명이 정부관료이며 나머지 14명의 민간위원도 대부분 의학자 · 법학자 · 과학자로 생명윤리학자가 한 명도 없다"고 비판했다.

[출처 : 뉴스메이커, 2005년 11월 25일(금) 11 : 13]

위의 내용은 현재 우리나라의 생명윤리관을 여실히 보여주고 있는 사례들이다. 각각 종교계, 학계, 정부의 입장이 상이하며 그 가운데에서도 기독교계(가톨릭 포함)와 불교계의 입장이 상이하게 나뉘고 있다. 여기서 누가 주장하는 것이 더 생명윤리적이냐를 떠나 배아줄기세포 연구를 포함한 인간 복제 연구 등이 인간에게 윤리적으로 합당한 것이냐를 먼저 염두에 두어야 하지만 이러한 연구가 순수한 학문적 동기나 인간의 희귀병·난치병을 구원하겠다는 의지보다는 국가경쟁력 차원에서 연구를 수행하고 있는지의 여부부터 규명하고 진지한 학문적 고찰과 그 파장을 연구함으로써 생명에 대한 외경을 갖도록 해야 할 것이다.

4 생명공학 분야의 윤리적 쟁점

1) 삶의 연장에 대한 인간의 욕구

영화 <아일랜드>는 주어진 인간의 수명을 연장하기 위해 배아줄기세포를 통해 인간의 손상된 장기를 육성, 주요 고객에게 이식시킴으로서 희귀병, 난치병 등을 치료하여 수명을 연장시키는 내용을 그리고 있다. 인간은 신이 창조한 영역임에도 불구하고 인간이 인간을 창조하고 그 인간을 인간의 의지와는 관계없이 다른 인간에게 장기를 이식시켜 생명의 수명을 연장시키는 아이러니를 보이고 있는 것이다. 이것이 영화의 내용이지만 현재 연구능력으로 보아 멀지 않은 시대에 이와 같은 일들이 분명 일어날 것으로 예상되고 있다.

인간은 예로부터 생명연장에 대한 욕구가 있어 왔다. 하나님이 인간을 창조하고 하나님의 말씀에 거스르지 않고 환경과 조화를 이루고 살았을 때 인간의 수명은 현재와는 비교할 수 없을 정도였지만 인간이 하나님을 떠나 인간의 의지대로 생활하면서 인간의 수명은 급격히 떨어져 버렸고 각종 희귀병과 난치병 등을 포함한 질병이 인간의 수명을 갉아먹는 원인을 제공하고 있다.

영국의 과학잡지인 뉴사이언티스트는 2006년 11월 18일자 최신호에서 창간 반세기를 맞아 40명이 넘는 저명한 과학자들에게 50년 후 세상에 대해 가상 시나리오를 주문하였다. 이에 과학자들은 인간의 수명은 지금보다 약 40%가량 증가할 것이라 예측하였다. 특히, 의학분야에서 이식용 장기가 무제한 공급될 수 있는 시대가 열릴 것이라고 예측하고 있다. 미국 시카고대학의 브루스 란 교수는 인간 세포로 만들어진 장기를 돼지 같은 동물의 몸에서 키울 수 있을 것이라고 예상했으며, 필라델피아 위스타 연구소의 엘렌 허버-카츠 교수는 신체 재생 효능을 가진 약이 출시되어 몸이 쇠약해진 사람은 정기적으로 인체를 건강한 상태로 정비할 수 있을 것이라고 예측하였다.

예를 들어, 다친 손가락과 발가락을 다시 자라게 하는 치료법이 먼저 개발된 다음 팔과 다리, 척수의 부상을 복구할 수 있는 기술도 개발된다는 것이다. 이런 의학기술의 덕에 사지 마비 환자도 마라톤을 뛸 수 있을 것이라고 과학자들은 예측했다. 미시간대학의 리처드 밀러 교수는 "이제 실험실에서 포유동물의 수명을 40%가량 늘리는 것은 쉬운 일이 되었다."며 "2056년경에는 오늘날 60대 노인처럼 정력적이고 생산력 있는 100세 노인 그룹이 생겨날 것"이라고 예측하였다.

이처럼 과학기술은 인간의 삶의 연장에 대한 욕구를 충족시키기 위한 기술개발을 지속하고 있는데, 이는 영화 <아일랜드>처럼 장기이식이 현실화되고 이에 더 나아가 하나님이 부여한 인간의 생명을 인간의 욕구대로 자유자재로 연장할 수 있게 됨으로써 생명윤리에 대한 경각심이 더욱 필요하게 되었다.

2) 인간의 욕구충족을 위한 생명공학 분야의 윤리적 쟁점

(1) 인공수태

윤리란 사람이 지켜야 할 도리, 즉 인륜(人倫)을 말하며 윤리학은 사람의 행위의 옳고 그름에 대한 판단의 근거를 얻기 위하여 사회적 규범, 원리 또는 규칙들의 체계를 성찰하는 학문영역이다 이에 대해 응용윤리는 윤리학의 학문적 성과를 특정 분야의 구체적인 문제를 해결하기 위하여 어떻게 적용해야 할 것인가를 연구하는 윤리학의 실천적 학문영역이라고 할 수 있다.

생명의료윤리(biomedical ethics)는 응용윤리의 한 분야로서 용어의 구조에서 알 수 있듯이 생명윤리(bioethics)와 의료윤리(medical ethics)의 두 분야에 연관되어 있다. 쉽게 설명하자면 의료윤리 분야의 문제를 생명의 존엄과 가치, 특히 의학과 의료의 궁극적 목적인 인간의 존엄과 가치의 관점에서 조명하고 다양한 윤리학적 방법론에 의거하여 체계적으로 연구하는 학문 분야라고 할 수 있다

생명과 의료에 관한 문제는 여러 측면에서 접근이 가능한 주제로서 의학이나 생물학의 분야에서 연구할 수도 있고 법학이나 정책과학의 분야에서 연구할 수도 있으며 철학이나 윤리학의 분야에서 연구할 수도 있다. 이와 같이 생명과 의료에 관한 문제는 본질적으로 모든 관련 분야의 학제적(interdisciplinary) 연구가 필요한 문제이나 기본입장 · 접근방식 · 연구결과 및 결과의 해석 등에서 각 분야마다 차이를 보이고 있다.

오늘날 생명과학(생명과학이란 생명현상을 연구함으로써 그 성과를 의료·산업 등 인류복지에 응용하는 종합과학)은 생명의 본질이나 질병의 원인 등을 규명함으로써 인간과 자연의 상호 관계를 재조명하고 인류의 건강을 증진시키는 것을 목적으로 하고 있다. 생명과학에는 생물학 · 생화학 · 생물리학 등의 기초과학과 의학 · 농학 · 생명공학 등의 응용과학이 포함된다. 응용과학인 생명공학은 생물이 갖는 다양한 기능을 응용하거나 인공적으로 재현하여 활용하는 것을 목적으로 하는 기술과학이다.

생명공학 중에서 특히 인간의 생명을 대상으로 하거나 인간의 생명에 직접적인 영향을 미치는 기술과학을 인간생명공학(human biotechnology or bio-engineering)이라고 한다. 인간생명공학은 자연적인 성교 이외의 방법을 이용하여 임신을 하거나 인간의 유전질환을 치료하거나 혹은 더 나아가서 유전자설계도를 이용하여 유전자조작을 시행하는 데에 이르기까지 일체의 기술을 포함한다. 이를 대별하면 인공수태(ART : Artificial Reproductive Technology와 인간유전공학(human genetic engineering)의 두 분야로 나눈다)의 발달로 인하여 수태조절 · 임신중절 · 인공수정 · 체외수정 · 유전자조작 등 인간의 탄생과 관련하여 거의 마음대로 조절 · 조작할 수 있는 방법을 갖게 되었으며, 그 응용 분야가 확대되어 기업화 · 상업화되어 가고 있는 것이 현실이다.

자연적으로 아이를 가질 수 없는 불임부부를 위하여 시작된 인공수태의 기술이 그대로 인간 복제 · 유전자 조작 · 인간배아 실험 등으로 그대로 이어질 수 있으며 세계적으로 인간총유전인자연구사업(human genome project)이 일차적으로 인간 염색체의 모든 염기서열을 거의 밝혀낸 시점에서 이와 같은 기술들이 인간의 질병을 치료하기 위한 원래의 시도와는 달리 인간의 존엄과 관련된 새로운 우생학의 문제를 야기할 수 있는 위험성에 대해 우려하지 않을 수가 없다

이제 인간의 탄생과정에 대한 지식은 생명과학을 연구하고 응용하는 과학자나 의료인들에게만 필요한 것이 아니라 생명윤리 · 의료윤리 · 생명의료윤리를 연구하는 윤리학자·법학자에게도 필수적인 것으로 되었고 마찬가지로 생명과학 분야에 종사하는 과학자와 의료인들에게도 윤리학 · 생명윤리학 · 법철학 등의 학문을 통한 인간과 생명에 대한 보다 진중한 접근이 필수적으로 요구되고 있다고 하겠다.

급변하는 인간생명공학기술에 사회구성원들은 정신을 못 차릴 정도이고 기존의 법이나 윤리가 이를 따라가고 통제하기에는 본질적으로 어렵다. 그러나 기술적 변화가 심하고 현실적으로 통제하기가 어려울수록 법철학적·윤리학적 사유와 문제제기의 필요성이 더욱 커지는 것도 분명하다.

오늘날 인공수태의 근본적인 문제는 그것이 불임부부에게 자녀를 갖도록 해주는 의료시술 이상의 의미차원을 지니고 있다. 즉, 분자생물학적 연구와 분자유전학적 연구의 성과가 생명의 수태과정에 개입하는 기술과 결합될 때 모든 인간유전공학의 제1보에 해당하는 것이 되기 때문에 주목을 필요로 한다.

여기서는 인간생명공학 중에서 기초적 기술제공자의 역할을 해왔고 오랜 동안 윤리적 법적 논의의 대상이 되어 왔던 인공수태를 현재의 과학기술환경과 현대의 사회 · 문화 · 철학적 환경에 비추어 재조명해보고 개별적 윤리적 문제점에 대한 논의 자체는 가급적 자제하고 그보다는 전체적 윤리적 문제들에 대한 새로운 열린 담론의 가능성과 모든 사람들이 함께 갈 수 있는 공동의 길을 모색해 보는 계기를 찾아보고자 한다.

① 인간의 생식(human reproduction)에 관한 윤리의 역사적 변천

생식(reproduction)은 대부분의 생명에 있어 성의 결합을 통해서 이루어진다. 인간의 생식이 다른 동물들과 차이를 나타내는 가장 큰 원인은

바로 인간의 성에 대한 태도가 다르기 때문이다. 따라서 인간의 생식에 관한 윤리를 인간의 성에 관한 윤리와 분리해서 생각하는 것은 거의 불가능한 것이 된다. 성에 대한 태도와 실천은 개인의 행위에 대해서 영향을 미칠 뿐만 아니라 사회제도의 형성과 변천에도 영향을 미친다.

서양 기독교 윤리는 철저히 성을 일부일처제의 혼인 속에서 자손의 번성을 위해서만 허용되는 것으로 제한하고 있다. 오늘날 성의 역할이 자손의 번성에만 제한되는 것은 아니라고 받아들여지고 이와 같은 성에 대한 태도와 성문화가 개방적으로 자유로워지고 있는 경향이 오랫동안 인간의 의식과 생활을 지배하고 통제해오던 성과 번식에 관한 윤리적 전통을 심하게 교란하고 있다.

생명윤리는 생식·낙태·피임을 전형적인 관심의 대상으로 하여 시작하였고 인구폭발의 문제가 이에 추가되어 논의되어 왔다. 그러나 피임에 관한 윤리적 문제는 곧 논의의 대상에서 제외되었고 낙태에 관한 윤리적 문제는 급속히 정책적 문제로 변환되어 갔다. 생식에 관한 윤리적 문제는 최근까지 논의의 대상으로 남아 있었으나 이러한 전통적인 윤리적 문제제기는 모두 생식의 예방과 관련되어 있었다. 오늘날 불임치료를 위한 인공수태시술의 확산과 함께 생식과 관련된 전혀 새로운 윤리적 문제가 제기되고 있다.

② 인공수태시술과 관련된 개념과 용어의 정의

가. 수정(受精, fertilization)과 수정(授精, insemination)

대체로 하나의 개념을 표현하는 데에는 하나의 명확한 용어가 필요하다. 생명의 시작과 관련하여 비교적 단순한 개념을 표현하는 受精과 授精이라는 용어가 혼돈되어 사용되고 그로 인해 생명과학 분야의 이해를 어렵게 하고 있음을 흔히 본다. 受精은 체내 또는 체외의 구별 없이 정자와 난자가 결합하여 하나의 접합체, 즉 수정란을 이루는 자연적 현상을 표현하는 용어이다. 반면, 授精은 정자가 난자를 향하여 움직여 갈 수 있도록 동기를 부여해 주는 인적 행위를 표현하는 용어이다.

다시 말해 授精은 자연수태(natural or spontaneous conception)의 경우에는 바로 성교행위가 될 것이고 인공수태(artificial conception)의 경우에는 여성의 생식기 내에 인위적으로 정자를 넣어 주거나, 인위적으로 체외로 흡인 획득한 난자를 함유하고 있는 시험관 또는 배양접시 내로 정자를 넣어주는 행위를 표현하는 용어이다.

예전의 초기 인공수태시절에는 시술방법이 단순하여 굳이 受精과 授精을 구별해야 할 필요성이 없었을 뿐 아니라 授精은 당연히 뒤따라오는 여성의 생식기관 내에서의 受精을 위해서였다. 그러나 난소로부터 흡인하여 획득한 난자를 정자와 체외에서 결합시켜 체외에서 배양하여 착상 전 초기발생과정을 유도할 수 있게 된 후부터는 受精과 授精은 다양한 인공수태시술의 이해를 위하여 엄격히 구별하여 사용해야 할 용어가 되었다.

일부에서는 受精과 授精의 개념과 관련하여 동일한 개념의 표현을 남성의 입장에서 볼 때는 授精이라고 표현하고 여성의 입장에서 볼 때는 受精이라고 표현하며, 授精이라는 표현은 정자를 공여하는 측에 조점을 맞춘 것이고 인공수정의 양당사자 중에서 남성만을 주체화한 것으로 여성의 독립된 주체성이 전혀 나타나지 않는 모순점이 있다고 주장하나 이와 같은 견해는 생명과학 분야, 특히 인공수태에 관한 과학적 이해의 부족에서 연유한 편견이다.

나. 인공수태(人工受胎, artificial conception)

사람의 남녀 간의 자연적인 성관계를 통하여 임신하는 경우를 자연수태(natural or spontaneous conception)라고 하는 데 반하여 인위적인 조작이 개재하여 임신이 되도록 하는 방법을 총칭하여 인공수태술(ART : Artificial Reproductive Technology)이라 한다. 인공수태술에는 인위적인 조작의 개입 정도에 따라서 크게 인공수정(人工授精, artificial insemination), 체외수정(體外受精, in vitro fertilization), 미세수정(微細授精, microinsemination)으로 나눌 수 있다. 그리고 대리모(代理母, surrogate mother), 난자공여(卵子供與, oocyte donation) 및 정자공여(精子供

與, sperm donation) 등도 인공수태의 한 부분을 차지한다.

인공수정은 정액을 체외에서 처리한 후 여성의 생식기 내로 주입해 주는 방법으로 질 내, 자궁경관 내, 자궁강 내, 난관 내, 복강 내 등으로 다양한 경로를 통해 시술이 가능하나 특별한 적응이 되는 경우를 제외하고는 대체로 자궁강 내 인공수정이 시술되고 있다. 이 경우 주입된 정자는 여성의 체내에서 수정(受精, fertilization)이 되어 착상을 위해 자궁으로 이동하게 된다.

인공수정에 대한 최초의 보고는 18세기 말 영국의 헌터(John Hunter)에 의한 것으로 알려져 있다. 헌터는 사고에 의해 요도하열증(hypospadia)이 된 남성의 정액을 받아 부인의 질 내에 주입해 주어 임신에 성공하였다고 한다. 이와 같은 경우를 배우자인공수정(artficial insemination of husband, AIH)이라고 부른다. 이에 반해 남성배우자의 치유 불가능한 무정자증이나 심각한 유전질환의 유전가능성 등의 경우에 남성배우자의 자손을 보는 것을 단념하고 제3의 남성인 정자제공자의 정자를 사용하여 부인의 임신을 도모하는 경우를 비배우자인공수정(artificial insemination of donor, AID)이라고 부른다.

현대의 보편적인 윤리의 관점에서 볼 때 AIH는 남녀의 가장 자연스럽고 인간적이어야 하는 성의 결합과 이의 결과로서의 생식(reproduction)이 인위적인 기술조작에 의해 침범된다는 사실과 심리적 부담을 제외하고는 특별한 윤리적 문제를 일으키지 않는다.

체외수정의 경우에는 여성의 체내에 난자와 정자가 만날 수 있는 통로가 막혔거나 장애가 생겼을 때 이를 해결해 주기 위한 방법으로 난자를 체외로 채취하여 이를 시험관이나 배양접시에서 정자와 만나도록 하여 발생한 초기배아(preembryo)를 자궁 내로 이식하여 착상하도록 해주는 방법이다.

1978년 영국의 루이스 브라운(Lewis Brown)이 탄생하면서 세계적으로 주목을 받았던 인공수태의 방법으로 최초에는 양측난관이 없어서 자연적인 체내수정(體內受精)의 길이 없는 여성을 위한 불임치료의 방법이었다.

우리나라에서는 1986년 서울대학교병원의 장윤석 교수팀에 의해서 양측난관절제술 후 불임상태에 있던 부인에게서 난자를 채취하고 남편의 정자를 사용하여 체외인 배양접시 또는 시험관에서 수정(受精)을 유도한 후 이틀간 체외배양하여 초기단계의 착상 전 배아(preimplantation embryo 또는 preembryo)를 자궁경관을 통해 자궁 내로 주입해 주어 쌍태아 임신과 출산에 최초로 성공하였다.

이상에서 기술한 바와 같이 체외수정술은 초기에는 치유 불가능한 난관장애만을 대상으로 시행되었으나 배란유도방법 · 난자채취방법 · 배양기술 및 배아이식기술과 기구의 개발과 발전에 힘입어 현재에는 일정기간(대체로 3~6주기)의 인공수정시술에서 임신에 실패한 모든 불임증 환자가 대상이 될 정도로 보편화되었고, 임신율 또한 정상인의 자연주기 임신율을 상회하고 있다.

미세수정은 체외수정의 방법과 근간은 같으나 체외로 채취된 난자를 수정(受精)하는 데 인위적인 조작을 가하는 것에서 차이가 난다. 미세수정은 무운동성정자증 같은 남성불임증의 경우와 체외수정시술시 수정(受精)에 반복적으로 실패하는 경우 등에 적응이 된다. 미세수정의 구체적 방법으로는 투명막부분절개(partia zonal dissection), 투명막하정자주입, 세포질내정자주입(intracytoplasmic sperm injection) 등이 있다. 이 중 세포질내정자주입의 방법이 개발 초기의 염려와는 달리 난자의 세포질의 손상을 일으키지 않으면서 높은 수정률(受精率)을 보이는 것으로 결론이 남으로써 최근에는 이를 이용한 미세수정이 주류를 이루고 있다.

미세수정은 체외수정시술에서 수정(受精)을 도와주기 위해 난자와 정자를 인위적으로 조작해 주는 방법으로서 개발 초기단계에서부터 다양한 방법이 개발되어 임상에까지 적용되었으나 현재는 거의 배타적으로 세포질내정자주입(ICSI)이 전세계적으로 이용되고 있다. 미세수정술은 통상적 체외수정시술에서 반복적으로 수정(受精)에 실패한 경우뿐만 아니라 통상적인 체외수정의 방법으로 受精을 기대할 수 없는 남성불임증의 경우에 적응이 된다.

대리모란 남·녀 배우자가 다양한 불임증의 상황에 따라서 다른 여성의 출산을 매개로 하여 아기를 얻는 방법을 총칭하는 말로 사용된다. 인공수태 분야에서 대리모란 용어를 사용하는 경우, 좁은 의미로는 양배우자의 난자와 정자를 체외수정하여 그 배아를 대리모의 자궁에 주입해 주어 임신과 출산을 도모하는 방법을 말한다. 넓은 의미의 대리모에는 여기서 파생되어 난소나 난자가 없는 부인의 경우 남편의 정자를 대리모에게 인공수정하여 임신과 출산을 도모하는 방법과 공여난자를 남편의 정자와 체외수정시켜 그 배아를 제3의 자궁제공자의 자궁에 주입하여 임신과 출산을 도모하는 방법이 모두 포함된다.

비배우자인공수정(AID)의 경우 제3의 정자제공자의 정자를 사용하여 임신과 출산을 도모하는 데 비해 난자공여의 경우에는 제3의 난자제공자의 난자를 사용하여 남편의 정자와 체외수정시켜 그 배아를 자궁 내로 주입하여 임신과 출산을 도모하게 된다. 정자공여에서는 앞서 기술한 바와 같이 여성배우자가 정상 가임능력을 지니고 있는 경우에는 비배우자인공수정(AID)을 시행하게 되지만 난관기능장애를 비롯하여 체외수정시술의 대상이 되는 여성인 경우에는 공여정자를 사용하여 여성배우자의 난자와 체외수정시켜 그 배아를 자궁 내로 주입하여 임신과 출산을 도모하게 된다.

③ 인공수태의 윤리적·법률적 논의

생식과 관련된 윤리적 논의의 시작은 자연적이고 고정불변의 진리라고 받아들여져 왔던 성의 결합을 통한 생명의 수태와 탄생이 자연적인 성의 결합 없이 과학자와 산부인과 의사에 의해 인위적으로 이루어질 수 있게 되었다는 점에서부터이다. 또한 양측 난관절제술 후 체외수정을 통해서 시험관 아기를 탄생시킨 이후에는 그 이전에는 임신방법이 없었던 많은 불임부부들이 자녀를 가질 수 있게 되었으나 그와 함께 인간존재는 생명발생과정의 전부를 유전자 선택조작 및 인간 복제술 등의 인위적 조작의 위험 앞에 무방비상태로 내놓게 되었다.

오늘날 인공수태에 관한 윤리적 논의의 마당에는 법이 추구하는 실질적 정의(존엄가치), 절차적 정의(합의가능성) 및 구체적 정의(사례민감성)가 필수적으로 함께 고려되어야 자칫 혼미해지기 쉬운 논의의 방향을 제대로 잡을 수 있다. 생명에 대해 지금껏 인류가 합의해 온 고귀한 윤리가치가 존엄이라고 한다면 이 존엄은 바로 법이 요구하는 가치기준이기도 하다. 이런 의미에서 생명윤리는 법 가치와 만난다. 가치적 측면에서뿐 아니라 절차적 측면에서도 생명윤리는 법에 근접해 있어 법 사고의 진수인 절차적 정의는 생명공학의 적용에 따르는 윤리적 갈등을 해결하는 데도 기여할 수 있다.

사회구성원 모두가 절대적으로 확신한다는 의미에서는, 가치에 대한 합의가 점점 빈약해져 가는 오늘날의 가치상대주의하에서는 생명윤리의 문제도 합의에 이르는 절차에 승복하는 형태로 해결될 가능성이 커지고 있기 때문이다. 사회구성원들 간의 합의에 의해 부단히 절차적 정의를 추구해 온 법이 생명윤리의 논의에 함께 해야 하는 이유가 여기에 있다.

또한 고대로부터 법은 개별 사례를 염두에 두고 이를 올바르게 해결하기 위한 지혜를 갈구해 왔으며 생명윤리도 생명에 개입하는 기술의 적용으로 생기는 다양한 사례와 상황들에 대처할 행위원리를 추구하는 학문분야로서 법과 마찬가지로 사례에 대한 민감성을 띠고 있기 때문이다. 현대의 과학기술에서 자녀를 가질 수 있는 방법은 다양하게 개발되어 임상에 이용되고 있다. 과학기술사회로 갈수록 인공수태수단의 이용을 국가가 자의적으로 제한하고 규제할 수 있다는 발상은 많은 사람들에게 부자연스럽고 부당하게 여겨지고 있으며, 오늘날의 법의식은 과학기술의 도움을 받아 생식할 수 있는 길을 막는 것은 불임이라는 '신체적 결함'을 이유로 헌법상의 기본권을 박탈하는 처사로 받아들이는 경향이 있다.

가. 인공수정(人工授精)

불임의 치료방법으로서 적어도 양측난관폐쇄가 없어서 시술 후에 자연적인 체내수정(體內受精)이 가능한 경우에 오랫동안 가장 중요한 역할을 해 온 것으로서 다양한 시술형태가 있어 왔으나 현재는 자궁강내주입법(intrauterine insemination, IUI)이 주로 이용되고 있다. 전술한 바와 같이 인공수정은 배우자인공수정과 비배우자인공수정으로 나눌 수 있다. 배우자인공수정은 남편의 정자를 인위적으로 채취·처리하여 부인의 자궁강 내로 주입해 주는 것으로서 부부 간에 이루어지는 불임의 치료과정이므로 윤리적으로나 법리적으로 특별한 문제점을 가지고 있지 않다.

그러나 문제가 될 수 있는 경우로는 남편의 정자를 냉동보존한 후 남편이 사망하였을 때 부인이 냉동보존된 정자를 이용한 인공수정을 원하는 경우가 있다(일반적으로 정액은 상속의 대상이 될 수가 없으며, 위와 같은 경우 생식에 대한 자기 결정권을 침해하는 것으로 볼 수 있다. 또한 태어날 자식의 입장에서는 아버지로부터 부양받고 자랄 기본적 권리를 원천적으로 부정당하는 결과가 될 수 있다).

이에 반해 제3의 남성인 정자공여자의 정자를 인위적으로 부인에게 주입하여 수태시키는 비배우자인공수정의 경우에는 이로부터 야기되는 윤리적·법리적 문제가 많다. 우선적으로 비배우자인공수정이 남편의 불임요인을 극복하기 위하여 시행되었으므로 이는 정당한 치료행위로서 인정할 수 있는 것인지, 아니면 간통이라는 비윤리적 행위로서 비난받아야 하는 행위인지에 대해서이며[※], 다음은 비배우자인공수정으로 태어난 출생자의 권리와 지위가 문제가 될 수 있다.

비배우자인공수정 시술은 정자공여자와 부인 사이에 육체적인 교섭이 없으므로 형법상의 간통의 구성요건에는 해당하지 않는다 하더라도 부부 사이에 특별한 관계에 제3의 남성이 등장함으로써 부인이 정자공여자에

※ 민법에 있어서 '배우자의 부정한 행위'라는 것은 형법에서의 간통과는 달리 넓은 개념으로 쓰인다. 비배우자인공수정의 경우 혼인의 공동생활의 긴밀성을 더하기 위하여 子를 얻으려는 것이므로 부정한 행위로 볼 수 없다. 다만 남편의 동의 없는 비배우자인공수정은 다른 여러 사정과 관련하여 민법 제840조 제6호의 "기타 혼인을 계속하기 어려운 중대한 사유"에 해당하여 이혼의 원인이 될 수는 있다. 영국과 미국의 경우 비배우자인공수정 시술 자체는 간통으로 볼 수 없다는 것이 인정된다. 이에 반해 독일의 경우에는 부부의 동의에 따른 배우자인공수정만을 인정할 뿐이고 비배우자인공수정은 인간의 존엄이 불가침이라는 기본법 제1조에 반하는 것이라고 하여 이를 인정하지 않는다.

대해서 결합정서를 가질 수 있으므로 정상적인 혼인 및 가정생활을 침해할 수 있다. 비배우자인공수정은 대부분의 나라에서 익명의 정자공여자의 정자를 이용하여 수태를 하는 것이므로 출생자의 입장에서는 자신의 정체성(identity)과 아버지를 알 권리를 침해할 수 있다(출생자가 비배우자인공수정 시술을 수용한 불임부부).

이외의 사람으로부터 자기가 비배우자인공수정의 출생자라는 사실을 알게 되면 자신의 부모로부터 그것을 알게 된 경우보다 더 큰 정신적 충격을 받게 될 것이므로 가능한 한 빠른 기회에 부모로부터 진실한 이야기를 들어야 한다는 논지에서 스웨덴인공수정법은 출생자가 상당한 연령에 도달한 경우 출생자에 대하여 생물학상의 아버지를 알 권리를 주고 있어서 법은 그 권리의 행사를 보장하기 위하여 인공수정시술 의료기관에 대하여 인공수정 시술관계자료, 특히 정자공여자의 개인자료의 보존과 개시(開示)를 의무하고 있으며, 인공수정 시술의료기관의 자료보존기간은 70년으로 하고 있다. 더 나아가서 인공수정법은 출생자가 미성년자인 경우에는 그 권리행사를 돕기 위하여 지방자치단체의 사회복지위원회로 하여금 출생자의 생물학상의 아버지를 알 권리의 행사에 관련된 절차에 조력할 의무를 부과하고 있다.

이상 열거한 이외에도 여러 가지 윤리적·법리적 문제점이 있을 수가 있으나 비배우자인공수정 시술상의 기본지침으로 여러 가지를 거론할 수가 있을 것이다. 무엇보다도 비배우자인공수정 이외의 방법에 의해서는 임신성립의 가능성이 없는 남성불임증의 경우에만 이를 시행해야 하며 시술의사는 정자공여자의 선택에 최선을 다해야 하며 시술의 모든 과정에 책임을 질 수 있는 상황에서 시술을 해야 함은 물론이며 어떠한 경우에도 영리를 목적으로 시술하거나 정자를 보존하여서는 안 될 것이다.

한편, 비배우자인공수정과 관련된 윤리적·법리적 문제점들은 난자공여의 경우에도 똑같이 존재한다. 단지 난자공여에 의한 인공수태시술은 체외수정 및 배아의 이식의 과정을 거쳐야 시행할 수 있다는 점과 난자는 정자와는 달리 냉동보존이 쉽지 않다는 점이 다를 뿐이다.

나. 체외수정(體外受精)

자연적인 체내수정의 가능성이 없는 불임부부를 대상으로 하여 과배란 유도(superovulation) 후 성숙난자를 채취하여 남편의 정자와 함께 체외인 배양접시(또는 시험관)에서 受精을 유도한 후 수정란을 인위적으로 자궁강 내에 주입해 주어 임신이 되도록 하는 인공수태의 방법으로서 체외수정 및 배아의 이식(in vitro fertilization & embryo transfer, IVF & ET)을 말하며, 이를 약해서 체외수정시술 또는 시험관아기시술이라고 부른다.

체외수정시술이 배우자 간에 시행되는 경우 자연적인 수태과정을 인위적으로 체외에서 실현한다는 점에서 종교적·윤리적 비난이 있으나 법리적으로는 문제가 될 것은 거의 없다. 그러나 체외수정시술이 비배우자 간에 시행되는 경우에는 정자, 난자 및 자궁이 누구의 것이냐에 따라서 비배우자인공수정, 난자공여 및 대리모에서와 마찬가지의 윤리적·법리적 문제와 논의를 야기할 수 있다.

우리나라의 경우 인공수태와 관련된 법률규정은 마련되어 있지 않다. 다만 대한의학협회의 인공수태윤리에 관한 선언(1993. 5. 6)에서 비배우자인공시술지침, 체외수정 및 배아이식시술지침, 인공수태시술의료기관의 요건 및 심사 등에 관하여 규정하고 있으나 미흡한 점이 많을 뿐만 아니라 전문가 집단의 자율적인 직업윤리에 지나치게 의존하고 있다는 비판이 있다.

다. 대리모(代理母)

대리모를 대별하면 자궁만을 임신기간 동안 제공해 주는 경우와 자신의 난자와 자궁을 함께 제공하여 아기를 낳아주는 경우로 나누어진다. 전자의 경우 출생자는 유전적으로는 대리모와 연관이 없고 단지 임신과 출산의 과정만을 대리로 감당해 준다. 이에 비해 후자의 경우의 출생자는 유전적으로 대리모의 유전물질(genetic material)을 계승하여 유전적 관계가 계속적으로 유지된다.

전자의 대리모의 적응증으로는 자궁적출술 후의 젊은 부인, 심한 당뇨나 고혈압 등의 의학적 이유로 임신을 피하지 않을 수 없는 부인, 자궁기형이나 병변으로 태아의 생존가능시기까지 임신을 유지하지 못하는 부인 등의 경우이다. 후자의 대리모의 적응증은 엄밀한 의미에서는 자궁적출술과 양측난소절제술을 함께 시행한 경우처럼 자궁과 난소의 기능이 없는 경우가 된다. 그 외에도 자궁은 없으나 난소의 기능은 있어서 난자의 생산을 가능하나 부인의 난자를 통해 수태하는 경우 치료 불가능한 유전질환을 피할 수 없을 때에도 후자의 대리모의 적응증이 될 수 있다.

자연적 수태와 출산의 질서를 파괴하고 인간관계의 원천이 되는 모자관계를 모호하고 복잡하게 만든다는 대리모시술에 대한 본래적 윤리적 논의를 제외하고도 대리모시술은 비의학적인 이유로 시행해서는 안 되며, 특히 금전거래의 대상이 되거나 영리추구의 목적이 개재되어서는 안 될 것이다.

라. 냉동보존배아(冷凍保存胚芽)

인간세포와 조직의 냉동보존에 대한 연구는 짧은 기간동안에 커다란 발전을 이루어 왔으며, 최근에는 체외수정시술 후 잉여배아에 안전한 보존과 필요성과 함께 더욱 발전하였다. 배우자 간에 이루어지는 체외수정시술에서는 잉여난자의 냉동보존 및 해동에 의한 수태나 그 출생자와 관련하여 특별한 윤리적·법리적 문제점이 없다.

그러나 냉동보존된 배아를 다른 불임부부 또는 다른 여성에게 공여하는 경우 혹은 폐기하는 경우에는 정자공여나 난자공여 시보다 더욱 심각한 윤리적·법리적 문제를 야기할 수 있다. 즉, 냉동보존된 배아의 부모가 이혼하는 경우 배아의 소유에 관한 권리가 누구에게 있을까의 문제가 발생할 수 있고, 부모의 일측 또는 양측이 사망하는 경우에는 태어나지 않은 배아가 상속권을 가질 수 있을까의 문제도 발생할 수 있으며, 특히 냉동보존기간의 설정과 배아의 폐기와 관련하여 윤리적·법리적 논의가 많다.

④ 인공수태를 통해서 본 생명윤리학

인간이 존재하면서부터 윤리적 사고가 있었고 노자 · 공자 · 소크라테스 · 석가모니 · 예수 같은 선현들의 윤리문제에 대한 종교적 · 철학적 사유가 전승되어 왔음에도 불구하고 윤리문제는 아직도 어디에서도 확고한 정답을 찾지 못하고 있다. 보편적이고 객관적인 윤리적 가치판단의 규범이 존재하건 안 하건 또는 그와 같은 규범을 발견할 수 있건 없건 간에 상관없이 분명한 것은 인간의 윤리문제가 삶의 조건의 변화에 따라서 역사적·지역적으로 새롭게 제기되었다. 특히, 중요한 점은 윤리적 가치규범에 대한 사람들의 생각이 변해왔다는 사실이다. 이 같은 변화의 원인은 정치 · 사회 · 경제 등 사회 각 분야에서 다양하게 있을 수 있겠지만 오늘날 가장 근본적인 원인의 하나는 하루가 다르게 급속도로 발달해 나가는 과학기술이라는 사실은 누구나 긍정하고 있다.

1978년 7월 25일 영국에서 루이스 브라운(Lewis Brown)이 세계에서 최초로 체외수정시술을 통해서 출생하였다는 소식을 접하였을 때 이전에는 달리 수태를 기대할 수 없었던 많은 불임부부들이 새로운 희망으로 환영하였다. 그러나 대부분의 사람들은 놀라움과 불안감을 가지고 인간이 추구하는 과학기술의 발달이 종국에는 어디까지 갈 것이며, 그 속에서 인간의 존재의 미래는 어떻게 될 것인가에 대해 염려하였다. 또한 이와 같은 자연의 섭리를 그르치는 인공수태기술은 결국 인간의 발생과정의 전 과정을 유전자선택조작 및 인간 복제 등의 인위적 조작의 위험 앞에 무방비상태로 내놓는 것이므로 윤리적으로나 철학적으로 도저히 용납할 수 없는 일이라는 반응을 나타냈다.

과학의 발전과 함께 사람들은 미래의 과학기술이나 미래의 인간의 삶에 대해 공상적 이야기나 소설을 창작해 왔는데 그 이야기나 소설이 쓰일 당시에는 말 그대로 공상적이었던 이야기나 소설 속의 내용이 시간이 지나면서 그대로 실현되어 온 예를 쉽게 찾아볼 수 있으며, 어쩌면 인간은 공상의 이야기를 만들어내고 공상 속의 이야기를 끊임없이 실현시켜 오고 있다고 생각하는 것이 맞을지도 모른다.

인공수태와 관련된 윤리적 논의에서 흔히 거론되는 소설이 1932년 Aldous Huxley의 '*멋진 신세계*(*brave new world*)'인데 이 소설 속의 이야기가 하나하나씩 단계적으로 실현되어 가고 있는 것이 오늘날의 현실이다. 소설 속의 끔찍한 미래상에 따르면 모든 신생아들이 미래의 사회에서의 계급이나 역할에 따라서 미리 조작되고 분류된 후 정부과학자들의 통제하에 국가의 부화공장에서 제품처럼 생산된다.

시험관아기가 체외수정시술로서 최초로 태어났을 때 일부 과학자들과 불임부부를 제외한 대부분의 사람들은 앞서 기술하였듯이 윤리적·철학적으로 용납할 수 없는 일이라는 반응을 보였으나 그때로부터 20여 년밖에 안 지난 지금에는 불임치료술의 주류를 이루는 인공수태술로 자리를 잡았을 뿐만 아니라 현대의학의 일대 개가로 받아들여지고 있다. 이처럼 새로운 과학기술의 발전을 접하면서 한편으로는 윤리적·철학적 비판을 계속하며, 다른 한편으로는 그 성과를 받아들일 수밖에 없는 것이 현대과학문명시대의 인간의 삶이다.

⑤ 인공수태의 미래를 위해

이제 눈부시게 발전해 나가는 과학기술시대에 어떤 윤리적 가치규범을 가져야 할 것이며, 그러한 윤리적 가치규범은 어떠한 과정을 통해서 형성되어야 할 것인가를 살펴보아야 할 시점이라고 생각된다. 오늘날 거의 모든 생명공학기술은 적용타당성의 문제를 넘어 적용 여부에 대한 사회적 동의와 실현시기의 선택문제로 되어가고 있다. 즉, 기술의 적용을 허용할 것인가 말 것인가 하는 것이 문제가 아니고, 어떤 조건하에서 허용할 것인가가 문제가 되고 있다. 이러한 추세에 따라 윤리적 갈등의 문제들도 정책입안 혹은 입법화과정에서 타협하거나 절충할 여지가 있는 성격의 사안으로 서서히 바뀌고 있는 것이 현실이다.

우리 사회에는 과학기술이 우리의 의식과 사회 전반에 미치는 영향에 대한 공론의 장이 별로 없었기 때문에 과학적 연구의 윤리문제나 과학기술에 대한 합리적 규제방안에 대해서도 우리 사회는 거의 관심이 없었고 과학기술에 대한 규제는 과학자들의 자율적인 규제 정도로 이해되어 왔으나 이제는 과학기술을 사회의 윤리적 가치규범의 중요한 변화요인으로 인식하고 담론화해야 할 것이다.

윤리학자는 대중적 의식은 즉흥적이어서 피상적이기 쉽고 대중적 의견은 단편적이어서 산만할 수밖에 없으므로 윤리적 가치판단은 대중적 정서를 넘는 지적·이성적·이론적 검토를 전제로 하며 대중적 다수결의에 의해서 결정될 수는 없다고 한다. 그러나 윤리학이 사명이 옳고 그름에 대한 판단의 근거를 얻기 위한 것이라 해도 오늘날의 세상에서는 윤리적 귀족주의를 벗어버리고 윤리적 평등주의에 입각하여 인간의 진실한 모습을 전제로 한 윤리적 가치 규범을 형성해야 할 것으로 생각된다. 다시 말해 아무리 지적·이성적·이론적 검토를 통해 최고의 윤리적 가치규범을 세웠다 하더라도 그것이 현실의 모든 존재의 모습과는 거리가 있는 것이라면 위선이 될 뿐이기 때문에 인간의 행동을 올바르게 인도하기 위한 윤리학의 관심도 경직된 이성적 당위성에서 벗어나 감성을 지닌 실천적 현실의 인간에 관심을 모을 필요가 있다.

오늘날의 과학기술의 발전과 윤리규범을 제대로 형성하기 위해서는 과학자·윤리학자·법학자·종교인·전문관료 등 관련된 전문가들이 이를 전담하고 하달하는 방식의 논의보다는 모든 국민이 참여하는 진정한 민주주의적 제반절차를 준수하는 열린 마당에서의 진중한 담론을 이루어야 할 것이다. 또한 그러한 논의의 결과는 자율적 규제를 넘어 법질서로서 연결되어야 할 것으로 생각된다.[※] 특히, 상대주의적 다양성이 가장 중요한 가치로서 존중되어야 하는 오늘날의 윤리는 현실의 문제를 안고서 그 문제

※ 특히, 우리나라의 경우는 생명공학과 관련하여 국가차원의 심의·자문기구가 없는 것은 물론 전문가집단의 자율적 규제조차도 제대로 갖추어져 있지 않을 뿐만 아니라, 전문가의 자의적인 판단과 결정에 따라 연구가 진행되고 있으며, 또한 그 결과를 매스컴에 세계 최초의 성공적 연구라고 대서특필하여 발표하고 있으나 이는 선진국이 진중한 담론과 정당한 민주적 절차를 통하여 과학기술의 인간에의 적용을 스스로 제어 · 제한하고 있는 진정한 의미를 깨닫지 못하는 무감각함과 무모함의 소치라고 하겠다.

의 가운데에 존재하는 바로 그 사람을 중심으로 윤리학의 사고가 변환되어야 할 것이다.

[손영수(한림대학교 산부인과학교실), 병원협회지, 2000]

(2) 인간 개체복제와 인간 배아복제

일반적으로 인간 개체복제와 인간 배아복제를 혼동하는 경우가 있는데 전자는 '한 개체의 세포나 조직으로부터 그 개체와 똑같은 유전형질(DNA)을 지닌 세포나 개체가 무성생식이나 이것과 닮은 방식으로 형성되는 현상, 또는 이것을 인공적으로 일어나게 하는 생물공학적 기술'을 의미한다. 자연적으로는 무성생식 또는 일란성 쌍생아 형성 등으로 생물복제가 꽤 많이 일어나고 있으며 다세포식물의 인위적 영양생식에 의한 인공복제는 옛날부터 흔히 이용되어 왔다. 또 1958년 F.C. 스튜어드가 당근의 형성층 세포를 이용하여 완전한 당근의 복제에 성공한 뒤부터는 체세포나 조직·기관의 인공배양에 의한 식물복제는 우량 농작물의 증식에 흔히 활용되어 왔다.

유전학적으로 복제 혹은 클로닝(cloning)이란 세포를 무성적으로 증식시켜 기존의 동식물의 개체로부터 동일한 유전자를 가진 새로운 개체를 발생시키는 기술을 가리킨다. 인간 개체복제란 복제기술을 인간에 적용하여 유전적으로 동일한 인간, 즉 복제인간을 탄생하게 하는 생명기술이다.

지난 1997년에 영국 로슬린연구소에서 아이언 윌머트(Ian Wilmut) 박사에 의하여 암양의 DNA유전자를 다른 양의 난자와 결합시켜 암수성교나 수컷의 정액 없이 미수정란의 핵을 제거하고 거기에 체세포의 핵을 이식하여 양의 성체의 체세포에서 유래하는 핵을 가진 복제양인 '돌리'가 탄생하고, 또한 원숭이·쥐·소의 복제에 성공한 소식이 언론에 보도된 이후 동물 복제를 넘어 인간 복제에 대한 세인의 관심이 고조되고 있다. 아직까지는 복제인간이 태어난 사실을 전하는 소식이 없으나 이미 인간 복제가 여러 통로를 통하여 시도되고 있다고 한다. 복제기술상 인간 복제가 동물 복제와 크게 다르지 않다고 볼 때, 동일한 수정란으로부터 동일한 유전자를 가진 다수의 인간을 만들어 낸다거나 정자와 난자의 결합 없이도 동일한 유전정보를 가진 인간을 만들 수 있다는 의미에서 기존의 인간의 생명탄생에 대한 유전공학적 조작과 달리 인간 복제는 대단히 중대한 윤리적 · 법적 문제를 야기한다고 본다.

한편, 인간 배아복제란 사람의 정자와 난자의 수정을 통하지 않고, 인공으로 수정란을 분할하거나 혈액 · 살점 등의 체세포만을 이용해 사람의 난자에 핵이식하여 복제해낸 배아로서 이 기술을 이용하면 체세포만으로도 자신과 닮은 개체를 만들어 낼 수 있어 결국 복제인간의 탄생도 가능하게 되는 것을 의미한다.

인간 배아복제는 적용하는 분야에 따라 다양한 방법으로 연구되고 있다.

첫째, 수정란을 이용한 배아복제(human embryonic cloning) 방법이다. 배아복제(혹은 생식세포복제)는 생식세포를 이용하여 어느 하나의 수정란과 동일한 인간을 만드는 복제기술이다. 배아복제에서는 생식세포의 핵을 채취하여 핵을 제거한 미성숙난자와 융합시켜 수정란을 만든 후, 수정란의 세포분열을 이용하여 유전형질이 동일한 인간을 다수 복제할 수 있다. 수정란이 4~8개의 세포로 분열한 상태에서 각각의 할구(세포)를 물리적·화학적·생물학적 수단을 사용하여 분리하면 갈라진 세포는 각각 다시 완전한 개체로 분화할 수 있는 능력이 가지며, 각각을 자궁에 착상시킨다면 인공적인 일란성 쌍생아가 출산될 수 있다(수정란분할법).

둘째, 체세포를 이용한 개체복제(human individual cloning) 방법이다. 개체복제(혹은 체세포복제)는 생식세포 대신 비생식세포인 체세포(예컨대, 머리카락세포나 피부세포)를 이용하여 그 핵을 미리 핵을 제거한 미수정난자에 옮겨(=핵치환) 세포분열을 하게 하고, 수정란을 자궁에 착상시켜 체세포를 제공한 인간과 똑같은 인간을 탄생하게 하는 무성생식방법이다.

셋째, 생식용 인간 복제 · 치료용 인간 복제방법이다. 생식용 인간 복제(reproductive human cloning)란 클론기술을 이용하여 서로 동일한 유전인자를 가진 인간을 2인 이상을 하나의 개체, 즉 생명력이 있는 인간으로서 출산시키기 경우를 의미한다. 생식용 인간 복제에는 수정란분할법과 체세포핵이식법 두 가지 기술이 있으며, 체세포핵이식법은 복제양 돌리를 만들 때 사용된 방법이다. 치료용 인간 복제(therapeutic human cloning)는 인간의 복제가 치료를 목적을 한다고 하는 사실에 특징이 있다. 세포의 핵의 유전물질을 변환하여 그 세포핵의 핵이식에 의하여 수정란을 만들고, 그 수정란의 모체에의 이식을 통하여 이식용 클론장기를 생성하는 경우를 치료용 인간 복제라고 한다. 이른바 장기복제로서 근육이나 연골·피부와 같은 조직을 체외에서 배양하여 이를 필요로 하는 환자에게 이식하려는 연구는 현재 진행중이다.

(3) 인간 개체복제와 인간 배아복제의 찬반 양론

세계의 생명공학자들이 인간 개체복제 혹은 인간 배아복제를 연구하는 근본적인 이유는 그 잠재적 효용성이 매우 크기 때문이다. 여기서는 이를 둘러싼 찬반 양론을 우선적으로 살펴보도록 한다.

① 인간 개체복제와 인간 배아복제 찬성 측면

첫째, 인간의 질병을 피할 수 있다는 것이다. 부부 중 한쪽이 어떤 유전적 질병을 가지고 있어 자식을 출산하면 그 질병이 자식에게 유전될 가능성이 큰 경우에, 건강한 한쪽의 체세포 핵을 이용한 복제에 의하여 유전질병을 가지지 않은 자식을 출산할 수 있다. 만일 유전적 질환을 지닌 한쪽이 처인 때에는 부의 세포핵을 처의 난자에 삽입하여 자식을 출산하면 질병의 유전을 회피하는 동시에 유전적으로는 물론이고 부부의 감정상으로도 '두 사람의 자식'이라고 생각할 수 있는 자식을 얻을 수 있다.

둘째, 천재의 복제가 가능하다는 것이다. 복제기술이 적극적 우생사상의 실현을 위하여 이용되면 히틀러 혹은 아인슈타인과 같은 천재의 복사를 위하여 이용될 수 있다고 본다.

셋째, 자기 복제가 가능하다는 것이다. 인간 복제를 하는 동기로서는 자기의 복제를 만들어 영원히 사는 것을 실현하려고 하는 욕망도 생각할 수 있다.

넷째, 죽은 자를 소생시킬 수 있다는 것이다. 사랑하는 자식을 불의의 사고나 질병으로 잃은 부모가 클론기술을 통하여 죽은 자식과 똑같은 아이를 복제하고자 하는 욕망을 가질 수 있다.

다섯째, 사망한 남편(혹은 아내)의 복제도 가능하다. 사랑하는 남편(혹은 아내)을 불의의 사고나 질병으로 잃은 아내(혹은 남편)가 죽은 남편(혹은 아내)을 사모하는 마음에서 남편(아내)의 체세포를 이용하여 남편(아내)를 복제하는 경우가 있을 수 있다

여섯째, 치료에 필요한 장기의 확보 때문이다. 장기이식은 면역반응을 생각할 때, 자기와 동일한 유전자를 가진 장기나 기관을 이식하는 방법이 가장 이상적이고 안전하다. 그러므로 질병자의 세포를 이용하여 장기이식을 위한 장기나 기관의 확보를 목적으로 복제기술이 이용될 수 있다고 한다.

일곱째, 불임치료의 연장이 가능하다는 것이다. 부부가 모두 불임인 경우에는 어느 체세포를 클로닝하여 제3자의 여성에게 이식하여 자식을 얻는 방법을 생각할 수 있다. 물론 부부의 체세포를 이용한 클론은 자기의 클론과 결과적으로는 동일하지만, 그 동기가 불임치료의 연장선에 있다고 하는 사실에 차이가 있다. 또한 예를 들어 남성이 무정자증인 경우에 일반적으로 제3자의 정자를 이용한 인공생식을 행하나, 타인의 정자를 사용하기보다는 인간 복제를 선택할 가능성이 있다. 남성의 체세포로부터 여성의 난자에 핵이식을 하면 유전적으로 남성만의 특성을 받지만, 이용된 난자가 제3자의 난자가 아니고 부인의 난자라고 하는 측면에서 제3자의 개입이 없는 자기의 자식을 출산할 수 있다. 또한 여성의 난자에 이상이 있는 경우에도 비록 제3자의 난자가 이용되기는 하지만, 부부 중 어느 누구의 체세포의 핵이 이식되는 결과 제3자의 유전적 영향으로부터 자유로운 자기의 자식을 출산할 수 있다고 본다.

여덟째, 동성커플인 경우에도 자식을 가질 수 있다는 것이다. 클론기술은 레즈비언이나 게이와 같은 동성커플이 자기의 자식을 가질 수 있는 임신기술로 활용될 수 있다고 한다.

② 인간 개체복제와 인간 배아복제 반대 측면

인간 개체복제와 인간 배아복제를 반대를 주장하는 측면은 주로 윤리적인 차원에서 비롯되는데 구체적인 내용은 다음과 같다.

첫째, 인간존엄성이 훼손되기 때문이다. 인간의 생명이 수정의 순간부터 시작된다고 볼 때 혹은 적어도 수정란이나 정자·난자와 같은 생식세포가 인간생명의 기초로서의 의미를 가진다고 하는 입장에 의하여 인간 복제에서는 필연적으로 생명에 대한 인위적 조작이 수반되는 결과, 그를 통하여 생명의 가치를 경감시키고 인간의 존엄성을 훼손한다고 본다. 만일 동식물의 육종과 같이 클론기술의 특징인 예견 가능성을 이용하여 특정한 목적을 이루기 위하여 특정한 성질을 가진 인간을 의도적으로 만들거나 인간을 특정한 목적의 달성을 위한 수단 · 도구로 이용하게 될 위험이 생길 수 있다.

또한 인간클론의 고유한 문제로서 이미 존재하는 특정한 개인의 유전자를 복제하여 인간을 만든 결과, 비록 체세포의 제공자와 다른 인격을 지니고 있다고 하더라도 항상 그 사람과의 관계가 의식되어야 하여 실제 태어난 인간과 체세포의 제공자 사이의 관계가 개인으로서 존중되어야 한다고 하는 헌법상의 이념에 반하는 관계로 발전될 위험이 크다.

인간 개체복제와 인간 배아복제는 인간이 수단과 도구로 전락할 수 있는데 죽은 자의 회복, 혹은 장기의 확보를 위한 클론 혹은 노동력제공·전쟁동원과 같은 특정한 목적을 위한 인간 복제와 같이 복제인간이 그를 필요로 하는 사람의 수단 내지 도구로 전락하여 복제로 태어난 인간이 인간으로서의 존엄과 가치를 상실하는 위험이 초래될 수 있다고 본다(second-class citizen). 또한 인간이 상품화될 수 있다는 우려의 목소리가 있다. 클론에서는 처음부터 우수한 체세포의 매매와 같은 인간의 존엄에 반하는 현상이 야기될 수 있다. 또한 제작물공급계약에 따라서 수급인이 도급인에게 제작물을 공급하듯, 주문에 따라서 제조된 인간을 인간이 팔고 살 수 있다고 하면 복제인간은 중세사회의 노예와 전혀 다를 바가 없는 존재로서 인간의 존엄과 가치를 하나의 상품으로 전락시키는 경우가 된다고 본다. 앞서 '영화로 먼저 읽어보기'의 영화 <아일랜드>는 이 상황을 매우 잘 설명해 주고 있다.

그리고 우생사상의 위험을 초래할 수 있는데 인간 복제를 통한 천재아의 대량생산이라고 하는 꿈은 어쩌면 우생사상에 연결되는 악몽이라고 할 수도 있다. 물론 모든 클론이 우생적 이유로 실시되지는 아니하지만, 예컨대 질병의 회피를 위한 클론과 같은 경우에는 평등의 관점에서 볼 때 인간의 존엄에 반한다고 본다. 또한 인간 복제는 프라이버시권의 박탈을 가져오게 된다. 모든 개인은 자신의 유전자에 관한 정보를 포함하여 사적 영역의 비밀을 보장받을 권리로서 프라이버시권(right of privacy)을 가진다.

또한 정자와 난자의 결합과 같이 양성생식으로 태어나는 경우에는 유전인자를 우연히 획득하고 누구도 그 정보를 지배하지 못하나, 복제인간에서는 생명이 개시될 때부터 생산하는 사람의 의도대로 그 유전인자가 결정되고 그 손 안에 복제인간의 모든 유전정보가 놓이게 된다. 만일 복제인간의 동의 없이 타인에게 그 유전정보가 제공된다고 하면 개인의 프라이버시권이 심히 침해된다고 하지 않을 수 없다.

인간 복제의 비자연성으로 인해 인간적 방법으로 태어날 권리가 침해될 수 있다. 인간 복제는 신으로부터 창조된 질서를 파괴하는 비자연적·비도덕적인 행위라고 하는 주장이 있다. 인간은 누구나 남녀의 성적 결합을 통하여 자연적인 방법으로 태어날 권리가 있으나, 인간에게서 찾아볼 수 없는, 남녀의 결합을 전제로 하지 아니하는 무성생식을 통하여 인간을 만드는 클론은 인간의 본질적인 기능을 저해하며, 인간의 인간적·자연적으로 태어날 권리를 침해한다고 할 수 있다.

둘째, 유일성 혹은 개성의 권리가 침해된다. 지금까지는 인간이 모두 새로운 유전형질을 가진 생명체로서 세상에 출생하나 인간 복제에 의해서는 언제나 이미 지상에 존재한 인간과 같은 유전형질을 가진 인간이 탄생한다. 복제라고 하는 생식방법을 통하여 동시에, 또한 상이한 시기에 동일한 유전자를 가진 인간을 다수 얻을 수 있다. 모든 인간이 자신에게만 고유하고 반복될 수 없는 유일성 혹은 자신 이외에는 다른 누구도 자기가 될 수 없다고 하는 고유성을 유지할 권리를 가진다고 볼 때, 유전형질의 복제로 인하여 인간의 비반복적 유일성 혹은 개성에 대한 권리(right to individuality)가 침해된다고 본다. 특히, 인간의 비반복적 특질은 인간존엄·가치의 본질적인 요소로서 그 동의나 승낙을 통하여도 포기될 수 없다고 본다.

셋째, 인간 복제의 위험성이다. 이는 여러 가지 위험요인을 초래할 수 있다. 특히, 유전적 다양성 상실의 위험이 상존할 수 있는데 보통 양성에 의한 수정란 형성에서는 친자 사이에 DNA의 배열이 전적으로 동일할 수는 없다. 모의 난자와 부의 정자로부터 각각 하나씩 수계를 받은 염색체가 결합하는 결과, 반은 모로부터, 반은 부로부터 염색체를 받지만 전체적으로는 모와도 부와도 다른 염색체를 가진 자로서 세상에 태어난다. 또한 생식세포가 감수분열을 할 때, 부모(자로서는 보면 조부와 조모)로부터 물려받은 2개의 염색체가 교차하거나 부분적으로 교환되어 2개로 다시 분열하여 동일인의 정자 혹은 난자라고 하더라도 미묘하게는 DNA배열에 차이가 있을 수 있고, 형제자매에서도 개성이 각각 다르며 유전정보의 다양성이 유지된다.

그러나 양성에 의한 수정란으로부터의 출산이 아니고 일종의 무성생식인 인간 복제에서는 다른 사람과 전적으로 동일한 DNA배열을 가진 자가 태어날 수 있고, 복제기술의 이용이 증가하면 인류 전체로서의 유전정보의 다양성이 파괴(loss of genetic variation)될 위험이 있다. 물론 인간의 개성은 유전자뿐만 아니라 다른 요인과의 복합작용으로 형성된다고 볼 때 복수의 복제인간의 탄생으로 인간의 개성이 모두 상실된다고 볼 수는 없으나, 유전정보의 다양성이 상실되면 전염병에 대한 자연의 방어체계가 약화되어 복제집단의 어느 일원이 질병에 걸리면 그에 속한 모든 사람이 똑같은 질병으로 사망하게 될 위험이 있고, 결국 인류 전체의 존망에 관계되는 가공할 일이 벌어질 수도 있다. 또한 노화의 위험도 수반되는데 인간 복제를 위하여 성인의 체세포가 이용되는 경우에는 세포 자체 혹은 그 핵 내의 유전자가 이미 노쇠되어 있는 결과, 복제로 태어난 자의 수명이 그만큼 단축되고 암 등, 기타 질병의 위험이 증대할 위험이 있다. 또한 직접 복제로 출산된 자의 수명뿐만 아니라 그 자가 출산한 다음 세대에게도 일찍 사망할 수 있는 위험을 물려줄 가능성이 있다.

넷째, 사회적으로 악용의 위험성이 매우 높다. 예를 들어, 범죄조직이 수사를 혼란시킬 목적이나 스파이활동에 이용하기 위하여 복제인간을 만드는 경우 혹은 오직 전쟁·노동에 동원하기 위하여 힘이 세거나 건장한 클론인간을 생성하는 경우와 같이 복제인간이 사회적으로 악용될 우려가 있다.

다섯째, 안전성의 위험이 있다. 동물 복제의 실패율로 미루어 볼 때, 인간 복제가 성공할 가능성은 희박하며, 성공한다고 하더라도 기형아, 정신장애아가 태어날 가능성이 크고, 비록 복제에 성공하더라도 정상적으로 성장할 가능성은 낮다고 지적된다. 동물 복제를 보면 95%가 배아상태에서 숨지고, 출산을 한 때에도 바로 죽은 경우도 많다고 하며, 자궁에 성공적으로 착상된 복제동물 배아 중 출산 뒤까지 정상적으로 자란 동물은 25%에 불과하다고 한다. 또한 인간 복제를 하는 경우에 대부분 유전적 또는 물리적 이상에 의한 자연유산될 위험으로 인하여 배아를 착상한 여성의 건강과 생명에도 심각한 위험을 줄 수 있다고 한다.

[http://kr.blog.yahoo.com/sockokyu/1476463.html]

현대의 생명과학이 던지는 가장 심각한 문제는 인간 복제이다. 배아복제에 대하여 그 필요성을 인정할 수 있는가 하는 문제와는 별개로 복제인간을 출생시키기 위한 인간 개체복제는 결코 허용될 수 없다. 종래의 인간의 생식이 첨단의료기술의 도움을 받는 경우를 포함하여 모두 유성생식의 과정을 통하여 실현되는 반면에, 인간의 클론 개체의 생산은 유전적으로 동일한 개체를 의도적으로 출산시킨다고 하는 측면에서 전혀 다른 인간의 생명탄생의 방법이다. 그러므로 다른 자연적·인공적인 생명탄생에 관한 기술과는 질적으로 전혀 다른 영향을 인간사회에 가져오는 인간 복제에 대하여는 인간의 생명탄생에 관한 다른 기술과는 달리 강한 규제가 필요하지 않을 수 없다.

또한 인간과 동물의 키메라 개체 혹은 하이브리드 개체(인간과 동물이 교잡된 배에서 유래하는 개체)의 생산은 인간의 존엄과 안전성에 비추어 클론 개체의 생산을 초월하는 문제를 가진 행위이며, 그 폐해가 크다고 하는 사실을 고려할 때 전면적으로 금지되어야 한다. 개체를 산출하지 않는 인간과 동물의 키메라 배 혹은 하이브리드 배에 관한 연구에 대하여는 유효성을 인정할 수 있는 경우도 상정할 수 있다고 볼 때 그 허용 여부를 종합적으로 검토할 필요가 있을 것이다.

(4) 유전공학(genetic engineering)

유전자, 즉 거대분자 화합물인 DNA의 기능을 바탕으로 유전자재조합(재조합 DNA실험)·유전자클로닝(DNA클로닝) 등의 유전자조작기술을 응용하여 유전자산물의 효율적인 공업생산과 육종에 의한 농수산물의 생산 증진 등을 연구하는 유전자(DNA)기능 응용공학을 말하며 유전자공학(gene engineering)이라고도 한다.

1993년 10월 23일 미국의 <뉴욕타임즈>는 미국의 조지워싱턴대학 메디컬센터 연구팀이 사람의 수정란을 처음으로 복제하는 데 성공했다고 보도했다. 이 실험을 성공시킨 사람들은 동 대학의 홀과 스틸먼 교수가 이끄는 연구팀으로서 인간의 배자(胚子)를 일란성 쌍둥이, 세 쌍둥이, 네 쌍둥이로 복제하는 데 성공한 것이다. 하지만 이 일이 보도된 후 로마 교황청은 즉각 반론을 제기했고, 종교계와 의학계를 중심으로 대단한 반론이 제기되어 현재는 인공수정을 가능케 한 유전공학 자체에 대한 논란으로 발전하고 있다.

① **유전공학의 개념과 분야**

디옥시리브핵산(DNA)이라는 유전자 내의 염색체를 이루는 물질이 미셔(F. Miesher)에 의해 발견된(1868년) 후 비약적으로 발전한 유전 공학은 유전학의 응용과학으로 발전하였고 1960, 70년대에는 비약적 성과를 거두었다. 유전공학은 유전자조직, 세포융합, 조직배양, 세포기관의 임의적 교체 등의 방법을 사용하여 유용하고 새로운 생명체를 만들어 내는 기술이다. 응용 분야는 세균을 통한 식량증산, 폐자원의 처리기술, 동식물의 교배를 통한 유용한 생물 생산, 태아의 유전성 질환 치료(불임부부에 대한 의학적 치료(인공수정)), 인간 존재의 변모를 시도하는 복제인간 등이 있다.

② **유전공학의 윤리문제**

인간이 아닌 동식물·미생물에 대한 유전공학적 시도는 원료의 이용도를 높이며 작업공정의 단순화와 저공해 에너지, 절약적 산업의 발달 등 고도의 부가가치성 산업으로 활용할 수 있지만 예상되는 피해 또한 대단하다. 단 한 번의 유전공학적 실수로도 생태계가 파괴되고 거대한 생물의 출현으로 소동을 겪을 가능성이 있는 것이다. 또한 근본적으로 레위기 19:19에서 하나님은 “네 육축을 다른 종류와 교접시키지 말라”고 말씀하신 것은 생물을 창조한 종(種)대로 보존하시고자 하는 뜻인데, 그 뜻을 무참히 짓밟는 행위이기도 한 것이다. 태아의 생명을 죽이는 인공유산은 서슴지 않고 하면서도 태아의 유전적 질병을 고치기 위해 유전자조작이 필요하다고 하는 것은 모순된 것이다. 인공수정이나 복제인간도 마찬가지이다.

(5) 농업생명공학

최근 과학자들이 사람 유전자를 벼에 이식했다는 소식이 <인디펜던트>지를 통해 보도되었다. 제초제를 뿌렸을 때 잘 견디는 작물을 만들기 위해 이를 분해하는 효소를 강화시킨 ‘제초제 저항성 유전자’ 대신 사람

간에서 주로 해독작용을 나타내는 유전자를 벼에 넣었다는 얘기이다. 광범위한 농약성분을 분해하는 데 탁월한 효과를 나타낸다는 것이 그 이유였다. 관련 과학자들에 따르면 농약을 바꿔 사용해도 작물은 해를 받지 않기 때문에 잡초를 완전히 제거하는 개가를 올릴 수 있게 되었다고 한다. 하지만 일반 시민들의 일차적인 반응은 '역겹다'는 것이다. 돼지에 사람의 성장호르몬 유전자를 넣어 슈퍼 돼지를 만들었던 경우처럼 이를 식품으로 사용한다는 것은 '식인행위'와 마찬가지라고 주장한다.

예전에는 생각할 수 없었던 종(種)이라는 경계를 뛰어넘어 행해지는 생명공학 실험은 이제 사람과 다른 동식물 사이의 잡종세포를 만드는 데까지 이르렀다. 심지어 사람과 침팬지의 잡종세포로 임상실험에 사용될 '휴먼지'라는 반수반인을 만들겠다고 시도하는 연구진도 있다. 이런 과학의 발전에 경악한 시민들은 '생명공학=프랑켄슈타인 과학'이라는 부정적인 시각을 갖게 되었다.

과학 소비자인 시민의 지지를 받지 못하는 한 생명공학은 발전할 수 없다. 생명공학에 찬성하거나 반대하는 관점들을 비교해 보면 의견 차이는 주로 과학적 사실 자체보다는 윤리·법·사회적 관점 등에 근거한 가치판단에 따른 것이라는 점을 알 수 있다. 질병을 퇴치하기 위하여 배아복제를 도입할 수 있겠지만 이 시도가 생명의 가치, 인간의 존엄성, 평등한 의료혜택을 받을 권리 등에 영향을 미친다는 것도 부인할 수 없는 사실이다.

농업생명공학은 제3세계에서 기아를 완화시켜 줄 수도 있겠지만 오히려 메이저 식량회사에 농업을 종속시켜 기아를 심화시키고 농업의 해체를 가속화한다는 우려도 나온다. 생명공학의 옹호자들은 신기술의 발달과 실행은 종국에는 인간 의사결정에 의해서 통제되거나 조종될 수 있다고 가정한다. 하지만 생명공학을 반대하는 사람들은 기술 발달은 실제로 자신만의 내적인 법칙과 논리를 가진다고 주장해 왔다. 기술결정론이라고 하는 이 관점은 모든 새로운 기술은 위험하고 도덕적으로 공격적인가 여부에 상관없이 궁극적으로 실행되고야 말 것이라는 우려를 내포한다.

이 같은 시민의 우려를 불식시키기 위해서는 과학자들 스스로의 노력이 필요하다. 유전자재조합 기술이 처음 등장했을 때 일단의 과학자들이 자체적인 규제지침을 만들고 안전성이 확보될 때까지 실험을 일시적으로 중단한 것처럼 과학자들은 실험의 의미와 자신이 수행하는 연구의 파급효과를 여러 측면에서 검토하여야 한다.

최근 조선대 연구팀이 조사한 바에 의하면 73%의 과학자가 윤리적 원칙준수가 연구에 중요하다고 생각하고 있지만, 실제로 대부분의 과학자(93%)는 3년간 생명윤리교육을 전혀 받지 못한 것으로 나타났다. 또 의학을 제외하고는 생명과학 전공학과에 생명윤리 과목이 전혀 개설되지 않고 있는 실정이다.

인간의 유전자를 갖는 벼의 성공을 단순하게 생명공학의 개가로만 여길 수 있을 것인가. 무모한 과학은 걸림돌도 될 수 있다는 사실을 모쪼록 깨달아 우리나라의 과학공동체 내부에서도 과학의 윤리적 법적 사회적 함의를 곱씹는 계기가 되었으면 한다.

[출처 : 동아일보, 2005. 4. 29.]

9 열린 미래를 위한 공학윤리

PREVIEW

열린 미래를 위한 공학

우리나라는 기술이 지배하는 미래의 세계 중심국가로 우뚝 설 수 있을까? 한 치 앞도 내다 볼 수 없는 경쟁시대의 불투명한 상황 속에서 전 세계는 지금 '기술혁신'에 촉각을 곤두세우고 있다. 더 빠르게, 더 세밀하게, 그리고 더 세련된 기술만이 생존조건으로 간주되는 오늘날 한국이 당면한 시대적 과제는 두말할 필요 없이 '기술개발'이다.

1970년대, 북한보다 GNP(1인당 국민소득)가 낮았던 한국이 세계 11위의 경제대국으로 자리매김할 수 있었던 원동력은 무엇보다 국민들의 높은 열정에 기반한다. '한강의 기적'으로 기록된 한국의 경제개발 역사는 대외적으로 엄청난 이슈였고 대내적으로는 급속한 산업화의 바람을 일으켰다. 그러나 1990년대 말에 불어 닥친 IMF의 광풍은 한국의 허리를 꺾어놓았고 경제 역시 마비상태로 접어들었다.

전 세계를 늙게 만드는 조로(早老)현상과 출산율 감소로 인한 노동력의 저하, 소비자의 중심가치가 풍요로움으로 전이되는 상황, 글로벌 시장경제 경쟁의 지역이기주의로의 변화는 다가올 10년 후의 모습이다. 이런 급변하는 상황에 착안, 변화에 적응하는 유일한 조건이 '기술혁신'이라는 것은 이미 전 세계인이 실감하고 있는 문제이다.

기술은 '인간'과 동떨어진 개념이 아니다. 공학기술은 인간의 기본적인 문제 간의 간극을 좁히기 위해 개발되는 것이다. 수억 개의 정보를 기억하는 반도체 칩을 제작하고 단추만 누르면 세계 어디에서든 통화가 가능한 기술을 보유한 국가에서 수십 건의 '미아'가 발생한다는 보고는 기술이 지닌 아이러니라고 할 수 있다. 따라서 미래를 이끄는 기술은 '인간'과 호흡을 같이 하며 생명력을 유지해야 한다. 사람들이 흔히 생각하는 '기술'은 테크놀로지로만 포장된 '기술 자체'로서 그것은 진정한 기술이 아니며, 인간의 가슴을 감성으로 적셔줄 수 있는 기술, 그것이야말로 미래의 진정한 기술상(像)이다.

무한경쟁의 시대에서 영원한 1등은 없다. 역사는 하루가 다르게 변하는 기술의 발전양상을 통해 승자와 패자를 확실하게 구분 짓는다. 지금, 우리나라가 풀어야 할 과제는 '기술'이다. 승자와 패자는 바로 그 기술경쟁력에 의해서 갈라지기 때문이다. 이와 함께 명확한 공학윤리의 확립은 우리의 미래에 밝은 서광을 비춰 줄 것이라 믿어 의심치 않는다.

Summary

공학(engineering)은 과학의 연구성과를 바탕으로 하지만 실용성과 효율성을 중시하는 기술활동이라는 점에서 근본적으로 과학과는 성격이 다르다. 순수과학이 단순한 연구활동으로 그 임무가 완료되는 것과는 반대로 공학은 설계에 입각한 제조·설치·생산 등의 후속활동을 필요로 한다.

이 과정에서 엔지니어들은 인간생활의 모든 영역에서 그 영향력을 행사하게 되며 그들의 전문적 판단은 일상적인 안전시스템의 주축을 이루게 된다. 따라서 어떤 전문직 기술자가 자신의 지식을 모든 영역에 제한 없이 적용해도 좋다면 인류의 생존에 심각한 위기를 야기하게 될 것이다.

과학기술이 사회에 미치는 영향이 커지면서 오히려 외부의 간섭 없이 자유롭게 연구를 하던 보편적 사고에서 원자폭탄·환경오염·인간 복제 등 과학의 부작용이 사회문제가 되면서 과학기술의 사회적 책임에 대한 논의와 더불어 이를 실용화하는 공학에까지 그 영향을 미치게 되었다. 앞으로도 인류의 존재를 위한 과학기술은 지속적으로 발전할 것이다. 특히 인간의 정복되지 않은 불치병 치료제의 개발과 생명 연장을 위한 과학기술은 윤리적인 논란에도 불구하고 계속 연구되어질 것이며 공학은 이를 실용화하는 등 서로 유기적으로 연결되며 발전되어 갈 것이다.

현재 과학기술 및 공학 분야에서 대두되는 가장 큰 쟁점은 인터넷문제, 환경문제, 생명공학문제와 관련된 주제들이다. 공학이 우리의 실생활에 매우 긍정적인 영향을 미치는 밝은 면이 있는 반면, 여러 가지 어두운 면(쟁점)이 존재하는 것이 사실이다. 아무리 우수한 성문법(成文法)이 존재한다 하더라도 그 법을 어기는 범죄행위가 증가함으로 인해 지속적으로 법이 제·개정되는 것처럼 공학의 긍정적인 측면에도 불구하고 공학으로 인해 오히려 부정적인 측면이 더욱 부각되는 경향이 있다.

따라서 이러한 부정적인 측면이 지속될 경우 글로벌화가 지속적으로 촉진되는 시점에서 열린 미래를 준비하는 데 걸림돌이 될 수 있기 때문에 여기서의 공학의 발전을 둘러싼 여러 가지 쟁점에 대한 개선사항을 짚어보고 해결책을 제시함으로써 하이테크 시대의 공학윤리의 필요성에 대해 언급하였다.

열린 미래를 위한 공학윤리의 필요성

Key Words

지속적인 과학기술발전과 공학 1

국가와 국가 간의 지리적 개념이 빠르게 변화하고 있다. 다른 나라에서 발생한 사건·사고 등이 실시간(real time)으로 우리에게 전달되고 있으며 오직 각국 간에 존재하는 시차(時差)만이 국가 간의 경계를 구분지어 주고 있다. 자본이 국경을 넘어서 세계 곳곳을 넘나들고 있으며 인터넷의 발달로 세계 곳곳에서 일어난 일들을 쉽게 접할 수 있고 뉴욕 증권가의 주가 변동소식이 곧바로 전 세계 증권가에 영향을 미친다. 산유국들의 결정사항이 바로 우리나라 주유소의 휘발유가에 영향을 미치며 대만에서의 컴퓨터 칩 생산라인의 중단사태가 세계 반도체시장에 즉시 영향을 미친다.

이처럼 세계는 유기적(system)으로 연결되어 가고 있는데 유기적으로 연결된다는 것은 하나의 문제가 세상을 발칵 뒤집어 놓을 수도 있다는 이야기이다. 이와 같은 유기적 관계의 구축이 가능해진 이유는 과학기술과 공학의 발전 때문이다. 예전에는 상상도 하지 못했던 시스템이 과학기술의 발전 토대 위에 엔지니어들의 끊임없는 도전정신으로 인간생활의 모든 영역에 그 영향력을 행사하는 주체로 등장하게 되었다. 따라서 과학기술과 공학의 발달은 이를 이용한 인간의 행위와 그 결과가 전 세계적으로 영향력을 발휘하게 되었는데※ 이러한 현상들이 가져오는 엄청난 파장에

※ 예를 들어, 과학통신의 발달에 따른 세계의 급속한 단일화, 세계화된 시장경제 제도의 영향력, 급격한 환경파괴, 지구 전체를 위협하는 핵무기, 핵을 이용한 산업의 발전과 그 영향력의 전 세계화, 유전공학의 발달에 따른 새로운 생명관과 인간상실의 대두 등을 들 수 있다.

대해 우리는 적극적으로 그 해결방안을 세워야 할 위치에 있게 되었다. 이는 인류와 생태계의 생존과 번영을 위협하는 위기상황을 모두 연대해서 풀어가야 한다는 것을 말하는 것으로서 상호 주관적인 구속력이 있는 세계적 차원에서 엔지니어들의 책임과 의무가 있음을 보여주고 있는 것이다.

과학기술이 사회에 미치는 영향이 커지면서 오히려 외부의 간섭 없이 자유롭게 연구를 하던 보편적 사고에서 원자폭탄·환경오염·인간 복제 등 과학의 부작용이 사회문제에 대한 과학기술의 사회적 책임에 대한 논의와 더불어 이를 실용화하는 공학에까지 그 영향을 미치게 되었다. 앞으로도 인류의 존재를 위한 과학기술의 지속적인 발전은 인간의 정복되지 않은 불치병 치료제의 개발과 생명연장을 위한 과학기술은 윤리적인 논란에도 불구하고 계속 연구되어질 것이며 공학은 이를 실용화하는 등 서로 유기적으로 연결되며 발전되어 갈 것이므로 이에 대한 대처방안의 하나로 공학윤리적 관점이 매우 중요하게 대두되었다.

2 하이테크 시대에서 우리의 역할

18세기만 하더라도 서양의 물질문명 수준은 거의 모든 분야에서 동양에 비해 결코 우위를 점하지 못하는 수준이었다. 그러나 19세기에 들어 세계에 대한 법칙적 파악이 과학(science)과 삶의 도구적 기법이라 할 기술(technology)을 결합시킨 서양은 산업혁명 이후 세계문명을 주도하기에 이르렀다. 하지만 서양의 세계문명 주도는 얼마가지 않아 전 지구촌의 글로벌화에 따른 과학기술의 보편화로 인해 주도권을 상실하기에 이르렀다. 물론 서양의 과학기술이 우세한 분야가 있고 동양의 그것이 우세한 분야도 있지만 일반적으로 과학기술이 보편화되었다는 표현은 거의 모든 국가가 유기적으로 연결되어 있는 글로벌 시대에서 매우 타당한 표현이다.

과학기술이나 공학이 보편화되었다는 것은 그 영향력이 일반 공중에게도 확산되었다는 것을 의미한다. 특히, 공학은 우리의 생활과 매우 밀접한 관계에 있기 때문에 엔지니어의 윤리함양은 절대적으로 필요한 덕목이 되었다. 여기서는 하이테크 시대에서의 엔지니어의 역할과 일반 공중의 역할 및 제반 쟁점의 개선노력을 통한 열린 미래의 도래에 대해 언급하기로 한다.

1) 하이테크 시대에서 엔지니어의 역할

공학(engineering)은 과학의 연구 성과를 바탕으로 하지만 실용성과 효율성을 중시하는 기술 활동이라는 점에서 근본적으로 과학과는 성격이 다르다. 순수과학이 단순한 연구 활동으로 그 임무가 완료되는 것과는 반대로 공학은 설계에 입각한 제조·설치·생산 등의 후속활동을 필요로 한다. 이 과정에서 엔지니어들은 인간생활의 모든 영역에서 그 영향력을 행사하게 되며 그들의 전문적 판단은 일상적인 안전시스템의 주축을 이루게 된다. 따라서 어떤 전문직 기술자가 자신의 지식을 모든 영역에 제한 없이 적용해도 좋다면 인류의 생존에 심각한 위기를 야기하게 될 것이다.

오늘날 엔지니어는 생산판매·관리 등 전 분야에서 종사하고 있다. 따라서 주로 개인적 차원에서 적용되는 의학이나 법률 분야의 서비스와는 달리 토목·건축·기계 및 장치설비·제품생산 등의 분야에서 활동하는 엔지니어는 고객뿐만 아니라 일반인에게까지 직접적인 영향을 미치기 때문에 사회적 공공 선을 우선적으로 고려해야 한다. 그러므로 엔지니어는 CEO나 고객의 주문이 공공 선을 크게 해치는 경우에는 거절하거나 고발할 수 있어야 한다.

그러나 대부분의 엔지니어가 피고용인이라는 직무구조적 특성 때문에 자신들의 불이익을 감수하면서까지 저항하거나 불복하는 것을 기대하기는 어렵다. 하지만 엔지니어는 대형사고의 위험을 사전에 인지할 수 있는 기술지식을 보유하고 있기 때문에 사회적 책임을 우선적으로 고려해야 할 의무가 있다. 따라서 엔지니어들의 윤리의식과 자긍심을 고취시키는 동시에 기술사용의 적극적인 확대를 꾀할 필요가 있다.

우리 주변에서 일어나는 크고 작은 사건들은 엔지니어의 윤리성 부족에서 기인하는 경우가 많다. 대구 지하철 참사, 삼풍백화점 및 성수대교 붕괴 등의 대형 사고를 비롯해 잦은 도로 보수공사, 아파트 하자공사, 강경한 노조활동 등은 우리에게 큰 영향을 미친다. 엔지니어의 사회적 역할이 강조되는 이유는 바로 기술문제에 대한 근접성(proximity) 때문이다. 엔지니어는 현재 사용중인 기술의 문제점, 즉 잠재적인 위험과 해결을 인지하고 있기 때문에 그의 견해가 우선적으로 고려되어야 한다. 엔지니어는 자신의 전문적 판단을 행사하고 직무수행상 요구되는 절차를 존중하며 공익과 사회적 책임에 대한 도덕적 의무를 이행하여야 한다.

엔지니어는 과학연구의 건전성을 유지하고 과학적·공학적 지식의 억압과 왜곡, 그리고 오용(그리고 남용)에 대해 저항해야 하며 과학적 성과 및 효율성을 완전 공개해야 한다. 엔지니어는 자신의 연구 분야나 기술에서 직면하고 있는 사회경제적·정치적 문제들을 숨김없이 보고 또는 공개해야 하고 자신들의 연구 또는 실행결과들이 전쟁이 테러 등 인류의 평화증진을 이해하는 목적으로 사용되지 않도록 최선의 노력을 기울여야 한다. 왜냐하면 세계는 유기적으로 연결되어 있으며 공학은 이 유기적 관계를 견인하는 역할과 공학이 우리 생활에서 차지하는 비중이 매우 크기 때문이다.

2) 하이테크 시대에서 일반 공중의 역할

인간은 사회적 동물이며 집단생활을 영위하기 때문에 아무 행동이나 마음대로 할 수 없으며 사회적으로 승인된 행동을 할 것을 기대하는 구성원들의 암묵적인 믿음과 약속인 규범체계를 필요로 한다. 이 규범체계는 자신이 속한 국가·도시·문화 등에 따라 매우 상이하며 그 사회에서 일반적으로 통용되는 약속이 규범체계로 확립되는 것이다.

그런데 왜 인간은 윤리적으로 살아야만 하는가? 왜 규범을 만들어 놓고 그 규범을 지켜야만 하는가? 그것은 개인의 행복과 사회의 질서유지를 위한 하나의 필수적인 조건이기 때문이다. 윤리는 우리의 삶을 지도해 줄 규칙의 집합으로 구성되며, 그 규칙들은 거의 모든 사람이 그것을 준수하는 경우 모든 사람이 행복하게 되는 규칙들이다. 이 규칙들은 우리의 자유를 제한하기도 하지만 그것은 더 큰 자유와 복지를 증진하기 위한 것이다. 따라서 윤리는 사회의 분열을 방지시키고 인간의 고통을 완화시키며, 인간의 행복증진과 이익 갈등을 정의롭고 질서 있게 해결하며, 칭찬과 비난·보상과 처벌·죄책감을 부과하는 목적으로 사회구성원들에게 영향을 미친다.

오늘날 공학의 발전은 우리가 상상하는 그 이상이며 우리의 생활에 매우 긍정적인 영향을 통해 우리의 삶을 윤택하게 해주기도 하지만 공학의 발전으로 인해 인간 생명의 경시, 자연환경의 훼손, 인터넷 세계에의 몰입 및 인간관계의 단절 등의 부정적인 폐해가 속출하는 등의 부정적인 영향도 무시할 수 없다. 공학의 발전은 엔지니어에게만 공학윤리를 준순해야 할 의무가 있는 것이 아니라 그것을 실생활에서 사용하는 일반 공중도 공학윤리를 지켜야 할 의무가 있는 것이다.

그렇다면 보다 구체적으로 일반 공중은 하이테크 시대에서 어떠한 역할을 통해 공학의 발전을 더욱 도모하고 인간적인 삶을 영위할 수 있는 것인가? 다시 말해 윤리적 인간으로서의 역할은 무엇이라고 할 수 있는가? 일반 공중의 역할은 사람이 가지고 있는 도덕적 지식과 도덕적 감정으로 도덕적 행동을 함으로써 공학의 발전을 더욱 도모시켜야 할 것이다. 여기서는 리코나(Lickona, 1991)가 제시한 윤리적 인간이 갖추어야 할 사항의 고찰을 통해 일반 공중이 하이테크 시대에서 지켜야 할 역할을 대신하고자 한다.

(1) 도덕적 지식

도덕적 인식 *Moral Awareness*

도덕적 인식은 어떤 상황이 도덕적 쟁점과 관련이 있고 그래서 도덕적 판단을 요구하는 상황임을 파악할 수 있는 능력을 의미한다. 도덕적 인식은 우리가 직면한 상황이 도덕적 판단을 요구하고 있다는 것을 파악하기 위하여 그리고 어떤 것이 올바른 행동방향인가를 주의 깊게 생각하기 위하여 우리의 지성을 사용하는 것이다.

도덕적 가치들에 대한 지식 *Knowledge of Moral Values*

책임 · 정직 · 정의 · 배려와 같은 도덕적 가치들은 세대를 통해서 전해져 온 도덕적 유산이다. 윤리적 인간은 이러한 도덕적 가치들에 대한 지식을 갖고 있어야 한다. 우리가 어떤 도덕적 가치를 알고 있다는 것은 다양한 삶의 상황 속에서 그러한 가치를 적용하는 방법을 알고 있다는 것을 의미한다.

관점 채택 *Perspective Taking*

관점 채택은 타인의 관점·입장·견해를 취해보는 능력을 의미한다. 즉, 다른 사람의 입장에 서서 자기가 처한 상황을 바라보고 다른 사람이 생각하고 느끼고 반응하는 것을 상상해 보는 것이다.

도덕적 추론 *Moral Reasoning*

도덕적 추론은 도덕적이라는 것이 무엇을 의미하는지를 이해하는 것뿐만 아니라 왜 우리가 도덕적이어야만 하는지를 이해하는 것을 포함한다. 또한 도덕적 추론은 우리라 하여금 가치들의 위계를 설정하는 것을 도와주고 가치들이 갈등을 일으킬 때 무엇을 결정해야 하는지를 도와주는 도덕적 원리들을 형성하도록 도와준다.

의사결정 *Decision-Making*

의사결정은 자율적인 도덕적 결정을 내리는 능력을 의미한다. 의사결정은 위부의 강제 없이 자율적이며 사려 깊고 체계적인 방식 속에서 도덕적 결정을 내리는 것이다.

자신에 대한 지식 *Self-Knowledge*

도덕적으로 산다는 것은 우리 자신의 행동을 돌이켜 평가해 보는 능력을 필요로 하는 것이다. 자기에 대한 지식은 자신의 성품의 장점과 단점을 아는 것과 그러한 단점을 보완할 수 있는 방법을 아는 것을 의미한다.

(2) 도덕적 감정

양심 *Conscience*

양심이란 옳다고 여겨진 것을 행하려는 의무감을 느끼는 감정적인 측면이다. 성숙한 양심은 도덕적 의무감뿐만 아니라 건설적인 죄책감을 지니는 능력을 포함한다. 양심 속에서 어떤 것을 행하라는 의무감을 느꼈을 때 그것을 하지 않는다면 죄책감을 지니게 된다.

자기 존중 *Self-Respect*

자기 존중은 자신의 가치와 존엄성에 대한 적절한 존중감을 갖는 것을 의미한다. 자기 존중은 자존심(self-esteem)과는 다른 것이다. 자존심은 도덕과 무관할 수 있다. 즉, 우리는 도덕적인 선과는 무관하게 재산·외모·인기·권력 등과 같은 속성을 바탕으로 자기 자신을 높이 평가할 수도 있다. 도덕적으로 무관한 자존심과는 달리 긍정적인 자기 존중감은 도덕적 선에 대한 자신의 능력을 신뢰하는 것이다.

공감 *Empathy*

공감은 다른 사람의 내적 상태와의 동일시(identification) 혹은 다른 사람의 내적 상태에 대한 대리적 경험을 의미한다. 공감은 자아와 타아의 경계를 제거하여 주기 때문에 우리는 공감을 통해 다른 사람이 느끼고 있는 것을 같이 느끼게 된다.

선을 사랑하기 *Loving the Good*

윤리적 인간은 선을 사랑하고 악을 미워하는 사람이다. 선을 사랑하기란 우리가 선으로 순수하게 이끌려지는 것을 의미한다. 선을 사랑하는 사람은 스스로 타인을 도와주면서 즐거움과 보람을 얻는다. 의무감이 아닌 자발적 경향성에서 우러나오는 이러한 성향을 도덕적 감정의 필수적인 한 부분이다.

겸양 *Humility*

겸양은 진리에 대한 순수한 개방성과 우리의 실패를 교정하기 위하여 행동하려는 적극적인 의지를 포함한다. 또한 겸양은 악을 행하는 것에 대한 최상의 보호막이다. 악을 행하고도 그것을 선이라 부르는 자기기만에 근거한 오만함을 피할 수 있게 해주기 때문이다. 오만은 거만함·편견·타인에 대한 무시 등의 원인이 되기에 우리가 피해야 할 것이다. 겸양은 바로 이런 병든 오만을 치유해 줄 수 있다.

자기 통제 *Self-Control*

인간의 감정은 쉽게 이성을 압도하기 때문에 우리는 자기 자신을 통제할 수 있어야 한다. 자기 통제는 우리가 도덕적으로 행동하는 것을 하지 않을 때에도 우리로 하여금 윤리적인 입장을 계속 유지하도록 만들어 준다. 그러므로 자기 통제는 자기 탐닉(self-indulgence)을 막아주는 데 있어서 필수적이다.

(3) 도덕적 행동

능력 *Competence*

능력은 도덕적 판단과 감정을 효과적인 도덕적 행동으로 옮기는 능력을 뜻한다.

의지 *Will*

도덕적 상황에서 올바른 선택은 매우 힘든 것이다. 의지는 우리의 도덕적 에너지를 총동원시켜 준다. 또한 의지는 우리가 옳은 길이라고 알고 있으며 느끼고 입는 것을 행동을 옮기는 것을 가능하게 해준다.

습관 *Habit*

습관은 우리의 사고 · 감정 · 행동에 있어서 일관된 유형을 제공해 준다. 도덕적 행동 가운데 상당수는 습관을 통하여 이루어지기에 우리는 윤리적 삶에 있어서 올바른 도덕적 습관을 중요하게 여겨야 한다.

3) 제반 쟁점 개선노력을 통한 열린 미래의 도래

현재 과학기술 및 공학 분야에서 대두되는 가장 큰 쟁점은 인터넷문제, 환경문제, 생명공학 문제와 관련된 주제들이다. 공학이 우리의 실생활에 매우 긍정적인 영향을 미치는 밝은 면이 있는 반면, 여러 가지 어두운 면(쟁점)이 존재하는 것이 사실이다. 아무리 우수한 성문법(成文法)이 존재한다 하더라도 그 법을 어기는 범죄행위가 증가함으로 인해 지속적으로 법이 제·개정되는 것처럼 공학의 긍정적인 측면에도 불구하고 공학으로 인해 오히려 부정적인 측면이 더욱 부각되는 경향이 있다.

따라서 이러한 부정적인 측면이 지속될 경우 글로벌화가 지속적으로 촉진되는 시점에서 열린 미래를 준비하는 데 걸림돌이 될 수 있기 때문에 여기서는 공학의 발전을 둘러싼 여러 가지 쟁점에 대한 개선사항을 짚어

보고 해결책을 제시함으로써 하이테크 시대의 공학윤리를 마치려고 한다.

(1) 인터넷세계와 열린 미래

① 정보화와 인간의 삶

우리의 인터넷 환경은 세계 최고의 수준이며 이에 발맞추어 지식과 정보의 생산과 유통이 갈수록 증가하고 있는데 이는 정보기술의 비약적인 발달로 더욱 가속화되고 있다. 현재는 텍스트와 음성, 영상이 동시에 처리되는 멀티미디어 시대를 지나 언제 어디서나 접속이 가능한 유비쿼터스(ubiquitous)※ 시대에 살고 있으며 이와 관련된 다양한 상품들이 일상적으로 이용되고 있는데 신기술을 이용한 상품변화가 너무 빠르기 때문에 새로운 환경에 적응하기 위해 스스로를 변화시켜야 하는 중압감에 시달리고 있다. 사회적으로도 거의 모든 분야에서 정보화가 정착되면서 컴퓨터와 인터넷을 사용하지 못하는 계층은 이미 노동시장과 사회적 의사결정의 장에서 퇴출당하고 있으며 일상적인 사회생활에 있어서도 큰 불편을 감수해야만 한다.

이는 산업사회 유형의 경제운영 방식에서 벗어나 정보와 커뮤니케이션을 이용한 경제운영 방식으로의 변화과정에서 나타난 현상이다. 산업사회형 노동형태나 지식유형은 점차 정보사회형으로 변경되고 있다. 노동시장에서 육체노동은 기계로 대체된 지 오래되었으며 단순 사무직 노동자들도 컴퓨터 소프트웨어가 발달하면서 일자리를 잃어가고 있다.

이처럼 급속하게 변해가는 사회를 어떻게 파악해야 하는가? 불과 20

※ 사용자가 네트워크나 컴퓨터를 의식하지 않고 시간과 장소에 상관없이 자유롭게 네트워크에 접속할 수 있는 정보통신 환경을 의미한다. 라틴어로 "언제 어디서나 존재한다"는 뜻이다. 1988년 미국의 사무용 복사기 제조회사인 제록스의 마크 데이비드 와이저(Mark D. Weiser, 1952~1999)가 '유비쿼터스 컴퓨팅'이라는 용어를 사용하면서 처음 등장하였다. 유비쿼터스는 단독으로 쓰이지 않고 유비쿼터스 컴퓨팅, 유비쿼터스 네트워크와 같이 말을 덧붙인 형태로 쓰인다. 유비쿼터스 컴퓨팅(ubiquitous computing)은 언제 어디서나 컴퓨터를 사용할 수 있는 환경을, 유비쿼터스 네트워크(ubiquitous network)는 언제 어디서든 네트워크에 접속해 컴퓨터를 쓸 수 있는 환경을 이른다.

~30년 전만 하더라도 지금과 같은 정보의 생활화는 상상조차 할 수 없었으며 단지 영화에서 보는 먼 미래의 사회로 여겼지만 이제 우리는 지식과 정보의 생산·처리·유통과 관련된 정보사회의 일원으로서 살아가게 되었다. 이와 같은 정보사회는 다음과 같이 우리의 삶을 크게 변화시켰고 앞으로도 더욱 그러할 것이라고 예상된다.

첫째, 정신노동이나 지식의 중요성이 더 커지면서 지적 노동의 특징인 창의력과 경쟁력이 중요해졌으며 정보화를 이끌고 갈 지식을 쌓기 위해 질 높은 고등교육을 통한 전문성이 강조되고 있다.

둘째, 극소전자기술의 발달로 생산공정이 유연화됨으로써 단일품종 대량생산 소비체계에서 다양한 품목을 적게 생산하고 소비하는 다량맞춤(mass customization) 체계로 변화되었다. 정보사회에서는 소비자들의 다양한 욕구를 충족시키는 상품들을 만들어 선택의 폭을 넓히면서 개성과 다양성 그리고 상품 간 차이를 강조하는 전략이 절실히 필요하게 되었다.

셋째, 정보사회에서는 일방적으로 전달하는 중앙통제적인 방식의 대중매체와는 달리 쌍방향 통신매체(interactive communication)가 주로 이용되며 이로 인해 사회구성원들은 서로 네트워크형 상호관계를 능동적으로 맺게 됨으로써 보다 자율적이며 다원적이고 분권화된 의사소통형태를 선호하게 되었다. 예를 들어, 싸이월드의 미니홈피, 다음의 카페, 파란의 클럽 및 각 포털 사이트에서 운영하는 메신저 등은 네트워크형 상호관계의 좋은 예이다.

넷째, 공학의 발전에 따른 운송수단의 발달은 물리적 공간의 축소를 가져왔으며 정보고속도로(information highway)로 대변되는 인터넷공간의 세계화는 기존의 시간, 공간 개념을 변경시키고 있다. 우리는 더 이상 폐쇄적인 집단 내에서만 살 수 없다. 세계 곳곳에서 실시간으로 접촉함으로써 개인은 세계 시민화, 사회는 지구촌화되어 가고 있다.

다섯째, 전통사회에서의 전인적인 인간관계나 산업사회의 공적인 영역에서 맺게 되는 직접적인 인간관계와는 달리 정보사회에서는 매체를 통한 간접적인 인간관계가 주를 이룬다. 이 경우 기계적인 컴퓨터 언어와 문법에 의해 작동되는 고도의 상징적 상호작용은 인간성을 전제로 하지도 않고 독자적인 의미를 추구하지도 않음으로써 총체적인 인간상실로 이어질 수도 있다. 반대로 이로 인해 공동체적 인간관계에 대한 욕구가 증가할 수도 있는데, 예를 들어 각종 포털 사이트에서 운영되는 동아리 등은 이의 적절한 예가 될 수 있다.

여섯째, 정보사회에서는 컴퓨터에 저장되어 있는 지식과 정보를 새로운 방식을 조립, 조합하여 새로운 것을 생산해내는 능력을 배양하는 것이 중요하다. 이를 위해 우리는 지식 전체에 대한 폭넓은 안목과 시대변화를 정확히 읽고 그 변화에 슬기롭게 대처하는 능력을 기를 필요가 있다.

② 열린 미래를 위한 인터넷윤리의 정착

지금까지 사회가 획기적으로 변화되어 온 것처럼 앞으로도 우리 사회는 더욱더 빠른 변화를 가져올 것이다. 그러나 이러한 변화는 어느 날 갑자기 우리 앞에 나타난 것이 아니라 사회적 변화는 사회구성원들의 습관과 가치관이 변화해야 실질적인 영향을 미칠 수가 있다. 영화와 텔레비전이 등장하고 다양한 게임매체 등이 등장하면서 라디오가 우리의 일상생활에서 사라질 것 같았지만 자동차의 증가로 인해 오히려 라디오의 수요가 폭발적으로 증가할 수 있었던 것도 모두 이러한 이유 때문이다.

한 사회의 정보화는 그 사회에서 하나의 문화로 정착되어 익숙해져야만 가능하다. 예를 들어, 현재 우리나라에서 소프트웨어의 불법복제가 범죄행위로 간주되고 있는데, 그 이면에는 내가 소유한 물품을 자율적으로 처분할 수 있는 권리를 인정해 온 정보사회 이전의 사회적 관행에 따라 행동할 경우 불법복제의 비윤리적인 행위라고 단정 짓기는 매우 어렵다는 말이다. 따라서 우리가 인터넷문화를 건전하게 형성함으로써 사회적 환경을 보다 인간답게 구축하기 위해서는 인터넷윤리에 대한 지속적인 관심이 필요한 것이다.

보다 구체적으로 거론하자면 디지털화된 정보기술이 지닌 상호 대립적인 특징 때문에 발생하는 비소모성·비이전성·누적성·공개성 등의 특성이 갖는 디지털 정보의 본원적인 공공성과 전문성·독점성·효율성 등의 특성이 갖는 정보의 상품성이라는 정보의 이중적 성격 중에서 어떤 부분에 더 강조점을 두느냐에 따라 그 사회의 파장과 윤리적 내용이 확연히 달라질 수 있다. 또한 정보화의 진전에 따른 개인의 사생활 노출 가능성 및 개인의 신상에 관한 정보의 상업적 이용을 통한 범죄에 악용될 소지 등이 많아질 수도 있으며 특정 연예인이나 공공기관 등에 대한 인터넷 테러가 자행되는 등의 문제점을 안고 있다.

이러한 문제를 극복하면서 정보화 사회를 보다 민주적인 방식으로 구성하여 열린 미래를 준비하며 살아가는 것은 전적으로 우리 인간의 몫이다. 정보화가 더욱 인간적이고 민주적인 모습으로 구체화되기 위해서는 사회구성원들의 정보민주화운동이 광범위하게 추진되어야 한다. 이를 통해 인터넷세계를 통한 열린 미래를 구축하기 위해서는 사회구성원들에게 보편적인 서비스를 확대하고, 자유로운 정보접근을 최대한 확대하되 개인의 사생활을 적절히 보호하고 정보 활용능력을 향상시킴으로써 정보의 불평등을 완화시켜야만 할 것이다.

③ 정보화 시대의 윤리적 문제들

선진국보다 우월한 초고속 정보통신망이 전국적으로 깔려 있고 모든 자료들이 데이터베이스화되어 지식정보사회를 구성하고 있으며 공공기관·은행·도서관·상점·교통통신 수단 등 우리의 삶과 분리될 수 없는 영역들은 갈수록 컴퓨터화 되어 가고 있다. 이제 컴퓨터 없이는 우리의 생활을 상상할 수 없을 정도로 우리 삶의 전체로 자리 잡아 가면서 우리의 사고방식, 행동방식까지 변화시키고 있다. '전자신문, e-mail, 스마트폰, SNS' 등은 거론할 필요조차 없이 일반화되어 있으며 인터넷공동체가 활성화되면서 개인의 취미생활도 매우 다양화되었고, 인간관계가 수평적·민주적·개인주의적으로 변화하고 있다.

컴퓨터가 사회의 모든 분야에 개입하면서 우리의 생활을 지배하고 일상적인 생활을 바꾸어 놓았음에도 불구하고 이에 부응하는 인터넷윤리는 정보화 수준에 비해 매우 뒤떨어져 있다. 앞서 언급한 바와 같이 연예인에 대한 인터넷테러는 매우 심각한 수준이며, 인터넷 중독과 불법복제 등에 대한 문제가 사회문제로 대두되고 있다. 특히, 정보시대의 피해자 없는 범죄들(소프트웨어 무단복제 · 해킹 · 음란물 유포 등)에 대해서 대다수의 사회구성원들 도덕성은 매우 낮은 편이다.

이는 소프트웨어의 창작의욕 저하와 국제 신인도 하락, 지적재산권 침해 등의 문제를 양산하고 있다. 이를 규제하는 법과 규정이 존재하지만 이의 적용대상이 되는 사회구성원이 지키고자 하는 의도가 없다면 무수한 법이 존재한다 하더라도 무용지물이 되고 말 것이다. 이런 관점에서 법이 도덕을 따르거나 아니면 도덕과 병행하여 새로운 문제들을 풀어나가야 할 것이다. 도덕적 설득을 통해서만 인간의 마음이 진정으로 변화될 수 있기 때문이다. 보다 구체적인 문제들을 통해 윤리적으로 접근해 보자.

가. 프라이버시 침해

프라이버시에 관한 권리는 개인이 자신에 대한 정보를 제3자에게 알릴 것인가의 여부를 스스로 결정할 수 있는 권리를 의미한다. 이 권리는 개인정보에 대한 부당한 접근을 통제할 것과 자신의 정보가 자신의 동의하에 유통되도록 하는 권리이다. 그러나 정보통신기술의 발달로 개인의 정보가 다른 사람에게 노출되거나 특정기업이 고객의 정보를 다른 기업이나 개인에게 판매하여 피해를 당하는 사례가 증가하고 있다. 이는 대부분의 당사자가 전혀 알지 못하는 상황에서 이루어진다는 점에서 적발하기 힘들며 또한 국가권력이나 상업적 이기주의에 의한 프라이버시 침해는 개인이 혼자 대항하기가 어렵다. 개개인의 사생활이 어디서든 노출될 수 있다면 사회 전체가 감시 강박증에 휩싸일 가능성이 많다.

또한 프라이버시 침해문제는 한 개인의 일상적인 생활세계의 영역을 축소시키며 개개인의 자유롭고 창조적인 사유능력의 고갈로 사람들 간의 커뮤니케이션의 단절을 가져오기도 한다. 따라서 프라이버시의 침해가 단지 개인의 사적인 자유뿐만 아니라 공동체에 기반한 민주주의적 가치도 위험하게 될 수도 있으므로 이의 보호를 위한 제도적 방안이 강구되어야 한다. 다시 말해서 개인의 인권 및 자율성 존중이라는 윤리적 원칙을 기반으로 사회적인 존재로서의 개인이 자신의 삶을 타인에게 침해받지 않고 살기 위한 기본조건이자 권리를 보장받아야 한다는 관점에서 개인정보 보호법을 강화해야 한다는 것을 의미한다.

나. 지적재산권 소유권

지적재산권(intellectual property right)이란 문학 · 예술 · 과학 · 기술 등 인간의 정신적 창작활동의 결과 생산되는 무형의 산물에 대한 배타적 권리를 말한다. 지적재산권의 종류는 다양하지만 저작권 · 산업재산권으로 대별된다. 저작권은 문학이나 예술 분야에서의 창작의 산물인 저작물에 대하여 저작자가 가지는 권리이다. 산업재산권은 산업분야의 새로운 발명이나 신기술, 정보 등에 대한 권리로 특허권 · 실용신안권 · 의장권 · 상표권 등을 총칭하는 개념이다. 산업재산권 중에서 첨단 분야의 기술이나 정보에 관한 권리를, 특히 지적재산권이라고도 한다.

지적재산권은 유체물이 아닌 지적 창작물을 보호하기 위해 형성된 권리개념으로 산업재산권과 저작권을 중심으로 논의되어 왔으나 최근 컴퓨터 및 인터넷의 보편화로 컴퓨터 프로그램과 데이터베이스, 각종 콘텐츠 등의 보호를 위한 지적재산권의 개념이 활발히 논의되고 있다. 오늘날과 같이 대부분 컴퓨터와 인터넷을 사용하고 있는 인터넷시대의 저작물은 주로 디지털 또는 멀티미디어 방식으로 제작되고 있으며 저작권의 주요 내용이 복제권임을 감안하면 아날로그 환경과는 달리 원본과 복사본이 구별되지 않는 디지털 환경에서의 복제는 이를 단속해야 할 필요성이 어느 때보다 강력히 요구되고 있다.

특히, 컴퓨터 소프트웨어는 인터넷을 통해 일반인에게 쉽게 전파되기 때문에 원저작자는 그만큼 경제적 불이익과 창의력 상실이라는 고통을 받게 되는 것을 방지하기 위해 세계지적소유권기구(WIPO : World Intellectual Property Organization)에서는 저작자에게 전송권 또는 공중전달권을 인정하고 있다. 저작자는 자신의 저작물에 고도로 향상된 기술적 조치를 가함으로써 침해를 사전에 경고하거나 불법복제를 통제 또는 방지할 수 있다. 그럼에도 불구하고 현재 소프트웨어에 대한 도용이나 침해·무단복제 및 무단사용 등의 문제가 빈번히 발생하고 있다.

공학의 발달에 따른 MP3의 등장은 음악의 무분별한 복제로 음반산업을 위축시켰으며, 초소형 캠코더는 극장에서 상영하는 영화를 촬영, 인터넷에 무차별 유포함으로써 영화 흥행을 저조하게 하는 원인을 제공하기도 하였다. 아래의 사례를 통해 복제에 대한 양립된 주장을 살펴보도록 하자.

사례 디지털 저작권 보호 어디까지? … 논란 팽팽

저작권을 강조하는 '카피라이트(copyright)'와 자유로운 이용에 중점을 두는 '카피레프트(copyleft)'가 디지털 시대의 새로운 지형에서 충돌하고 있다. 인터넷 검색엔진 구글은 2005년 11월 22일 전 세계의 책을 인터넷으로 검색하는 '디지털 도서관' 프로젝트를 위해 미국 의회도서관에 300만 달러(약 30억 원)를 지원한다고 발표했다. 11월초 검색어 입력으로 책 내용을 찾아볼 수 있는 서적 검색엔진 '구글 프린트'를 출범시킨 데 이어 나온 후속조치이다. 미 출판협회는 이에 앞서 '구글 프린트'를 제소하며 반대운동에 나섰다. 하지만 구글은 이에 굴하지 않고 계속 드라이브를 걸고 있다.

또 미국의 디지털 저작권 보호단체인 전자프런티어 재단이 2005년 11월 21일 음반사 소니BMG를 고소했다. 복제방지 소프트웨어를 소비자의 컴퓨터에 몰래 침투시켜 소비자의 다양한 정보응용권을 침해했다는 게 전자프런티어의 주장이었다. 구글과 소니BMG의 경우는 디지털 시대의 저작권 보호문제에 근본적인 의문을 던지고 있다. "서로 충돌할 수밖에 없는 저작자와 미디어 소비자의 권리가 만날 수 있는 접점은 과연 어디인가"라는 질문이다.

소니사가 소비자의 항의에 시달리다 제소까지 당한 이유는 무단복제를 제한하기 위해 50여 종의 CD에 스파이웨어인 'XCP'를 은밀히 삽입했기 때문인데, 이 CD를 컴퓨터에서 재생하면 소비자가 모르는 사이에 비밀 파일이 컴퓨터에 깔리게 된다. 컴퓨터는 이 때문에 바이러스 등 보안 공격에 취약해진다. 이 기술을 사용한 CD는 3회 이상 복제할 수 없다. 이 스파이웨어가 장착된 CD는 약 470만 장이 팔린 것으로 알려졌다.

이달 2005년 11월 3일 시작된 '구글 프린트'는 소비자가 검색어를 입력하면 이 검색어가 포함된 모든 책 페이지를 찾아준다. 다만 아직까지는 "대가를 지불하지 않은 사람이 책 내용에 접근하게 해준다"는 미 출판협회와 저작권 단체들의 문제제기에 따라 '서점에서 사라진, 도서관에 있는 책' 만을 대상으로 한정하고 있다.

두 사건의 파장으로 "이 기회에 저작권의 개념 자체를 다시 정립하자"는 여론이 정보기술(IT) 업계는 물론 법조계와 정계에까지 확산되고 있다. 뉴욕타임스는 최근 칼럼난에서 "'구글 프린트'는 기존 판본의 권리를 침해하지 않고 새로운 종류의 권리를 창출하는 것으로 봐야 한다"고 주장했다. 보스턴글로브는 "'구글 프린트' 문제는 콘텐츠 사용권을 넘겨주느냐가 아니라 콘텐츠를 검색하는 '메타데이터(meta data)' 권리를 소비자에게 넘겨주느냐에 대한 문제"라고 의미를 부여했다.

또 인터넷 뉴스 '슬레이트'는 복제방지 소프트웨어 논란에 대해 "소비자는 CD를 살 때 음반에 실린 내용을 임의대로 사용할 권리도 사는 것"이라며 상업적 용도가 아닌 복제는 허용해야 한다고 주장했다. IT 업계는 미국 공화당 소속인 릭 바우처 하원의원이 추진 중인 '디지털 미디어 소비자 권리법' 제정에 촉각을 곤두세우고 있다. 이 법이 통과되면 CD와 전자책 등에서 판매자가 설치한 복제방지 장치를 파괴하는 것을 불법으로 규정한 1998년의 '디지털 밀레니엄 저작권법'은 자동으로 폐기된다.

[출처 : 동아일보, 2005. 11. 24]

현재 이 논쟁은 계속 진행중이다. 디지털 시대의 공익이란 디지털 기술을 널리 공유함으로써 삶의 질을 확보하는 것이고, 디지털 시대의 사익이란 그 기술개발자들에게 일정한 독립권을 주는 것이다. 문제는 정보 빈자와 정보 부자 사이의 간격을 효과적으로 줄이면서 기술의 발전을 가능하게 하는 방안을 모색하는 일일 것이다. 예를 들어, 소프트웨어의 지적재산권법은 사회구성원이 인정할 수 있는 적절한 선에서 정해져야 한다. 구성원 대부분이 도덕적·윤리적으로 문제가 없다고 여기는 부분까지 규제하는 디지털 시대의 법이라면 그것은 다만 기술의 진보를 무비판적으로 수용하는 단기적인 시각이며 기술우선주의의 횡포이다. 문제는 아날로그 환경을 예상하고 만들어진 기존의 저작권법이 디지털 환경에 맞춰 어떻게 적용해야 하는 가이다.

다. 인터넷범죄

컴퓨터의 역사가 반세기를 조금 넘었다면 컴퓨터와 통신이 결합한 네트워크 역사는 더욱 짧지만 우리의 생활에 더 큰 영향을 주었다고 할 수 있다. 요즘에 인터넷이 되지 않는 컴퓨터는 사용자에게 충분한 즐거움과 정보를 주지 못한다고 할 수 있을 것이며, 반대로 인터넷 중독이란 단어는 그 의미하는 바가 크다고 할 수 있다. 기존의 통신매체와 달리 쌍방향 멀티미디어 통신이 가능한 네트워크는 짧은 시간에 많은 수의 타인들과 의사소통, 정보교환을 가능하게 해준다. 네트워크가 범죄에 이용될 경우 단순한 컴퓨터를 이용한 범죄보다 치명적이고 또 특정 혹은 불특정 다수를 대상으로 범죄를 일으킬 수 있는 잠재력을 가자고 있음은 자명한 사실이다.

인터넷범죄는 컴퓨터나 인터넷이 범죄의 목적이 되거나, 범죄의 도구로 사용되어 감행되기도 하고 컴퓨터나 인터넷과 관련되어 부수적으로 발생하는 법익침해 행위일 수도 있다. '컴퓨터나 인터넷이 범죄의 목적으로 사용된 경우'란 고의적인 시스템 파괴행위, 디지털 재산의 절도, 시스템으로부터 정보를 유출하기 위한 위협과 강요행위, 그리고 정치적인 목적을 위한 테러활동을 예로 들 수 있다. '컴퓨터나 인터넷이 범죄의 도구로 사용되는 경우'란 타인의 은행계좌 잔고를 자신의 계좌로 이동시키는 횡령행위, 인터넷상에 포르노그래피를 유포하는 행위, 통화위조, 스캐너와 그래픽 프로그램을 이용한 공용서류의 위조 등을 예로 들 수 있다.

'컴퓨터나 인터넷과 관련되어 부수적으로 발생하는 법익침해행위'란 컴퓨터나 인터넷을 마약거래와 그 수익금의 돈세탁행위로 활용하는 것을 예로 들 수 있다. 그밖에 인터넷상에서 범할 수 있는 사기 · 스토킹 · 도박 ·

명예훼손행위도 인터넷범죄의 개념에 포괄시킬 수 있다. 인터넷 선진국에서는 이미 이와 같은 법익침해행위들이 현실사회의 범죄를 서서히 대체해가는 추세에 있고 머지않아 범죄학과 형사정책의 중점은 인터넷범죄에 대한 범죄학과 형사정책으로 대체될 것이 틀림없다.

보다 단순화시켜 본다면 인터넷범죄는 '인터넷 테러형 범죄'(정보통신망 자체를 공격대상으로 하는 불법행위로서 해킹 · 바이러스유포 · 메일폭탄 · DOS공격 등 전자기적 침해장비를 이용한 컴퓨터시스템과 정보통신망 공격하는 행위)와 '일반 인터넷범죄'(인터넷공간을 이용한 일반적인 불법행위로서 인터넷도박, 인터넷 스토킹과 성폭력, 인터넷 명예훼손과 협박, 전자상거래 사기, 개인정보유출 등의 행위)로 구분할 수 있다.

<표 9. 1>은 인터넷범죄 현황을 연도별로 유형화시킨 것이다. 2013년 현재 155,366건으로 인터넷범죄가 매우 심각한 상황에 이르고 있다는 것을 보여주고 있다.

이와 같은 인터넷범죄가 급증하고 있는 인터넷공간의 특징을 살펴보자.

첫째, 비대면성이다. 인터넷공간의 가장 큰 특징은 우선 비대면성을 들 수 있다. 대체적으로 네티즌들은 너무나 솔직하게 자신의 생각을 표현하며 때로는 지나칠 정도로 직선적이다. 나아가 인터넷공간에서는 확인되지 않는 사실을 받아들이고 전파하고 동조하는 속도가 굉장히 빠르기 때문에 억울하게 명예가 훼손되어 피해자에게는 심각한 피해를 입힐 수도 있다. 이러한 비대면성으로 인해 현실공간에서의 자제력이 다소 감소되는 경향을 보이고 있다고 할 것이다. 예를 들어, 연예인의 사생활이나 개인에 대한 '악플'이 그 좋은 예이다.

| 표 9.1 | 연도별 인터넷범죄 현황(유형별)

(단위 : 건)

구 분	인터넷범죄 유형		계
	테러형	일반형	
2009	16,601	147,935	164,536
2010	18,287	104,615	122,902
2011	13,396	103,565	116,961
2012	9,607	98,616	108,223
2013	10,407	144,959	155,366

출처: 경찰청 인터넷테러대응센터 홈페이지(http://www.ctrc.go.kr/index.jsp)

둘째, 익명성이다. 인터넷공간, 특히 인터넷 공간은 익명성이 보장된다. 즉, 자신의 신분을 노출시키지 않고도 얼마든지 인터넷을 항해할 수 있다. 최근 많은 사이트에서 인증절차를 통해 검증하는 경우가 있기는 하지만 정확한 인적사항을 요구하지 않는 경우가 대부분이다. 또한 다른 사람의 인적사항 및 ID를 도용하는 경우에도 각 네트워크의 '인증시스템'은 정확한 사람이라고 인정하고 입장할 수 있는 권한을 부여한다. 인터넷이 가지는 익명성 때문에 많은 범죄가 발생한다. 해킹 · 바이러스 유포 · 통신사기·음란물 판매 등 많은 범죄자들은 인터넷을 이용하면 자신의 신분이 노출되지 않는다고 생각하기 때문에 범죄를 하게 되는 것이다.

셋째, 시간 · 공간 개념의 상실이다. 인터넷은 24시간 운영된다. 특별히 시간통제를 하지 않는다. 범죄를 하는 사람들도 마찬가지다. 하루 24시간 전체가 범행할 수 있는 시간이며 수십 개국의 국경선을 넘나들며 범행을 할 수도 있다. 우리나라에서 벌어지는 해킹사건의 50% 이상이 외국에서 침입하고 있고, 40%는 접속경로 미상이나 대부분 외국으로 판단된다. 따라서 80% 이상의 해킹사건은 국제성 범죄라고 보아야 할 것이다. 나아가 인터넷공간에서의 관할 개념은 기존과 완전히 다른 새로운 방법으로 접근해야 하는 것이다.

넷째, 정보의 집약 · 정보전달의 신속성이다. 컴퓨터와 통신이 발달하면서 각종 정보는 집중관리 되어지며 신속히 전달된다. 또한 그 전파력은 굉장히 크다. 특별히 해킹, 바이러스 제작기술 등은 전자우편 홈페이지, 뉴스그룹 등을 통해 거의 실시간으로 전 세계에 전파되고 있다. 우리나라의 어느 유명가수는 일본곡을 표절하였다가 한 네티즌이 PC통신 게시판에 관련 사실을 폭로함으로써 결국 활동을 중단하는 사태까지 일어났으며, 유명 연기자와 가수의 정사장면을 담은 동영상과 비디오테이프는 인터넷의 전파력을 타고 불과 2~3개월 만에 전국적으로 퍼져나가 개인적, 사회적으로 큰 파장을 일으킨 바 있다. 최근 어떤 학자들은 인터넷공간의 특성 때문에 인터넷을 '제3의 여론 형성기관'이라고 부르기도 한다. 실제로 정부의 각 부처에서 인터넷 여론을 정책결정과정에서 깊이 고려하고 있다. 과거 일부 소수계층의 전유물이었던 인터넷이 이제는 거의 모든 국민이 함께 공유하는 공간이 되었기 때문이다. 그러나 때로는 이 인터넷공간이 검증되지 않은 정보의 유통, 유언비어 유포의 진원지가 되기도 한다.

다섯째, 미래사회의 효과적 범죄수단이다. 미래사회를 '지식기반사회', '지식정보사회' 라고 말하는 데는 누구도 부인할 수 없다. 석학들의 말을 빌리지 않더라도 '지식정보사회'의 핵심자산은 바로 정보이다. 이런 지식정보사회에서 국민생활이 안전하고 평화롭게 이루어지려면 가장 중요한 것은 무엇인가? 그것은 사회활동과정에서 유통·보관·처리되는 지식정보 및 정보망 자체의 안전성일 것이다. 내가 이용하고 있는 정보망이 수시로 공격을 받아 마비되고 혹은 오고 가는 각종 정보가 유출되고 변조되기도 하며 내가 하지도 않은 일들이 벌어진다면 누구라도 그 정보망을 신뢰하지 않고 이용하지 않으려 할 것이다.

그러나 범죄자의 입장에서 보면 인터넷공간이라는 것을 이용하면 얼마든지 쉽게 자신의 목적을 이룰 수 있다. 각종 정보가 보관된 정보망에 침입하여 국가기밀·산업기밀·개인정보를 빼내 팔 수도 있다. 전산망을 통해 환자의 진료기록을 바꿈으로써 의사의 과실을 유도하여 살인을 할 수도 있으며, 항공망을 교란하여 공중충돌을 야기할 수도 있다. 상대 시스템을 파괴하여 영업방해하기, 상대방 시스템에 몰래 침입하여 영업비밀을 빼내오는 산업스파이, 은행전산시스템에 들어가 고객의 돈을 이체시키거나 교란시키는 행위 등으로 정보를 대상으로 한 범죄는 가장 저렴한 비용으로 가장 효과적으로 목적을 달성할 수 있는 수단이기 때문이다.

④ 인터넷윤리의 열린 미래 구축을 위한 대안

가. 인터넷몰입의 원인(특징)

왜 우리는 인터넷공간에 몰입되는가? 그것은 인터넷공간이 현실세계의 공간과는 다른 독특한 특징들을 갖고 있기 때문이다.

첫째, 새로운 기술획득과 이를 통한 자존감을 고양시킬 수 있기 때문이다. 인터넷공간을 이용의 긍정적 측면 중의 하나는 인터넷공간을 활용하여 새로운 기술을 용이하게 얻을 수 있다는 점이다. 우리는 인터넷공간을 통해 온라인 활동을 자동화시켜 줄 수 있는 프로그램을 짜고, 자신들만의 웹 페이지를 만들고, 동호회 활동을 조직하고 활동할 수 있게 된다. 또한 채팅이나 전자우편 등을 활용하는 과정에서 컴퓨터와 인터넷에 대한 지식과 기술을 습득하며 이를 타인에게 가르쳐 줌으로써 자신의 지식을 강화시키고 자존감을 높일 수 있다.

둘째, 자신이 원하는 정보를 손쉽게 얻을 수 있기 때문이다. 인터넷공간을 이용함으로써 우리는 자신이 원하는 정보를 빠르게, 손쉽게 찾을 수 있다. 인터넷은 무한한 정보가 저장되어 있는 도서관의 역할을 함으로 자신이 원하는 정보를 위해 도서관이나 자료실을 직접 찾아다닐 필요가 없게 되며 검색키를 단지 두드리는 것만으로도 자신이 원하는 정보에 접할 수 있게 된다. 인터넷공간이 갖는 무한한 정보에 대한 개방성은 원하는 정보를 누구나 쉽게, 빨리 접근할 수 있다는 장점이 있는 반면에 특정 유해정보(예, 음란물과 폭력물) 또한 누구나 쉽게 접근할 수 있다는 단점을 갖는다. 특히, 음란물은 청소년에게는 왕성한 성적 호기심을 채워줄 수 있는 통로가 되므로 청소년들에게는 더없이 매력적인 장소가 된다.

셋째, 다양한 자아정체성의 표현과 가상 공동체를 형성할 수 있기 때문이다. 인터넷공간은 우리들에게 자신의 정체성을 표현하고 탐험하며, 실험하려는 욕구를 충족시킬 수 있는 다양한 기회를 제공한다. 우리는 자신의 홈페이지를 통해 자신을 표현하고 자신의 정체를 확인할 수 있는 좋은 연습장이 될 수 있다. 또한 개별 ID 통해 자신의 새로운 이미지로 자신의 새로운 정체를 표현하고, 시험하는 기회를 갖기도 하고 채팅 · 다양한 뉴스 그룹이나 관심집단 혹은 동호회(interest group) 활동을 통해 새로운 가상 공동체를 형성하기도 한다.

넷째, 새로운 인간관계의 형성과 대등한 수준의 의사소통이 가능하기 때문이다. 무엇보다도 인터넷공간은 현실세계의 어떤 공간과 달리 '익명성'이 보장된다. 즉, 인터넷공간에 참여하는 사람들이 자신의 정체(모습 · 실명 · 나이 · 신분 · 성별 · 학력)를 공개하지 않고도 자신을 원하는 대로 변조할 수 있다. 예를 들어, 외모의 특징이나 개인정보가 자신에게 불리한 사람에게도 인터넷공간은 현실에서 기대하기 어려운 대인관계를 형성 가능케 하고, 대등한 수준의 인간관계와 의사소통을 가능하게 한다는 장점이 있다.

반면에 '익명성'의 보장은 한편으로는 자신의 감정이 조절이나 표현에 대한 억제가 풀리게 하거나 지나치게 과장된 행동을 하게 하는 '탈억제 현상'을 야기할 수 있고, 자신을 숨기거나 변조함으로써 사회적 규범이나 가치관을 무시하거나 금기시 하는 행위를 서슴없이 나타나게 하는 '몰개성화 현상'을 야기한다는 단점이 있다. 탈억제와 몰개성화 현상은 인터넷 범죄를 증가시키는 한 원인이 된다.

나. 열린 미래 구축을 위한 대안

지금까지 인터넷공간의 활용이나 윤리적인 측면에 대해서 다양한 이야기들이 논의되어 왔다. 이를 통해 우리가 우선적으로 고려해야 할 사항은 인터넷공간의 특징들은 자아에 영향을 줄 수 있는 하나의 수단일 뿐이지 그것 자체가 어떤 방향성을 지닌 목적이 아니라는 점이다. 그러므로 인터넷공간 안에서 자아를 규정하는 것보다 자아가 인터넷공간에 참여하는 방식을 규명하는 것이 중요하다. 즉, 인터넷공간에의 참여를 삶의 일부분으로 받아들이는 자아를 총체적으로 규정하는 시각을 가져야 한다.

따라서 무엇보다도 현실적으로 가장 시급하게 요구되는 것은 인터넷공간에서의 네티켓이 절실히 요구된다는 점이다. 즉, 인터넷공간상에서도 현실공간과 마찬가지로 지켜야할 예절이 있으며, 남을 배려하고 존중하는 마음·정직·올바른 언어 사용법 등 기본적으로 현실공간에서 필요한 윤리가 인터넷공간에서도 적용되어야 한다. 이를 위해 정보통신부는 심각한 사회문제가 되고 있는 음란·폭력 등 불건전정보 유통과 인터넷성폭력·인터넷명예훼손·인터넷도박 등 인터넷범죄와 같은 정보화 역기능 현상을 막기 위해 네티즌 윤리강령을 선포하여 네티즌들이 지켜야 할 구체적인 도덕규범을 제시하였다. 아래와 같은 네티즌 윤리강령의 준수는 인터넷공간에서의 윤리회복을 통한 열린 미래 구축을 위한 대안이 될 것이다.

▌네티즌 윤리강령▐

정보통신 환경의 변화에 따라 인터넷공간의 이용이 급증하고 있다. 네티즌은 인터넷공간에서 유익한 정보를 서로 나누고 건전한 인간관계를 형성하며, 다양한 경험을 쌓는다. 또한 인터넷공간을 통해 정보사회의 성숙한 인간으로 성장하며, 인류사회 발전에 기여한다.

인터넷공간의 주체는 네티즌이다. 네티즌은 인터넷공간에서 표현의 자유와 권리를 가지고 있으며, 동시에 의무와 책임도 지니고 있다. 이러한 권리가 존중되지 않고 의무가 이행되지 않을 때 인터넷공간은 무질서와 타락으로 붕괴되고 말 것이다.

이에 인터넷공간을 모두의 행복과 자유, 평등이 실현되는 공간으로 발전시킬 수 있도록 '네티즌 윤리강령'을 제정하고 이를 실천할 것을 다짐한다.

■ 네티즌 기본정신

- 인터넷공간의 주체는 인간이다.
- 인터넷공간은 공동체의 공간이다.
- 인터넷공간은 누구에게나 평등하며 열린 공간이다.
- 인터넷공간은 네티즌 스스로 건전하게 가꾸어 나간다.

■ 행동강령

1. 우리는 타인의 인권과 사생활을 존중하고 보호한다.
2. 우리는 건전한 정보를 제공하고 올바르게 사용한다.
3. 우리는 불건전한 정보를 배격하며 유포하지 않는다.
4. 우리는 타인의 정보를 보호하며 자신의 정보도 철저히 관리한다.
5. 우리는 비·속어나 욕설사용을 자제하고 바른 언어를 사용한다.
6. 우리는 실명으로 활동하며 자신의 ID로 행한 행동에 책임을 진다.
7. 우리는 바이러스 유포나 해킹 등 불법적인 행동을 하지 않는다.
8. 우리는 타인의 지적재산권을 보호하고 존중한다.
9. 우리는 인터넷공간에 대한 자율적 감시와 비판활동에 적극 참여한다.
10. 우리는 네티즌 윤리강령 실천을 통해 건전한 네티즌 문화를 조성한다.

(2) 환경윤리 확립과 열린 미래

① 환경윤리 확립의 필요성

우리가 직면하고 있는 부존자원의 고갈, 오존층 파괴, 서식지 대변동 및 생물다양성 등의 훼손은 자연환경의 훼손으로부터 기인되었기 때문에 자연을 보호해야 한다는 입장과 자연재해까지도 앞으로의 기술개발을 통하여 극복할 수 있다는 대립적인 주장들이 제기되고 있다. 아주 가까운 예를 들어 2006년 7월 우리나라 전역은 태풍과 호우로 인해 많은 인명이 사망하고 수많은 이재민을 발생시켰으며, 가옥 침수·산사태·도로 붕괴 등 재산상으로도 엄청난 피해를 가져왔다. 이와 같은 큰 피해의 근본원인은 는 며칠동안 내린 비의 양에 있겠지만 전문가들은 비를 가둬둘 수 있는 댐이 절대적으로 부족하기 때문이라고 이야기 하고 있으며 환경단체들은 정부가 국토를 무분별하게 개발함으로써 나타나는 현상이라고 대립하고 있다.

환경이 빠른 속도로 파괴되고 있다는 것을 모르는 사람은 없다. 환경

파괴의 가공할 결과를 두려워하지 않는 사람도 없다. 그럼에도 녹지는 점점 줄어들고 공기는 혼탁해지며 강과 바다는 오염되고 있다. 왜 그런가? 모든 사람이 문제의 심각성을 피부로 느끼고 있음에도 불구하고 환경은 점점 더 파괴되고 있는가? 그것은 환경문제가 개인과 사회, 국가와 세계, 지금 세대와 미래 세대의 이익 사이의 첨예한 갈등 한가운데 있기 때문이다.

사람들은 울창한 숲, 맑은 공기 속에 살고 싶어 하면서도 정작 자신의 땅이 그린벨트로 묶이기는 원하지 않는다. 선진국들은 지구 온난화를 걱정하여 열대 우림지역의 산림 파괴를 막으려 하지만, 이 지역 국가들은 경제발전을 위한 산림 '개발'은 불가피하다고 주장한다. 우리가 매일 보는 공익광고에서는 "후손들에게 깨끗한 자연을 물려주자"고 하지만, 지방자치단체들은 '관광자원개발'로 지역경제를 살리기 위해 숲을 깎아내고 환경을 파괴하는 것은 불가피하다고 주장한다.

나아가 현대 과학기술 문명은 주로 화석연료를 사용하기에 공해와 오염은 불가피하게 발생하는 측면이 있다. 세계를 주도하고 있는 자본주의도 소비를 촉진해야만 발전할 수 있는 경제구조이기에 끊임없는 생산과 소비, 그로 인한 자원고갈과 환경파괴를 초래하고 있다. 그렇다면 이처럼 복잡하게 얽혀 있는 문제 속에서 어떻게 하면 깨끗한 환경을 보전할 수 있을까? 앞서 제7장의 환경윤리에서 언급한 환경을 바라보는 두 가지 시각을 염두에 두고 열린 미래를 위한 환경문제를 고민해 보도록 하자.

제7장에서 환경문제를 바라보는 두 가지 시각으로 인간중심주의적(기술주의적) 환경론과 생명중심주의적 환경론에 대해 언급하였다. 전자의 긍정적인 포인트는 인간의 의지와 능력에 따라 환경을 변화시킬 수 있으며 이를 위한 기술의 진보와 인류의 진보는 조화를 이룰 수 있으리라는 낙관적인 신념을 갖고 있다는 데 있다. 즉, 인간중심주의적(기술주의적) 환경론은 이러한 신념을 바탕에 두고 환경문제의 해결책을 찾으려 한다. 물론 인간 중심주의적 환경론이라고 해서 환경문제를 무시하거나 환경오염을 정당화하는 것은 아니다. 이들도 마찬가지로 환경이라는 인간의 보금자리

를 망치지 않도록 주의해야 한다고 보고 있다. 다만 환경문제는 경제성장의 과정에서 환경문제를 적절하게 고려하지 않은 까닭에 이러한 분야의 과학기술이 상대적으로 발달하지 못한 데 그 원인이 있다고 보는 것이다. 그러나 이러한 인간중심주의적(기술주의적) 환경론은 과학기술의 미래를 지나치게 낙관하고 있으며 오늘날 인류가 맞이하고 있는 환경문제의 심각함을 제대로 인식하지 못하고 있다는 비판을 받고 있다.

후자의 경우 현재의 환경문제가 전적으로 과학기술의 전개에서 비롯되었다는 주장으로서 가령 생태계의 입장에서 볼 때, 과학기술은 그 이용방식 및 발전방향은 물론이고 그 내용까지도 파괴적이고 따라서 반생태적이라는 것이다. 그래서 이들은 환경문제가 기술진보의 우연한 부산물이 아니라 생산성을 늘리기 위해 고도의 기술을 지속적으로 강화하는 성장과 확대에 사로잡힌 경제조직의 본연의 양태로 보는 것이다. 따라서 생명중심주의적 환경론은 철저히 반기술주의적 성격을 갖는다.

경제성장은 우리에게 물질적 풍요를 가져다주지만 인간의 삶을 영위하는 데 필요한 기본적인 물질 이외의 대다수는 꼭 필요해서 만든 것이라기보다는 인위적으로 조장된 쓸데없는 욕망 때문에 만들어진 것이며 경제성장은 이 같은 인간의 욕망을 충족시키기 위한 것으로 엄청난 환경 파괴로 오히려 인간에게 더 큰 고통을 주고 있을 뿐이라는 것이다

그러나 생명 중심주의적 환경론은 생태계의 조화와 질서를 강조한다는 점에서는 큰 의의가 있지만 과학기술에 대한 지나친 혐오감에 근거한 나머지 신비주의와 이상주의에 빠지고 있다는 비판을 받고 있다. 과학기술이 환경파괴의 주요인이라는 점을 인정한다고 해도 과학기술이 환경문제의 해결에 긍정적으로 작용할 수 있는 현실적 가능성을 찾아 개발하는 것은 중요한 일이라 할 수 있다는 것이다. 게다가 이미 자연과학의 눈부신 발달을 이루어 기술문명의 혜택을 받고 있는 사람들에게 지금까지의 생활방식을 바꾸도록 요구한다는 점에서 현실성이 희박한 이상적인 대안에 지나지 않는다는 비판도 받고 있다. 더구나 이 지구상에는 아직도 굶주림 때문에 죽어 가는 사람들이 많이 있으며, 산업화를 제일의 과제로 삼아야

만 할 가난한 나라들도 많이 있다. 이렇게 경제가 뒤떨어진 개발도상국들은 환경보존보다는 빈곤의 척결이 더욱 절실한 문제이기 때문이다.

② 환경윤리와 열린 미래

가. 환경정책의 이념

'개발과 환경'의 관계에 대한 이러한 서로 다른 시각들의 차이를 잘 나타내고 있는 말이 바로 '지속 가능한 개발'과 '성장의 한계' 또는 '지속 가능한 사회'라고 할 수 있다. '지속 가능한 개발'(sustainable development)이라는 개념은 자연과 자원의 보전을 위한 국제자연호보연맹' (IUCN, International Union for Conservation of Nature and Natural Resources)이 발간한 '세계보전전략'에서 맨 처음 나타났으나, 이 개념이 현대의 새로운 발전을 위한 핵심적인 의제로 떠오른 것은 1987년에 세계환경발전위원회가 펴낸 '우리 공동의 미래'라는 보고서에서 이 개념을 선진국과 개발도상국의 의견을 접근시키려는 목적에서 쓰면서부터라고 할 수 있다.

이른바 '부른트란트 보고서'라고도 불리는 이 보고서는 "지속 가능한 개발을 경제성장과 환경보전을 조화시킬 수 있는 새로운 개념으로 제시하고, 현 세대의 욕구를 충족시키기 위한 개발은 미래의 세대들이 그들의 욕구를 충족시킬 수 있는 능력에 손상을 주지 않는 범위와 방법 안에서 이루어져야 한다"고 주장했다. 그리고 빈곤과 평등의 문제를 특히 강조하여 빈곤과 환경문제의 밀접한 관련성, 개발에 대한 긍정적 시각과 미래에 대한 낙관적 견해 등을 제시하였다.

그 뒤 이 개념은 1992년 6월에 열린 리우환경회의에서도 중심 테마가 되어 이 회의에서는 '환경적으로 건전하고 지속 가능한 개발(ESSD, Environmentally Sound and Sustainable Development)'을 추구해야 한다는 결의문을 채택하였다. '환경적으로 건전하고 지속 가능한 개발'이란 "우리들의 후손인 장래의 세대가 이룩해야 할 개발 욕구를 저해함이 없이 오늘을 사는 현 세대가 지니는 욕구를 만족시킬 수 있는 개발"을 뜻하며 환경과 개발은 둘 다 중요한 것으로 어느 하나를 택하는 것이 아니고 조화를 이루어야 한다는 것을 나타낸다.

하지만 '환경적으로 건전하고 지속 가능한 개발'이란 개념은 '성장과 환경의 조화'라는 건전한 의도에도 불구하고 성장에 대한 근원적인 반성이 없어 기술 낙관론을 크게 벗어나지 못하고 있으며 현실적으로는 개발 논리를 은폐하는 구실을 할 수도 있다는 비판을 받기도 한다. '지속 가능한 사회'(sustainable society)라는 개념은 이탈리아 로마에 본부를 둔 미래학자들의 국제단체인 로마클럽이 1972년에 발표한 '성장의 한계'라는 보고서에서 비롯된 말로 기술주의와 산업주의·발전주의에 대한 근본적인 반성에서 출발하고 있다. 이 보고서는 앞으로 세계적인 중요성을 갖는 경향으로서 '지속적인 산업화, 급속한 인구 성장, 광범위한 영양실조, 재생 불가능한 자원의 소모, 환경오염' 등 다섯 가지를 꼽고 있는데 여기서 나타난 '성장의 한계'라는 개념은 기술적 해결책들은 유한한 체계에서의 무한한 성장이라는 불가능한 꿈을 실현시키는데 도움을 줄 수 없다는 생각을 담고 있다. 곧 성장의 기하급수적인 성격은 성장의 지속 불가능성의 근거가 되며 또한 성장의 한계가 우리가 생각하는 것보다 더 빨리 나타날지 모른다는 것이다.

이처럼 '성장의 한계'라는 개념은 환경 위기의 원인이 급속한 인구 성장과 산업화 자체에 있다고 보는 생명 중심주의의 시각을 나타내고 있다. 곧 인구 성장과 산업화는 자원고갈과 환경오염을 심화시키며 궁극적으로 인류의 생존 자체를 위협하게 된다는 것이다. 그래서 이러한 '성장의 한계'라는 개념을 지지하는 생명 중심주의자들은 이를 근거로 '지속 가능한 사회'의 필요성을 주장한다.

이 '지속 가능한 사회'라는 개념은 '지속 가능한 개발'이라는 개념과는 근본부터 다르다. '지속 가능한 개발'이라는 개념은 성장에 대한 현실적인 요구를 인정하고 있지만, '지속 가능한 사회'는 성장과 산업주의 자체에 대한 근본적인 비판을 바탕으로 '자연적 순환'에 기반하는 사회를 제시하고 있는 것이다. 그리고 이러한 '지속 가능한 사회'에 관한 사상은 "만약 우리가 계속해서 현재의 속도로 지구의 재생 불가능한 자원들(석유·석탄 · 광물)을 소비하고, 현재의 속도로 지구의 재생 가능한 자원들(기름진 땅, 깨끗한 물, 숲)을 오용한다면 미래의 어느 단계에서 전체 체계는 파멸될 것이라는 점"을 그 출발점으로 삼고 있다.

나. 개발과 환경의 조화

이처럼 환경문제를 둘러싼 논란과 고민은 21세기에 들어와서도 여전히 가장 뜨거운 쟁점이 되고 있다. 그리고 그 문제에 대해서 생태주의자 또는 녹색주의자(greens)들은 '성장의 한계'라는 개념에 근거하여 산업주의에 근본적으로 반대하지만, 인간 중심주의적 환경론자들은 성장과 환경이 조화를 이룰 수 있다고 믿으며, 특히 과학기술의 발달이 그러한 조화를 가능하게 만들 것으로 믿고 있다. 곧 이들은 성장의 자연적 한계는 존재하지 않으며 비록 존재한다고 하더라도 과학·기술의 발전을 통해 극복할 수 있다는 것이다.

그리고 이러한 환경문제에 대한 이해의 차이는 그 해결책에서도 큰 차이를 가져오고 있다. 먼저 인간 중심주의적 환경론은 '경제성장'이라는 목표를 근본적으로 문제 삼지 않으며, 현재의 생산과 소비양식의 근본적인 변화 없이도 환경문제가 해결될 수 있다고 보고 있다. 그래서 생산이 아니라 소비과정 속에서 환경문제를 해결하려는 경향을 보이고 있다. 곧 자원과 에너지의 소비 자체를 줄이는 생산방식이나 생활양식 자체를 고치는 것이 아니라 자원의 재순환과 재활용으로 환경문제의 해결책을 찾으려는 것이다.

하지만 생명 중심주의자들은 생산과 소비 자체를 줄이는 것에서 환경문제를 해결하려고 한다. 곧 생명 중심주의자들은 산업주의와 성장에 따른 대량생산과 대량소비, 필요를 넘어서는 새로운 욕구의 생산 등이 모두 자원과 에너지의 소비증대 및 환경오염 확산의 원인이라고 보고 경제성장의 원리에 기반한 모든 사회적 정치적 생활양식을 근본적으로 변화시켜야 한다고 주장한다.

물론 이 두 주장은 각각 나름의 의의와 한계를 지니고 있다고 할 수 있다. 먼저 환경위기에 대한 근본적인 반성에서 출발하지 않는 기술주의적인 해결책은 총체적이기보다는 부분적이기 쉬우며, 원인에 대한 사전 예방보다는 결과에 대한 사후 처리에 머무르기 쉽다는 한계를 가지고 있다. 하지만 생명 중심주의적 환경론 역시 생태계의 조화와 질서를 강조하고, 경제성장의 자연적 한계를 강조한다는 점에서는 큰 의의가 있지만, 환경문제의 사회적 원인과 해결책을 제시하지 못한 채 현실성이 희박한 이상적인 대안에 머물러 있게 된다는 한계를 나타내고 있다.

하지만 인류사회에 빈곤문제가 중요한 사회문제 가운데 하나로 남아 있는 한 앞으로도 경제개발은 계속될 수밖에 없을 것이다. 따라서 오히려 현실에서의 문제는 그렇게 지속될 경제개발의 과정에서 어떻게 해야 환경의 파괴를 최소화하고 생태적으로 건강한 사회를 유지할 것인가 하는 것으로 나타나고 있다고 볼 수 있다. 실제로 오늘날 경제성장과 환경보존을 조화시키는 것은 불필요한 사회적 지출을 감수하는 것이 아니라 장기적으로는 경제성장 자체를 위한 가장 중요한 조건으로까지 떠오르고 있다.

그렇다면 어떻게 해야 개발을 포기하지 않으면서 생태적으로 건강한 사회를 유지할 수 있을까? 그러기 위해서는 무엇이 필요할까?

첫째, 사회 전체에 경제성장과 환경문제에 대한 새로운 인식을 세워야 한다. 이를 위해서는 먼저 생태계의 수용능력을 고려하는 통합적인 환경정책을 세워야 하며, 자원과 에너지를 낭비하는 파괴적인 경제성장으로부터 여가와 서비스, 삶의 질을 중심으로 하는 경제체제로 경제의 질을 바꿔야만 한다. 그리고 이를 위해서는 기술적 노력뿐 아니라 환경문제를 해결하기 위한 사회 전체의 노력이 필요하다. 성장과 개발 위주의 환경문제 인식은 문제의 성격을 좁게 인식하기 때문에 사회 차원의 공동 노력을 결집하여 성장지상주의와 개발지상주의를 환경의 유지와 보호라는 방향에서 통제해야만 한다.

따라서 성장과 개발을 전적으로 부정할 수는 없지만 환경위기의 극복을 위한 노력이 우선되어야 하며, 그 속에 성장과 개발을 알맞게 배치할 수 있어야 하는 것이다. 하지만 이윤창출을 우선으로 생각하는 기업가들이나 선거만을 의식하는 정치가들이 이런 일을 해결할 수는 없을 것이다. 많은 국민들이 환경을 지키고 환경을 되살리는 운동을 전개하면서 동시에 환경을 파괴하는 개발활동을 저지하고 감시하는 역할을 해야만 한다. 곧 모든 국민이 참여하는 국민운동, 대중운동의 형태로 환경운동이 활발히 전개되어야 한다.

둘째, 환경정의와 환경민주주의를 세워야 한다. 환경의 불평등문제는 우리나라에서도 여전히 심각하게 나타나고 있다. 사회의 지배계층은 자원과 에너지를 남용함으로써 생태계를 오염시키고 그 피해는 피지배 계층들에게 대기오염, 수질오염, 쓰레기 매립장과 같은 형태로 다가온다. 부유한 계층은 이러한 환경문제를 공기정화기나 생수를 사거나 아니면 아예 이사를 가서 어느 정도 해결할 수 있지만 가난한 계층은 그러한 자원을 갖고 있지 못한다. 따라서 정부의 환경정책은 모든 국민에게 환경의 평등을 보장할 수 있도록 환경의 질을 전반적으로 개선하는 방향으로 이루어져야 하며 환경위기에서 모든 국민의 안전을 보장해주는 일이 국가의 최고 정책목표가 되어야 한다.

셋째, 자원과 에너지를 고르게 분배할 수 있도록 국제사회가 협력해야만 한다. 오늘날 나타나는 지구의 환경문제는 어느 한 나라의 노력만으로 해결될 수 없다. 기후 변화나 오존층 파괴문제, 산성비 문제와 같은 지구 전체의 환경위기를 극복하기 위해서는 무임 승차자(free rider) 없이 모든 나라들의 협조와 연대가 이루어져야만 한다. 따라서 선진국은 환경보호를 위한 자국의 희생 없이 개발도상국의 희생을 강요해서는 안 된다. 선진국은 지구의 자원을 보호하는 개발도상국들에게 외채를 탕감함으로써 자원보호에 대한 대가를 치러야 하고, 자원과 에너지의 효율성을 획기적으로 높일 수 있는 기술을 개도국에 보급해야만 한다.

넷째, 모든 나라들은 군비를 줄여 군사안보체제에서 환경안보체제로 전환할 필요가 있다. 인류는 원시시대에 비해 엄청나게 파괴적인 기술을 갖고 있으나 그것을 통제할 수 있는 지혜는 조금도 발달하지 않았다. 전쟁은 직접적으로 환경을 파괴할 뿐만 아니라 무기제조 및 실험과정에서도 엄청난 환경오염을 일으키고 있다. 핵무기는 사용되든 안 되든 간에 그 자체로 엄청난 방사능을 배출하고 핵실험은 생태계를 파괴하고 있다. 이러한 모든 무기들은 궁극적으로 자살무기인 셈이다.

마지막으로 환경문제는 과학기술의 힘만으로 극복할 수 없으므로 환경에 대해 윤리적인 태도를 가질 필요가 있다. 인간 중심주의적 환경론자들이든 생명 중심주의적 환경론자들이든 환경을 보존하자는 의견은 모두 동일하며 다만 그 추구하는 방법이 상이할 뿐이다. 보다 중요한 것은 어느 정책 혹은 수단이 되었든 그것을 받아들이는 인간사회에서 하나의 제도로 형성되고 정착되어 체화되어야 한다. 즉 어떤 특정 문화체계 내에서 수용되지 않는 환경보호를 위한 제도는 사문화(死文化)된 제도가 될 수 있기 때문에 사회구성원이 어느 정도 공감할 수 있는 방법을 모색해야 하는데 결국 환경에 대한 윤리적인 태도를 가지는 것만이 그 대안이 될 수 있다. 왜 환경을 보호해야 하며 동시에 경제성장을 통한 삶의 질을 높여야 하는지에 대한 근본적인 해답의 제시를 통해 인류의 미래 후손에게 물려주어야 할 생명의 터전인 자연에 대한 윤리적인 태도의 견지는 우리의 미래를 제시해 주는 원동력이 될 수 있을 것이라 믿기 때문이다.

(2) 생명공학윤리의 확립과 열린 미래

① 생명공학윤리의 확립의 필요성

지금 각국은 인간 개체복제 및 인간 배아복제 등과 관련된 줄기세포 연구가 한창이다. 줄기세포란 인체의 어떤 조직으로도 분화될 수 있는 모세포(母細胞)로서 인간의 몸, 즉 뼈·뇌·근육·피부 등과 간·심장·폐 등과 같은 장기로 성장하는 기본세포를 말하며. 간세포(幹細胞)라고도 한다. 인간의 줄기세포는 크게 두 가지로 사람의 배아를 이용하여 만들 수 있는 '배아줄기세포'와 골수세포와 같은 '성체줄기세포'가 있다.

배아줄기세포(embryonic stem cell)는 정자와 난자가 수정된 지 14일이 되지 않은 미분화 세포로 장차 인체를 이루는 모든 세포와 조직으로 분화할 수 있기 때문에 '만능세포'라고도 한다. 배아줄기세포는 존재기간이 너무 짧기 때문에 과학자들은 이를 몸 밖으로 격리하여 살아있게 하려는 연구를 계속해왔다. 1998년 11월, 미국 존스홉킨스대학교의 기어하트(John Gearhart)와 위스콘신대학교 토머스(James Thomas) 교수연구팀은 서로 다른 방법으로 배아줄기세포를 분리·배양하는 데 성공하였다. 그 뒤 2004년과 2005년에 황우석 서울대 연구팀이 세계 최초로 실제 난치병 환자의 체세포를 복제해 배아줄기세포를 배양하는데 성공하였다고 발표하였으나 모두 조작으로 판명되어 큰 파문을 일으켰다. 이제 과학자들은 배아줄기세포로 인슐린을 생산할 수 있는 세포를 만들어 당뇨병뿐만 아니라 척추부상 환자를 치료할 수 있는 신경세포를 길러낼 수 있게 되었다고 기대했다. 그러나 이런 기대와 달리 수정된 인간배아는 장차 태아로 자랄 수 있는 생명의 씨앗이라는 점에서 생명윤리논쟁이 일어나기도 했다.

성체줄기세포(adult stem cell)는 탯줄혈액(제대혈), 성인의 골수, 혈액 등에서 뽑아낸 세포로 뼈와 간·혈액 등 구체적 장기의 세포로서 분화되기 직전의 원시세포이다. 여기에는 조혈모세포(hematopoietic stem cell)와 재생의학 재료로 이용되는 중간엽 줄기세포(mesenchymal stem cell), 신경줄기세포(neural stem cell) 등이 있다. 특히, 탯줄혈액은 조혈모세포가 많이 들어 있으며 또한 뼈 속의 골수세포에는 혈액 및 임파구를 생산할 수 있는 조혈모세포 및 중간엽 줄기세포 등 여러 가지 줄기세포가 있다. 성체줄기세포는 증식이 어렵고 쉽게 분화되는 경향이 강한 대신 실제 의학에서 필요로 하는 장기를 재생할 수 있으며 이식된 뒤 장기의 특성에 맞게 분화할 수 있는 특성을 가지고 있다. 성체줄기세포는 인간의 배아줄기세포와 달리 골수나 뇌세포 등 이미 성장한 신체조직에서 추출하기 때문에 생명윤리논쟁을 피할 수 있다.

이러한 줄기세포는 실제로 태생기 전능세포(pluripotent cell)를 지칭한다. 이는 어떤 조직으로든 발달할 수 있는 세포를 의미하며 주로 초기 분열 단계의 배아로부터 채취된다. 이 단계의 세포는 아직 장기 형성 능력이 없으므로 사전에 입력하는데 따라 특정하게 선택한 세포계(cell line)로 배양될 수 있다는 특징을 가지고 있다. 하지만 줄기세포를 입수하기란 여간 쉽지 않은데 배아에서 채취한 세포만이 가장 유용하기 때문이다.

과학자들은 사상 처음으로 오직 연구만을 목적으로 배아를 창조하게 된 것이다. 배아 줄기세포 연구는 분열되지 않은 세포를 배아로부터 수집하는 과정을 수반한다. 이러한 세포는 심근이나 신경세포 또는 골격근에 이르기까지 다양한 세포형태로 배양시킬 수 있다. 세포 자체가 세포계로 분화될 수 있도록 사전에 입력되며 이때 세포 배양기술이 사용된다. 그런데 왜 이 연구에 대해 논란이 일어나는 이유는 무엇인가? 그것은 연구를 위한 세포가 배아로부터 얻어지기 때문에 인간으로 성장할 수 있는 잠재력을 지닌 세포를 폐기하는 행위를 수반하는 윤리적 문제가 대두되기 때문이다. 과학자들과 임신중절 반대운동단체들은 이 문제를 놓고 대치하고 있다. 일부에서는 세균 배양용 접시 속에서 정자와 난자가 결합하는 것을 놓고 과연 생명체라고 주장할 수 있는지 반문하기도 한다. 이들은 그 배아가 자궁에 이식되었을 때부터 비로소 생명체로 간주할 수 있다고 주장한다. 낙태가 잘못이라고 여기는 사람들이 많이 있는데 이들의 논리가 배아 연구에도 적용된다. 만약 생명체로 성장하기 위해서가 아니라 연구만을 목적으로 난세포를 수정시킬 경우 연구 반대자들은 이를 인간의 생명을 빼앗는 행위라고 주장하는 것이다.

또 다른 문제는 일반 대중이 줄기세포가 현재 병을 치유하는 데 이용되고 있다고 생각한다는 점이다. 현재 줄기세포는 아직까지 연구단계에 지나지 않으며 질병을 치료하는 데 쓰인 전례가 없다. 그럼에도 불구하고 각국 정부나 과학자들이 줄기세포에 집착하는 것은 심장 질환을 비롯해 알츠하이머병·파킨슨병·당뇨병·심지어 척수 재생에 이르기까지 각종 질병을 고칠 수 있을 것으로 기대하고 있기 때문인데 세포계의 배양을 통해 손상된 세포를 실험실 안에서 배양한 세포로 교체함으로써 현존하는 여러 질병을 치료할 수 있다고 믿고 있기 때문이다. 예를 들어, 세포로부터 심장조직을 실제로 생성해 손상을 입은 심장에 그 세포를 이식함으로써 심장의 기능을 회복시킬 수 있다는 착상은 정말 마음을 설레게 만들기 때문이다.

인간의 생명연장과 희귀병·난치병을 고칠 수 있다는 장점을 가지고 있음에도 불구하고 줄기세포 연구는 계속해서 생명윤리적인 문제점을 가질 수밖에 없다. 학계와 종교계, 그리고 일반 공중 및 각국 정부에서조차도 생명윤리 문제에 대해서는 완벽한 해답을 제시하지 못하고 있으며 앞으로도 이 문제는 지속적으로 논쟁의 대상이 될 수밖에 없을 것이다. 그렇다면 대안은 없는 것일까? 줄기세포 연구가 각국의 국가경쟁력의 척도가 되고 과학자들의 명성을 높여줄 수 있으며 기업에게는 경제적인 이익을 수반할 수 있는 매력적인 아이템이기 때문에 그러한 것들이 해결되지 않는 한 줄기세포는 계속 연구될 것이다.

줄기세포 연구가 다양한 혜택을 우리에게 준다고 해서 무분별하게 연구되어야 할 주제는 아닌 것 같다. 그것은 인간의 생명이 달려있는 문제이기 때문이다. 비록 특정 배아가 특정 장기를 이식하기 위해 의도적으로 육성한 것이라 해도 14일 이후에는 생명체로 성장할 가능성이 있으며, 만일 이 배아를 그대로 육성할 경우 인간이라는 개체가 복제될 수 있는 신의 영역을 침범하는 일이 될 수 있기 때문이다. 줄기세포 연구가 확대되면 인간 사회는 큰 혼란을 야기할 것으로 예상되고 있다. 정자와 난자의 제공자가 누구인지 명확히 밝혀지지 않은 가운데 아버지와 어머니, 그리고 자식 간의 관계가 명확하지 않을 것이며, 우성인자만을 채취하여 배아를 육성하여 인간화할 경우 나타날 수 있는 여러 가지 문제점은 우리를 두렵게 만들고 있다. 따라서 세계 각국 정부와 과학자들은 어느 선까지 연구하고 적용할 것인가를 명확히 규정할 필요가 있다고 본다. 그것은 신의 영역 침범 이외에도 우리 복제되지 않은 인간이 살아가야 할 유일한 방도이기 때문이다.

【그림 9.2】 줄기세포 허브가 성공하기 위한 전제조건

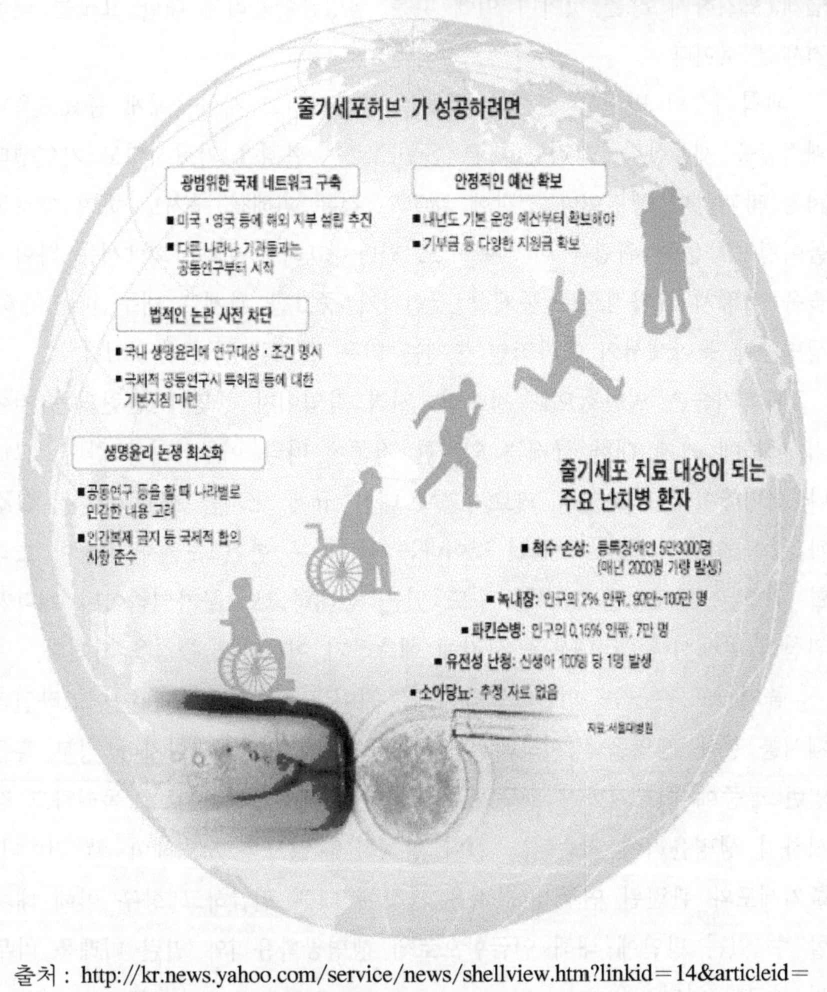

출처 : http://kr.news.yahoo.com/service/news/shellview.htm?linkid=14&articleid=2005102105370271219&newssetid=771

② 생명공학윤리를 둘러싼 제반 현상

인간의 생명연장에 대한 욕구와 희귀병 · 난치병에 치료에 대한 희망 등으로 인해 앞으로도 인간 개체 복제 및 인간 배아복제를 포함한 줄기세포 연구는 더욱더 활발해질 것으로 예상되고 있다. 앞서 언급한 대로 줄기세포가 가져다주는 효과가 크기 때문에 각국 정부나 과학자들은 이를 쉽게 포기하지 않을 것이며 이에 따른 생명공학윤리에 대한 요구는 더욱 거세질 것이다.

과학기술의 발전은 인간의 생활을 향상시키고 사람들에게 풍요로움과 쾌적함을 제공한다. 그러나 다른 한편으로는 환경을 악화시키고 자연생태계를 파괴하며 생명이나 건강에 넓고도 깊은 피해를 주기도 하며 때로는 돌이킬 수 없는 위험을 야기할 수도 있다. 그래서 현대사회에서는 과학기술을 어떻게 효과적으로 통제할 것인가가 중요한 과제로 대두된다. 특히, 생명공학 분야에서의 효과적인 통제는 더욱 필요한 시기가 되었다.

과학기술은 일반적으로 정신적·지적 작업이자 생명에 관련되는 것이기 때문에 그에 대한 규제는 엄격한 기준에 따라 이루어져야 한다. 그러나 생명공학이나 고도의 의료기술에 대한 규제 근거는 생명·건강·환경과 같이 인간의 삶과 직결된 것이라는 점, 다른 한편 유전자 기술이 초래할 위험은 생태계를 파괴할 수도 있는 중대하고도 불가역적이며 게다가 위험의 발생이나 그 내용을 사전에 예측하기 어렵다는 특징을 가진다.

줄기세포 연구는 멈출 수 없다면 적어도 어느 정도의 가이드라인의 제시를 통해 생명을 경시하는 일이 발생하지 않도록 과학자나 정부 혹은 일반 공중에 이르기까지 모두의 책임이라는 전제하에 서로를 독려하고 감시하며 생명윤리에 저촉되는 일이 발생하지 않도록 노력해야 할 것이다. 줄기세포와 관련된 연구가 가져올 파장에 대해 언급하고 향후 이에 대처할 수 있는 방안에 대해 언급함으로써 생명공학윤리와 열린 미래를 마무리 하고자 한다.

가. 인간 복제의 파장

세계 최초로 인간 복제 아기를 만들어 냈다는 보도는 아직 검증되지 않았기 때문에 실제로 인간 복제가 실현됐다고 단정하기는 어렵다. 그러나 복제양 '돌리'의 출현 이후 생식학자들이 인간 복제가 기술적으로 가능하다고 예견해 왔기 때문에 이를 해프닝으로만 볼 수는 없다. 인간 복제

시도는 그 자체가 비인간적인 만행이며 반인륜적이다. 인간 복제가 사실로 확인된다면 이것은 인류의 역사에 전례가 없는 엄청난 파장을 몰고 오고 종래에는 인류 사회의 종언을 초래할 것이다. 이제 그 파장을 간단히 살펴보자.

첫째, 복제인간은 기술자에 의해 임의로 만들어지기 때문에 인간의 존엄성을 훼손한다. 특히, 전통적인 종교의 인간관은 재정립돼야 한다. 둘째, 인간은 남녀 두 사람의 인격적 교제와 상호 간의 책임과 희생을 감수하는 사랑의 수고를 기초로 출산돼야 함에도 한 사람(單性)의 체세포로부터 복제인간을 만드는 것은 근본적으로 인간의 상호 의존성을 파괴하고, 인간의 상호 의존성의 파괴는 인간사회를 와해시킨다.

셋째, 아기는 부모 두 사람의 각기 다른 유전형질을 물려받아 부모의 유전형질과는 다른 유일한 유전형질을 갖도록 되어 있다. 그러나 복제인간은 인간의 정체성의 근거인 유일회성과 대치 불가능성을 파괴해 인간의 정체성을 상실하게 만든다.

넷째, 인간 복제기술자가 복제할 인간을 그때그때 임의로 기능적으로 결정할 수 있어 복제인간은 만든 사람의 의도에 따라 조종되는 존재가 될 수밖에 없다. 따라서 복제인간은 인격이 부정되는 대용품이나 소모품으로 전락될 수 있고 심지어 상품처럼 매매될 수도 있다.

다섯째, 인간 복제기술자의 의도에 따라 유전적 계급의 출현도 가능하게 된다. 이것은 심각한 정치적 사회적 윤리적 폐해를 초래할 것이다.

여섯째, 복제인간은 사회를 구성하는 기본단위인 가정을 비롯해 사회질서 전반에 혼란을 야기할 수 있다. 인간 복제에 의한 단성생식 내지 무성생식이 가능하게 돼 아이로부터 아기가 생기고 남자로부터도 아기가 생길 수 있게 된다. 또 복제용 체세포 제공자와 산모(대리모) 및 복제된 아기의 관계는 어떻게 규정할 것인가. 결국 가족과 세대, 부모와 자식과의 관계에 혼란을 야기할 수밖에 없다. 즉, 인간 복제는 결혼제도와 가족제도를 파괴하고 인간의 기본적 관계, 즉 인륜을 뒤바꾸어 놓음으로써 인간의 존엄성을 파괴하는 비윤리적인 극악무도한 행위를 유발할 수 있다.

일곱째, 동물의 복제에서 무수한 기형과 유산이 속출한 것처럼 인간 복제과정에서 무수한 유산과 사산이 불가피할 것이므로 인간 복제 실험은 생명체 파괴와 생명경시현상을 야기함은 물론 여성의 인권을 유린하게 된다.

이상에서 살펴본 바와 같이 인간 복제는 천부적 인권파괴 내지 인간성의 종말을 초래할 것이라는 위기의식을 불러일으킨다.

생명과학, 특히 생명현상을 이용하여 경제적 이득을 얻으려는 생명공학과 인간의 존엄성을 지키려는 윤리가 충돌할 수 있음을 우리는 종종 보아왔다. 우리는 과학과 기술의 급격한 발전과정에서 과학자들이 스스로 통제하는 자율성을 갖지 못한 사례들도 역사 속에서 확인할 수 있다. 그러므로 우리는 과학기술에 의도적으로 제동을 걸지 않을 수 없으며 이를 위해 각계각층의 의견을 수렴해야 한다. 우리는 소극적으로 과학기술을 통제하는 제도와 법을 제정하고 이를 준수하게 하는 것에 머물지 않고 좀 더 적극적으로 생명존중에 대한 교육, 즉 생명윤리교육을 강화해야 한다. 생명공학기술자들이 생명윤리교육을 제대로 받지 못해 공명심이나 상업성의 유혹을 뿌리치지 못하게 되면 사람들로부터 심한 불신을 받게 돼 종래에는 과학 자체가 쇠퇴할 수도 있다. 이제 우리에게 당면한 긴급한 과제는 이미 과학기술부와 보건복지부가 마련한 시안을 토대로 생명윤리에 관한 법률을 제정하고, 특히 이공계 관련학생들에게 생명윤리교육을 강화하는 일이다.

[http://www.hani.co.kr/section-001005000/2002/12/001005000200212292000568.html]

나. 배아줄기세포의 문제점

배아줄기세포는 비교적 분리 추출하기가 쉬우면서 시험관 내에서 오랜 기간 동안 미분화상태로 유지가 가능하다. 이러한 배아줄기세포를 쥐에 주입을 해주었을 때 신경·근육·간·위장관·신장·뼈 등 매우 다양한 세포로 분화가 이루어지는 능력을 보이고 있다. 따라서 그 유용성과 연구가 비교적 잘 되어있다. 그러나 아직까지 효율적으로 원하는 방향으로 분화를 유도하기가 쉽지 않다.

최근 들어 부시 행정부는 전 세계에 존재하는 70여 개의 줄기세포를 연방정부에서 지원하기로 결정을 했다. 그러나 현재 과학자들은 이들 세포 중 극히 일부 10개도 안 되는 세포주만이 이용 가능할 것으로 보고 있다. 또한 이들 배아줄기세포는 배아줄기세포로부터 필요로 하는 특정 세포로의 효율적인 분화방법 개발, 효율적인 이식거부반응의 극복, 더군다나 윤리적 · 도덕적 · 종교적인 문제의 극복 등 매우 복잡한 문제들이 산적해 있다. 따라서 배아줄기세포의 대안으로 성체줄기세포가 제시되고 있다.

다. 배아줄기세포를 대체할 수 있는 성체줄기세포

우리 몸속의 어떤 세포를 성체줄기세포라 부르는 것일까? 성체줄기세포는 자신과 똑같은 세포를 만들어낼 수 있는 자체 재생능력과 모든 계통으로 분화할 수 있는 능력을 가진 세포다. 따라서 어떤 조직에서 성체줄기세포를 분리하려면 세포를 분리해 시험관 내에서 자체 재생능력이 있는지, 그리고 다른 세포로 분화할 능력이 있는지를 증명하면 된다. 그러나 시험관 내에서 이런 세포의 성질을 밝히는 것은 생각만큼 간단하지 않은 것도 사실이다.

성체줄기세포 연구는 40년 이상 되는 비교적 긴 역사를 가지고 있다. 1961년 틸(Till)과 맥클로흐(Mculloch)는 골수를 만드는 줄기세포인 조혈모세포에 대해 연구했다. 치사량의 방사선에 노출된 쥐는 골수결핍으로 고통을 받는다. 그런데 이 쥐에 정상 골수세포를 주사하면 이런 결핍증이 회복되는 것이다. 성체줄기세포의 중요성을 알리며 시작점이 된 연구다.

이 연구는 현재 골수이식이라는 방법으로 발전해 전 세계적으로 백혈병 치료 등에 사용되고 있다. 영화나 드라마에서 주인공이 백혈병에 걸려 골수이식을 기다리고 있는 장면을 본적이 있을 것이다. 이는 성체줄기세포가 우리도 모르는 사이 우리와 얼마나 밀접한 관련을 맺고 있는지를 보여주는 한 예라 할 수 있다.

인체의 모든 세포나 기관으로 분화할 수 있는 배아줄기세포와 달리 성체줄기세포는 어느 정도 분화되는 방향이 정해져 있다. 흔히 이러한 사실이 단점으로 지적되지만 장점이 될 수도 있다. 즉, 타원형의 럭비공을 땅에 튀기면 그 럭비공이 어디로 튈지 예측하기가 곤란하다. 마찬가지로 배아줄기세포의 경우에는 어느 방향으로 분화될지 모르기 때문에 그 분화 조절 연구가 복잡하다. 그러나 성체줄기세포의 경우는 분화의 방향으로 최소한 '그 장기조직'이란 방향을 설정하고 연구를 시작할 수 있다. 그러나 최근 골수나 제대혈로부터의 줄기세포가 배아줄기세포처럼 다양한 장기조직으로 변환되어질 수 있는 능력이 있다는 것이 과학적으로 증명되고 있다.

㉠ 다양한 분화능력 입증

최근 우리 연구팀은 인간 유방줄기세포와 제대혈 유래 혈액줄기세포와 중간엽 줄기세포의 존재를 확인한 것을 비롯해 전 세계 과학자들은 정상 성인의 몸에서 골수 이외의 장기에도 장기나 조직을 만들 수 있는 성체줄기세포의 세포군이 있다는 사실을 확인하고 있다. 즉, 사람의 유방·간장·피부·위장관·정소·눈·췌장 등 자체적인 재생능력이 있는 장기조직에는 전부 이런 줄기세포군이 있다는 얘기이다. 이 때문에 이런 조직이나 장기는 상처를 입었을 때 정상적으로도 재생될 수 있다. 예를 들어, 우리는 목욕탕에 가서 때를 민다. 때는 죽은 세포이다. 그런데 피부세포가 죽어도 우리의 피부는 그대로 유지되고 있다. 어떻게 이런 일이 가능할까. 이것은 바로 우리의 피부에 피부를 재생하는 세포공장인 줄기세포가 있기 때문이다. 최근에는 가장 분화가 많이 진행되어 더 이상 재생이 불가능하다고 생각됐던 성인의 뇌를 포함해 거의 모든 신체 장기에 이런 줄기세포군이 있다는 사실이 확인되었다.

더욱 고무적인 연구결과도 발표되고 있다. 1998년 페라리 박사는 뼛속 줄기세포가 근육세포로 변환될 수 있다는 연구결과를 '사이언스'지에 발표했다. 2000년 라가세 박사는 뼛속 줄기세포가 간장세포로 분화한다는 사실을 '네이처 매디슨'지에 발표했다. 단순히 골수이식에만 활용되던 뼛속 줄기세포가 배아줄기세포처럼 다양한 분화능력을 갖고 있다는 사실이 입증되기 시작했다. 즉, 성체줄기세포는 단순히 그 장기조직으로 분화하는 것뿐만 아니라, 다른 장기조직으로 분화할 수 있는 것이 증명되고 있어, 배아줄기세포와 성체줄기세포와의 분화능력과 그 오리진에 있어서 구분이 모호해지고 있다. 따라서 성체줄기세포의 그 중요성이 커지고 있다.

㉡ 사람에서의 치료예

심장마비 환자의 골수줄기세포를 채취해 이를 손상된 심근조직에 다시 투입, 심장기능을 호전시키는 실험이 성공을 거두었다. 즉, 독일 하노버 의과대학 심혈관 실장 헬무트 드렉시어 박사는 2003년 11월 10일 올랜도에서 미국심장학회(AHA) 학술회의에서 발표한 연구보고서에서 심장마비 환자 40명을 대상으로 실시한 임상시험에서 골수줄기세포를 채취해 재투입하는 이른바 세포요법이 효과가 있음이 확인되었다고 밝혔다. 드렉시어 박사는 이들을 두 그룹으로 나누어 20명에게만 세포요법을 실시한 결과, 3개월 후 심장마비 직후 34%까지 손상되었던 좌심실의 손상부위가 14%로 줄어들고 5~6개월 후에는 좌심실의 펌프기능이 7% 호전되었으며, 이에 비해 세포요법을 받지 않은 비교그룹은 펌프기능 호전 정도가 1%에 불과한 것으로 나타났다고 말했다.

이 세포요법이 어떻게 이런 효과를 가져왔는지는 확실히 밝혀지지 않고 있으나, 골수줄기세포가 새로운 심근이나 심혈관으로 전환하거나 심장으로 하여금 자체 수리를 시행하도록 촉진하는 것으로 믿어지고 있다. 따라서 앞으로 세포요법의 효과가 보다 규모가 큰 임상시험을 통해 확인하는 작업이 앞으로 요구되고 있기는 하지만, 성체줄기세포를 이용한 세포치료술이 꽤 진전되어 있음을 보이는 좋은 예이다.

라. 줄기세포를 이용한 치료전략 및 세포치료를 위한 이식

성체줄기세포는 장기이식의 훌륭한 대안으로 인식되고 있다. 전 세계적으로 간경화나 신부전증과 같은 질환으로 고통 받는 환자들이 많다. 이런 환자들 중에는 다른 사람으로부터 장기이식을 받으려고 기다리고 있는 경우가 적지 않다. 그러나 장기를 제공하는 사람이 적어 장기밀매 내지는 여러 가지 부작용을 낳고 있다. 장기를 기다리다 죽는 사람도 무수히 많다고 알려져 있다. 더욱이 장기를 제공할 사람을 찾더라도 그 장기를 받을 사람과 이식거부반응이 없어야 한다. 그러나 이식거부반응 때문에 장기이식을 받을 수 없는 경우가 상당수 존재한다. 따라서 전 세계적으로 많은 연구자들이 해결법을 찾고 있다.

인간의 장기와 비슷한 동물인 원숭이 · 유인원 · 돼지 등을 이용하는 방법도 시도되고 있는데 부분적으로는 성과가 있었다. 그러나 이식거부반응을 아직 극복하지 못하고 있다. 또 동물을 이용할 때 인간에게 알려지지 않은 병원체가 동물에서 인간으로 옮겨와 치명적인 문제를 일으킬 수 있다. 원숭이에게서 인간으로 옮겨왔다는 AIDS 바이러스나 인수공통 전염병의 문제다. 더욱이 동물장기를 이용한다는 사실에 대해 동물보호운동가들이 윤리적인 문제를 제기하고 있다. 이런 문제를 해결하는 대안으로 줄기세포를 이용한 방법이 대두되고 있다. 우선 손상된 장기부위의 세포를 만들어 대체하는 일을 생각할 수 있다. 아직 생명공학이 해결해야 할 과제가 만만치는 않지만, 줄기세포에서 장기를 통째로 만드는 일도 앞으로 가능할 것으로 생각된다.

그러나 배아줄기세포의 경우 여전히 윤리적인 문제와 더불어 인간 배아복제를 제외하고는 조직이식 거부반응에서 자유로울 수 없다. 반면에 성체줄기세포는 배아줄기세포와 비슷한 성질을 가지고 있다. 동시에 자신의 조직 일부에서 세포를 떼어내 시험관 내에서 줄기세포를 분리한 후 증식시켜 이용하기 때문에 이식거부 반응이 전혀 없다.

이외에도 성체줄기세포의 활용범위는 매우 넓다. 예를 들어, 당뇨병 환자를 위한 췌장 줄기세포를 환자의 췌장 내에 주입함으로써 인슐린의존성 당뇨병을 치료한다든지, 연골세포나 근육에 문제가 있는 환자에게 줄기세포를 주입해 치료해줄 수도 있다. 피부가 화상으로 문제가 있을 때는 피부의 줄기세포를 떼어내 시험관 내에서 증식한 후 화상부위에 발라줘 화상치료에도 활용할 수 있을 것으로 기대된다.

또한 전 세계적으로 중년 남성의 고민인 대머리를 해결하는 획기적인 방법으로 쓸 수도 있다. 현재 대머리 치료제 시장의 크기가 천문학적인 숫자일 만큼 여러 사람이 고통 받고 있다. 대머리의 경우 모낭에 존재하는 모낭 줄기세포를 분리해 시험관 내에서 증식한 후에 대머리 환자에 세포를 이식하면 된다. 최근 제대혈이나 골수유래의 줄기세포들이 여러 장기나 조직에서 난치병을 치료하는 데 광범위하게 이용할 수 있음이 제시되고 있다.

마. 맞춤의학 혹은 맞춤미용까지 가능

줄기세포 연구에서 풀어야 할 문제도 여러 가지가 있다. 성체의 각 장기 조직으로부터 줄기세포를 분리해 배양하는 효과적인 기술개발이 필요하다. 성체줄기세포의 분리는 배아줄기세포의 분리보다 매우 복잡하고 까다롭다. 각 장기조직으로부터 성체줄기세포를 분리하고, 세포배양하는 기술은 우선적으로 요구되는 바탕이 되는 기술이다.

또한 분리된 줄기세포가 분화되지 않은 채로 성장만 할 수 있도록 하는 기술도 중요하다. 원래 줄기세포는 몸 안에서는 암세포처럼 죽지 않는 불멸의 세포로 알려져 있다. 그러나 줄기세포를 몸 밖으로 꺼내면 쉽게 분화되거나 죽어버린다. 분리된 줄기세포를 시험관 내에서 원하는 수만큼 증식시키는 데 사용할 기술이 필요하다는 얘기이다.

분화가 억제된 줄기세포를 원하는 시기에 분화를 유도하게 하는 기술도 연구되고 있다. 즉, 시험관 내에서 분화가 억제된 채로 증식된 줄기세포를 원하는 세포나 장기조직으로 변환시킬 수 있는 길을 밝히는 일이다. 전 세계적으로 이 분야의 연구는 이제 어린아이가 발을 한 발 딛으려고 하는 시기라 할 수 있다. 앞으로 배아줄기세포 연구의 대안으로 앞으로 좀더 심도 있는 성체줄기세포 연구가 진행될 것으로 기대된다. 성체줄기세포를 각 장기별로 미리 떼어내 보관해 두었다가 질병이나 미용의 이유로 자신의 성체줄기세포를 원하는 시기에 이용하게 될 것이다. 현재의 정자은행처럼 앞으로 성체줄기세포 은행이 등장해 맞춤의학 내지는 맞춤미용이 가능할 것으로 기대된다.

③ 생명공학윤리와 열린 미래

어떠한 경우에도 인간은 수단이 되어서는 안 되는 신성한 존재이다. 만약 우리가 원하는 대로 하나님께서 창조하신 생명을 파괴하고 마치 공장에서 플라스틱 용기를 찍어내듯 우리 인간도 공장에서 찍어낸다면 기존의 혈연관계는 물론 우리 인간 사회는 파멸로 치달을 것이다. 따라서 인간의 생명은 어떠한 경우에 있어서도 보호되어져야 하며, 심지어 잠재적 인간의 지위에 있는 배아도 보호되어야 마땅하다. 만약 우리 인간사회에서 인간의 존엄성(human dignity)이 없어진다면 바로 파멸의 길로 접어들 것임을 우리는 알아야 할 것이다.

또한 우리 인간이 편리라는 이름과 오만과 자만으로 하나님의 섭리를 거스를 때는 무서운 결과가 발생한다는 것을 우리는 알아야 한다. 그 예로 최근 영국 및 가까운 일본 등 여러 선진국에서 문제시되는 광우병의 예를 보면 잘 알 수 있다. 즉, 인간이 하나님의 섭리를 거스르고 풀만 먹는 소에 자기 동족의 부산물 내지는 고기를 먹인 결과 광우병이 발생하였고 이러한 광우병은 그대로 인간에게 치료될 수 없는 천형의 벌로 다가오고 있는 것이다.

성경에 보면 우리 인간이 스스로 높아져 하나님과 같은 높이로 올라가기 위해 바벨탑을 쌓았고 그 결과 하나님의 노여움을 사 인간들이 서로 다른 언어를 사용하고 지구상에 흩어져 살게 되었다는 것을 우리는 잘 기억하고 있다. 오늘날 우리 인간들이 생명을 창조하고 이것을 또 다른 생명을 살린다는 목적하에 생명을 파괴하는 현상은 오늘날 우리 인간이 다시 하나님과 같은 위치에 오르려는 '바벨탑'을 쌓고 있는 것은 아닌지 반문해 본다. 하나님께서 흙으로 사람을 빚어 코에 생기를 넣어주셨다. 생기를 넣었다는 것은 바로 수태한 순간이라 볼 수 있다. 하나님이 입김을 불어 넣는 순간 바로 창조가 시작되는 것이고 인간이라는 한 생명이 시작되는 것이다. 따라서 고귀한 생명을 지키는 것은 당연한 것이다.

[http://www.kacr.or.kr/library/itemview.asp?no=1890&param=category=D01 '생명을 살리는 성체줄기세포' 에서 일부 발췌]

찾아보기

공저자 약력

최병갑(bkchoi@mokwon.ac.kr)

한양대학교 전자공학과 졸업, 한양대학교 대학원 전자계산학과 졸업(석사)
청주대학교 대학원 전자공학과 졸업(공학박사)
침례신학대학원 M. Div. 졸업, 복음신학대 상담학 졸업(석사)
삼미종합특수강, 한국원자력연구소, 광주대학교 교수,
목원대학교 공과대학장, 공학교육지원센터장
현재, 목원대학교 컴퓨터공학부 교수, 학술정보처장

이종철(filmgoerlee@mokwon.ac.kr)

충북대학교 대학원 경영학과 졸업(경영학 박사)
한국에너지기술연구원, 한국정책평가연구원 연구위원
충북대학교, 극동대학교, 동원대학, 목원대학교 평택대학교 외래교수
(주)모비딕(마케팅 자문역)
전)목원대학교 공과대학 공학교육지원센터 교수

하이테크 시대의 공학윤리

2021년 9월 5일 제2판 1쇄 발행
지은이 최병갑 · 이종철
펴낸이 추일재
펴낸곳 비즈프레스
서울시 강동구 천호동 359-23
Tel : (02) 309-5356 / E-mail : bizpress@hanmail.net
출판등록 제324-2006-0044호 / 2006년 11월 27일

값 19,000

ISBN 978-89-92730-88-4 (93190)